AUTEURS ET DIRECTEURS DES COLLECTIONS
Dominique AUZIAS & Jean-Paul LABOURDETTE

DIRECTEUR DES EDITIONS VOYAGE
Stéphan SZEREMETA

RESPONSABLES EDITORIAUX VOYAGE
Patrick MARINGE et Morgane VESLIN

EDITION ✆ 01 53 69 70 18
Caroline HEMERY, Steven LEGENDRE, Mélanie PANAIS, Agathe PONTHUS et Nadyne BENSADOUN

ENQUETE ET REDACTION
Arnaud BONNEFOY, Jean-François SOLERI, Florence DESRUMEAUX, Pascal LLUCH et Laurent JACOBI

REGIE INTERNATIONALE ✆ 01 53 69 65 34
Karine VIROT et Katja RÖMISCH

PUBLICITE ✆ 01 53 69 70 61
Luc REGNARD, Serge TOUKA, Caroline de YRIGOYEN, Caroline GENTELET et Perrine de CARNE-MARCEIN

DIFFUSION ✆ 01 53 69 70 06
Quentin DUPRAZ, Carla de SOUSA Jean-Pierre GHEZ, Maud GHISOLFI et Bénédicte MOULET

MAQUETTE & MONTAGE
Loran FERRAND, Sophie LECHERTIER Laurent MULLOT, Delphine PAGANO et Nathalie PALOUS

CARTOGRAPHIE
Philippe PARAIRE

PHOTOTHEQUE ✆ 01 53 69 65 26
Millie CHAMPALBERT

INTERNET
Alexandre HEYMAN

RELATIONS PRESSE ✆ 01 53 69 70 19
Jean-Mary MARCHAL

LE PETIT FUTE DE MADÈRE 2006-2007
7e édition
NOUVELLES ÉDITIONS DE L'UNIVERSITÉ©
Dominique AUZIAS & Associés©
14, rue des Volontaires - 75015 Paris
Tél. : 33 1 53 69 70 00 - Fax : 33 1 53 69 70 62

ISBN - 2746915472
Imprimé en France par Oberthur Graphique

Pour nous contacter par email, indiquez le nom de famille en minuscule suivi de @petitfute.com
Pour le courrier des lecteurs : country@petitfute.com

Bemvindo em Madeira !

Madère, « perle de l'Atlantique », jouit d'une publicité avantageuse : la destination attire bon nombre de touristes intrigués par ce « jardin flottant », où les fleurs poussent comme l'herbe dans nos prairies, par ces vallées emplies d'essences tropicales, par ces sentiers lumineux qui courent le long des « levadas », minces filets d'eau qui sillonnent les terres comme autant de veines saillantes, par les effluves capiteux d'un vin fameux. La captivante sauvagerie des paysages se marie pour notre plus grand bonheur avec une douceur de vivre imperturbable.

Madère est particulièrement appréciée par les voyageurs anglais et allemands. D'aucuns conservent le préjugé tenace que l'île ressemble à un hospice pour personnes âgées qui viennent y chercher un air frais et vivifiant. Pourtant, Madère est le paradis des randonneurs, des amoureux des couleurs et des panoramas grandioses. Il est vrai que les investisseurs n'ont pas eu la main tendre avec d'affreux immeubles qui gâchent un peu l'ambiance. Il est vrai qu'il est parfois bien difficile de s'extraire du tumulte touristique encadré et enclavé. Mais il serait faux de réduire l'île à de telles convenances : la nature est toujours à portée de main. Le silence guette à chaque instant. Il suffit de se perdre, de s'égarer.

Et Jaime de Figueredo de rappeler : « On disait qu'aux extrémités de l'Occident, il y avait une île enchantée qui, de sept en sept ans, venait se montrer aux navigateurs, quand ils sillonnaient ces parages... C'était une terre couverte de brume, bercée sur le dos des marées, qui serait une oasis de bonheur pour qui en briserait l'enchantement... »

PHOTO DE COUVERTURE
Maisons triangulaires, Santana © Authors.com

MISE EN GARDE. Le monde du tourisme est en perpétuelle évolution. Malgré notre vigilance, des établissements, des coordonnées et des prix peuvent faire l'objet de changements qui ne relèvent pas de notre responsabilité. Nous faisons appel à la compréhension des lecteurs et nous excusons auprès d'eux pour les erreurs qu'ils pourraient constater dans les rubriques pratiques de ce guide.

Sommaire

Vue de la baie de Funchal et du port de plaisance

ORGANISER SON SÉJOUR

Madère

N
O
E
S
20°
10°
OCEAN
ATLANTIQUE
Madrid
Lisbonne
40°
Séville
MADERE
(Portugal)
Rabat
Casablanca
Canaries
30°
Baixa do Moniz
Ponta do Tristão
Ilhéu Mole
Santa Maria
Madalena
PORTO MONIZ
Ilhéus da Ribeira da Janela
Baixas do Furado
Ribeira da Janela
Achada
da Cruz
Ponta
do
Pargo
Chutes d'eau
Ponta
Delgada
Serrado
Ribeira
da Vaca
Seixal
Fajã
da Areia
Lombo
da Eira
Ponta
do Pargo
Chão de
Ribeira
S. Vicente
Sra do Amparo
Lombada dos
Marinheiros
Feiteiras
Lameiros
Ginjas
Lapinha
Fajã da
Ovelha
Lombo
dos Cedros
Ruivo do Paúl
1640
Ponta
do
Pesqueiro
EN 210
Estanquinhos
Rosário
Raposeira
Maloeira
Pico do Jorge
1692 m.
Prazeres
1007
Paúl do Mar
Estreito da
Calheta
Boca da Encumeada
Paúl da Serra
Pousada dos
Vinháticos
Jardim do Mar
Lombo
do Doutor
Arco da Calheta
846
Serra
de Agua
Ponta da Galé
CALHETA
Arco da
Calheta
Loreto
Achada
do Poiso
Fajã do Mar
Lombo de S. João
Madalena do Mar
Jardim da Serra
Canhas
EN 101
Corujeira
Corticeiras
Boa Morte
PONTA DO SOL
Tábua
Campanário
RIBEIRA BRAVA
Barreiras
Quinta Grande
Cabo Girão
CÂMARA DE LOBOS
Principales villes
Villes et villages
Petits villages et lieux-dits
Refuges
Jardins
Curiosité particulière/ naturelle
Routes principales
Routes secondaires
Autoroutes

Altitude (en mètres)
1500
1000
500
200
Routes
Capitale régionale
Principales villes
Sommets
PORTO SANTO
BARBEIROS
517
CENOURAS
270
CIMA
FERRO
Porto Santo
BAIXO
Ponta do Tristão
MOLE
Porto Moniz
Pta Delgada
Ponta de S. Jorge
Ponta do Pargo
Seixal
Santana
MADERE
S. Vincente
Faial
Paúl da Serra
Pico Ruívo
Porto da Cruz
Caniçal
Paúl do Mar
1862
Santo da Serra
Ponta de S. Lourenço
Jardim do Mar
C. das Freiras
Calheta
Machico
AGOSTINHO
Ponta do Sol
Camacha
Santa Cruz
Ribeira Brava
CHÃO
Câmara de Lobos
Ponta da Cruz
FUNCHAL
Ponta do Pedegral
DESERTA GRANDE
BUGIO
Ponta da Aguilha

Ponta de S. Jorge
Arco de S. Jorge
Cabanas
S. Jorge
Ponta de Santana
Achada da Gramacha
Boaventura
Achadinha
Fajã do Penedo
Ponta do Clérigo
Santana
Ilha
FAIAL
Penha de Aguia
590
Porto da Cruz
Ponta do Espigão Amarelo
Pico das Eirinhas
1650
Achada do texeira 1592 m.
Lombo do Galego
Cruzinhas
S. Roque do Faial
Boca do Risco
Pico Ruívo
1862
Riba Frio
Na Sra da Piedade
Pico do Arieiro
1818
Pico da Suna
1131 m.
Riba de Machico
Caniçal
Prainha
Ponta do Altar
Ponta das Gaivotas
Pico do Facho
Ilhéu de Fora
Curral das Freiras
Santo da Serra
MACHICO
Fort
1400
Poiso
Eira do Serrado
Agua de Pena
Ponta da Queimada
Fajã de Dentro
Pico Alto
1129
Terreiro da Luta
Ponta de Santa Catarina
SANTA CRUZ
Camacha
Gaúla
Jamboto
Monte
Cavão
Palmeira
Jardim Botanique
Quinta do Palheiro Ferreiro
Assomada
EN 105
Gonçalo
Caniço
Ponta da Atalaia
Vitória
Ponta dos Reis Magos
FUNCHAL
Cancela
Ponta da Oliveira
Reis Magos
S. Martinho
Para Porto Santo
Ponta do Garajau
S. Roque
6km

Cabo Girão

Azulejos de Funchal

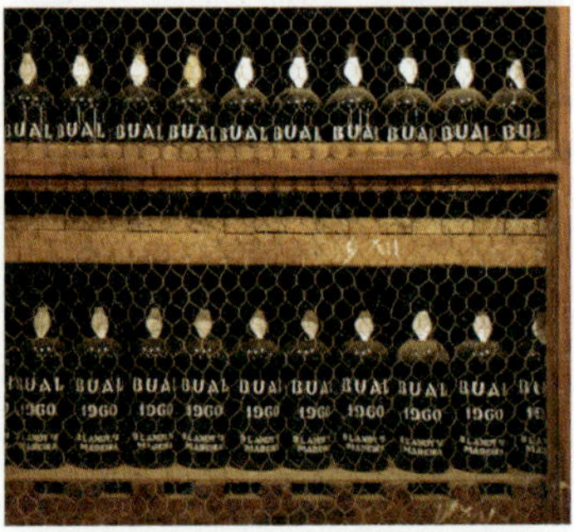

Vin de Madère, cave

Caniço, jardin de l'Hôtel Quinta Splendida, Pycnostachys

Porto Santo, Fonte da Areia

Eglise de Ribeira Brava

Les plus de Madère

Un climat généreux

Le climat est bon et doux tout au long de l'année, et s'il n'y a guère de plages, de nombreuses piscines naturelles (aménagées, en fait) permettent de faire bronzette. Il ne fait jamais vraiment froid : les températures les plus basses avoisinent (à Funchal) les 15 °C en hiver. Il faut dire que Casablanca, au Maroc, se situe environ sur la même latitude !

L'île aux fleurs

La grande « spécialité » du coin : si la France devait être un fromage, Madère serait sans doute une fleur. On la décrit souvent comme un « jardin flottant », et la comparaison n'est pas surfaite : il suffit de compter le nombre de jardins botaniques ouverts au public pour s'en rendre compte. Partout, le long des routes, dans les *quintas* fastueuses ou dans le verger de simples maisons, c'est un bouquet de couleurs chatoyantes : abondent magnolias, agapanthes, amaryllis ou hortensias, hibiscus, géraniums, bégonias, bougainvillées. Une importante culture d'orchidées s'y est aussi développée.

Une végétation unique

La merveille de Madère. L'île est un véritable « métissage végétal » : zone subtropicale où s'étalent les cultures de banane, de canne à sucre ; zone tempérée chaude de type méditerranéen, qui a encouragé les cultures de la vigne et des céréales comme le maïs, le blé ou l'avoine, et surtout des fruits, toujours délicieux, et tellement exotiques ; et domaine de la forêt primitive (forêt aurifère), vestige unique au monde de l'ère tertiaire avant la grande période de glaciation.

Une culture riche et vivante

L'héritage des « Grandes Découvertes » est important : églises, palais, ou quintas délicieuses. Quelques musées méritent le détour pour mieux comprendre les traditions de cette petite enclave atlantique. Ces dernières sont d'ailleurs toujours vivaces, on ne compte plus les fêtes qui animent tel ou tel village au cours de l'année, et les ateliers de broderie ou de vannerie témoignent que l'artisanat madérien n'est pas seulement un argument touristique.

Le paradis du marcheur

Il faut le dire et le répéter : Madère ne se découvre qu'au marcheur. La moindre *levada* (canal d'irrigation qui sert alors de sentier) est propice à une balade familiale ou à une randonnée plus exigeante. Il y en a partout (près de 1 500 km de levadas sur l'île !), pour tous les goûts, et on ne risque jamais d'être déçu.

Des paysages fascinants

L'île est constituée d'une chaîne montagneuse plongeant dans la mer à plus de 2 000 m de profondeur. Elle offre au regard un paysage sauvage et irrégulier, façonné par l'érosion et la houle de la mer au fil des siècles : on ne se lasse pas de cette nature abrupte et laborieuse, de ces petits vallons bucoliques, et de ces pics farouches, dominant les nuages.

D'excellentes structures d'accueil

Madère possède un réseau hôtelier étendu, moderne et confortable ; les taxes, le service et le petit-déjeuner sont la plupart du temps compris dans les tarifs. Tout autour de l'île, on ne compte plus les grands établissements avec piscine, sauna, jardin botanique et même centre de relaxation ! A l'intérieur, de nouvelles formes d'hébergement mettant à profit les quintas luxuriantes et ensoleillées se développent ; retirées de l'agitation de la côte sud, elles offrent confort souvent luxueux et repos complet dans un cadre magnifique. Enfin, de nouvelles infrastructures routières permettent de circuler d'est en ouest beaucoup plus rapidement.

Des vins à découvrir

Très fameux chez nos amis d'outre-Manche, ces vins (il y a plusieurs variétés) ne se sont pas encore fait une place au soleil dans nos menus ou dans nos soirées francophones. Certains les confondent même avec le porto ! Mais à l'apéritif ou au dessert, on peut se laisser tenter sans crainte : il y a fort à parier que quelques bouteilles feront le voyage retour dans vos valises !

Fiche technique

Argent

- **Monnaie :** l'euro.

Idées de budget

- **Petit budget :** de 25 € à 50 € la chambre double ; entre 5 € et 15 € pour un repas.

- **Budget intermédiaire :** de 50 € à 100 € la chambre double ; entre 15 € et 30 € par repas.

- **Gros budget :** au-delà de 100 € la chambre double ; plus de 30 € par repas.

La région en bref

- **Nom officiel :** Région autonome de Madère.

- **Capitale :** Funchal.

- **Superficie :** 796,77 km² pour les îles de Madère (737 km² environ), Porto Santo (42 km²), les Desertas (14,2 km²) et les Selvagens (3,6 km²), îlots inhabités classés « Réserves naturelles », respectivement à 11 milles et à 180 milles marins vers le sud.

- **Langue officielle :** portugais.

- **Nombre d'habitants :** 244 520 (novembre 2005).

- **Densité :** 306 hab./km².

- **PIB :** 3 651 millions d'euros en 2003 (contre 3 055 millions en 2000, 1 908 millions en 1995).

- **PIB par hab. :** 15 080 €/hab. (contre 12 724 € en 2000 et 7 600 € en 1995).

- **Taux d'activité :** 50,5 % (3e trimestre 2005).

- **Chômage :** 4,4 % en novembre 2005 (contre 2,8 % en mars 2004 et 7,9 % actuellement pour le Portugal continental).

- **Secteurs d'activité les plus rentables (par ordre décroissant) :** construction, commerce, alimentation et restauration, administration publique, agriculture et sylviculture, industrie de transformation.

- **Inflation :** 3 % (octobre 2005) (2,8 % pour le Portugal continental).

Poste

Le courrier met environ une semaine pour faire la navette entre Madère et la France. Mieux vaut donc, en cas d'urgence, envoyer un fax ou un e-mail.

- **Prix d'un timbre pour l'Europe :** 0,56 €.

Téléphone

- **Indicatifs téléphoniques :** le code de Madère est le même que celui du Portugal, le 351. L'indicatif régional est le 291, partout sur l'île.

- **Téléphoner de France à Madère, sur un téléphone fixe :** 00 + code pays + indicatif régional + numéro local. Ex. : 00 + 351 + 291 + 6 chiffres.

- **Téléphoner de France vers un téléphone mobile du réseau TMN à Madère :** 00 + 351 + 9 chiffres.

- **Téléphoner de Madère à l'étranger :** 00 + code pays + indicatif régional + numéro local.

- **En Belgique :** 00 + 32 + numéro du correspondant.

- **Au Canada :** 00 + 1 + numéro du correspondant.

Funchal, marché des Lavradores

Drapeau

La région autonome de Madère (RAM), constituée de l'île du même nom, de Porto Santo et des îles Desertas, dispose de son propre drapeau. Le bleu y symbolise la mer, le jaune l'abondance et la luxuriance, tandis que la croix blanche sur fond rouge représente l'emblème de la flotte d'Henri le Navigateur.

- **En France :** 00 + 33 + numéro du correspondant sans le 0.
- **En Suisse :** 00 + 41 + numéro du correspondant.
- **Téléphoner de Madère à Madère :** 9 numéros, tout simplement pour un fixe (3 chiffres de l'indicatif régional + 6 chiffres du numéro du correspondant) ou un portable.
- **Téléphoner avec l'assistance d'un opérateur (service gratuit) :** 171.
- **Téléphoner en P. C. V. (« chamada a pagar no destino ») :** 172.
- **Informations sur un numéro de téléphone à partir d'un nom et d'une adresse, et inversement** ✆ 118 (0,32 €).
- **Prix des cartes téléphoniques :** différents tarifs, de 3 € à 10 €. Les cartes les plus répandues sont celles de PT Telecom (de 3 € à 10 €), mais Onicard propose aussi des tarifs intéressants.

Les tarifs sont plus avantageux après 21h (22h à Paris). La plupart des hôtels sont équipés de téléphone dans les chambres, mais attention, la note peut s'avérer salée pour un appel international.

Numéros utiles

- **Météo :** 12150 (0,34 €).
- **Horloge parlante :** 12151 (0,21 €).

Décalage horaire

Toute l'année, quand il est 12h à Paris, il est 11h à Funchal. En accord avec les lois de l'Union européenne, on avance d'une heure le dernier dimanche de mars, et on recule d'une heure le dernier dimanche d'octobre.

Climat

- **Tempéré.** Les températures varient entre 17 °C en hiver et 23 °C en été.
- **La température de l'eau** est sensiblement la même tout au long de l'année grâce au courant chaud du Gulf Stream (entre 18 °C et 22 °C environ).

Saisonnalité

- **Haute saison :** mars et avril (séjours plus courts), de juillet à septembre, et pendant les vacances de Noël.
- **Le printemps et l'automne** sont souvent agréables, mais les températures sont plus basses, surtout en altitude. Important : l'ennemi du touriste à Madère n'est pas la température, mais les brumes et la pluie, toujours familières, surtout d'octobre à février. Ne pas oublier cependant que l'archipel subit à longueur d'année les caprices des masses d'air qui se déplacent dans l'Atlantique Nord. Le même jour et au même moment, trois types de temps peuvent affecter l'île. De ce fait, le soleil est rarement loin.

Funchal

Janvier	Février	Mars	Avril	Mai	Juin	Juillet	Août	Sept.	Octobre	Nov.	Déc.
12°/ 17°	12°/ 17°	12°/ 17°	13°/ 18°	14°/ 19°	17°/ 22°	19°/ 24°	20°/ 26°	19°/ 24°	17°/ 22°	15°/ 19°	14°/ 18°

Funchal, cathédrale Sé, intérieur

Caniço, Oiseau de Paradis (Strelitzia Reginae)

Porto Moniz

Port de Monte

Madère, vanniers

Paysage de Funchal

Idées de séjour

Lors de notre avant-dernier passage, en septembre 2004, pas un village de la côte n'était épargné par les pelleteuses ou les grues. A l'heure où vous lirez ces lignes, après notre dernier passage en septembre 2005, les travaux sont pour la plupart terminés : les ports de pêcheurs se transforment ainsi, pour le meilleur ou pour le pire, en sémillantes petites stations balnéaires dotées de piscines « naturelles ». Parallèlement, une voie rapide est bientôt achevée pour faire le tour complet de l'île. Certains voyageurs ont eu l'impression, ces derniers temps, de faire du tourisme en « entreprise de terrassement ». Le tourisme et ses multiples plaisirs y gagneront sans doute. La paix et l'harmonie, un peu moins. Quant à l'authentique...

Madère en une semaine

Il est possible de voir « l'essentiel » de Madère (c'est-à-dire les ex-libris touristiques de l'île) en une semaine ; mais vous n'aurez alors pas vraiment le temps de flâner à loisir le long des levadas, et une excursion à Porto Santo est très improbable. Un tel séjour, idéal pour de courtes vacances (type vacances de Pâques) pourrait se découper comme suit :

- **1er jour : visite de Funchal.** Le centre historique le matin ; le jardin botanique et celui des orchidées (assez concis et juste à côté) l'après-midi.

- **2e jour : environs de Funchal.** Eira do Serrado et Curral das Freiras, et le belvédère de Pico dos Barcelos le matin ; Monte et le parc tropical ainsi que la visite d'un ou deux musées l'après-midi.

- **3e jour : Câmara de Lobos, Cabo Girão, Ribeira Brava le matin.** Déjeuner à Ribeira Brava ; Jardim do Mar et son atmosphère paisible l'après-midi ; dormir ici ou à la Ponta do Pargo, ou encore à Santa.

- **4e jour : Ponta do Pargo, Santa, détour par le Paúl da Serra.** Pique-nique à Rabaçal par exemple ; retour à Santa, Porto Moniz (piscines naturelles) puis « route de l'or » jusqu'à Seixal (petite plage). Dormir à Porto Moniz ou à Seixal.

- **5e jour : « route de l'or » vers São Vicente (grottes), Boa Ventura, Santana.** Déjeuner à Santana ou à São Jorge ; l'après-midi, promenade à Queimadas jusqu'au Caldeirão do Inferno (4h à 5h aller-retour) ou alors jusqu'au plateau d'Achada do Texeira, ou encore près de Ilha. Dormir à Ilha ou à Santana (en fonction de votre budget aussi).

- **6e jour : l'Est et l'intérieur.** Porto da Cruz (piscines naturelles) sur la côte, puis direction Ribeiro Frio et le belvédère de Balcões ; montée jusqu'au Pico do Arieiro ; déjeuner (pique-nique) ; retour à l'embranchement de Poiso, puis route jusqu'à Santo da Serra, et descente vers Machico. Dormir à Machico.

- **7e jour : le matin, promenade à la Ponta de São Lourenço ;** soit pique-nique (il y a du vent), soit retour à Machico pour déjeuner ; puis retour à Funchal par Santa Cruz ; dernières flâneries dans la capitale.

Il est possible de modifier cet itinéraire en fonction de vos désirs et de vos goûts ; vous pouvez remplacer la promenade dans le parc de Queimadas pour celle du Pico Ruivo (depuis le Pico do Arieiro). Ou également passer plus de temps sur les hauteurs du Paúl da Serra, l'endroit le plus séduisant de l'île. Voire vous la couler douce, et jouir des piscines naturelles et des petites plages *(voir plus loin)*.

Câmara de Lobos

Santana, maison triangulaire

Madère en deux semaines ou plus

Il est évident qu'en deux semaines on peut visiter tous les sites d'intérêt touristique et se promener sans hâte le long de nombreuses levadas. Comme les paysages ne sont pas les mêmes sur la côte nord ou la côte sud, il est plaisant de consacrer à toutes deux un temps adéquat.

Ainsi, le programme suggéré ci-dessus pourrait être considérablement étoffé : séjour plus long à Funchal, qui mérite bien 4 jours pleins ; un ou deux jours de plus pour d'autres randonnées sur le Paúl da Serra, qui regorge de sentiers admirables ; un jour de plus sans doute sur le versant sud pour s'enfoncer dans l'intérieur, vers Encumeada, ou marcher vers Santo da Serra ou Camacha (nombreuses possibilités) ; deux jours au moins à Porto Santo pour se reposer sur la plage magnifique et s'imprégner de l'atmosphère paisible de l'île ; et quelques jours supplémentaires enfin pour flâner ici ou là, pique-niquer dans les montagnes ou faire les magasins, boire des jus de fruits dans quelque parc ou arpenter d'autres sentiers. Ce laps de temps très raisonnable pour une île qui n'est pas si étendue donne en outre la possibilité de partir en excursion sur les bateaux qui visitent la côte sud, vont voir les dauphins ou filent vers les Desertas.

Séjours randonnées

- **Les randonneurs ont tout intérêt à se procurer deux ouvrages :** celui de Pat Underwoord, *Paysages de Madère,* de J. et P. Underwood (éditions Sunflower), et celui de Raimundo Quintal, *Levadas et sentiers de Madère* (éditions Ribeiro). Les horaires des principaux bus y sont mentionnés.

- **Un chemin très accessible,** délivrant des points de vue remarquables dans un cadre champêtre ravissant, que nous avons beaucoup aimé, part depuis la route EN-202 entre Santo da Serra et Poiso vers le Pico da Suna. Compter 2h ou 2h30 aller-retour à une allure modérée.

- **Les randonnées du Paúl da Serra** sont toutes superbes, notamment celles de Rabaçal, mais nous vous conseillons aussi celle de Bica da Cana.

- **La région de Boa Ventura** se prête également à de belles promenades, dans une végétation très intéressante. Une semaine ou dix jours sont des laps de temps suffisants pour vraiment sillonner l'île à pied.

Ribeira da Janela

Madère sur Internet

www.madeiratourism.org – Le site officiel de l'Office du tourisme récemment remis à jour. Beaucoup d'infos, évidemment.

www.madeira-web.com ou **www.guia-madeira.net** – De belles illustrations anciennes de paysages, d'architecture et de costumes traditionnels de Madère, et des informations en français, sur les hôtels, les restaurants, les locations de voiture.

www.madeira-island.com (index. html) – Tout ce que vous voulez savoir sur Madère, en anglais. Beaucoup de renseignements sur le shopping et un calendrier des manifestations.

www.madinfo.pt (en anglais et en portugais) – Un site complet. Propose, entre autres, des infos sur la culture, l'histoire et les services hôteliers de l'île, mais donne également les prévisions météo, afin de composer votre garde-robe à la veille de votre départ. Pour ceux que ça intéresse, le site offre des liens vers **les sites gouvernementaux de la région autonome de Madère :** www.madinfo.pt/organismus/cmsv/frances.htm –

www.madeiravisit.com – En français, pour avoir une petite idée de ce qui vous attend.

www.porto-santo.org – Le site de Pierre-Olivier Hubac où il est conseillé de faire un tour si l'on part sur Porto Santo. Le parcours décrit est intéressant.

www.encontrosdaeira.com – Site d'un groupe de musique traditionnelle de Madère. En portugais seulement.

www.lmaster.u-bordeaux.fr/~figue/personnel/madere.html – Pour les surfeurs (sur l'eau). *Voir rubrique « Surf » dans « Jeux, Loisirs et Sports ».*

www.sunflowerbooks.com.uk/madeira.html – Comment préparer ses balades et randonnées sur l'île avant de partir. Il est possible d'acheter une version papier de ce guide de la randonnée à Madère.

www.interresa.ca/fd/fr/madere.html – Pour réserver votre voyage (hôtels, voiture, avion, paiement sécurisé par carte) ou simplement sur la destination, ce site dispose d'une fiche signalétique synthétique très bien faite.

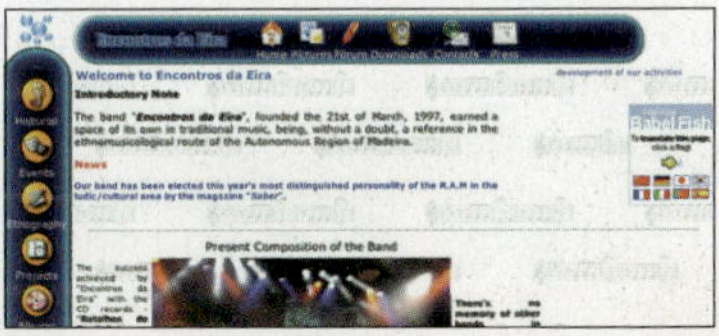

Découverte

Madère en 20 mots-clés

Animaux de compagnie

Afin que votre fidèle compagnon puisse être aussi du voyage, il sera demandé un certificat de bonne santé récent, ainsi qu'un certificat de vaccination contre la rage, pour les chiens et les chats. Dans les hôtels et les campings, l'admission des chiens est laissée à la décision du gérant.

Azulejos

Ces carreaux de faïence émaillée, sont, si l'on peut dire, l'une des marques de fabrique de l'art portugais, même s'ils proviennent originellement d'Andalousie en Espagne ; le couvent de Santa Clara à Funchal en est recouvert à l'intérieur.

Bio

Faire une croix sur vos produits biologiques favoris le temps de votre séjour à Madère ? Surtout pas ! Ils sont tous là. *Biologos* (Derrière le jardin municipal. Rua Nova de Sao Pedro, 34 Funchal © 291 236 868 – Fax : 291 224 126 – bio.logos@mail.telepac.pt) Vous pouvez aussi y prendre vos repas ou petits-déjeuners s'ils ne sont pas servis dans votre pension.

Broderies

Qu'elles soient sur toile, sur linon, sur organdi, qu'elles forment un châle, un mouchoir ou une nappe, elles sont toujours aussi délicates et diversifiées ; on les trouvera dans quelques petits villages ou dans les échoppes de Funchal, et elles raviront tous les amateurs.

Christ

Il ne vécut sans doute pas sur ce coin de paradis, n'y prêcha vraisemblablement pas, n'y fut assurément pas crucifié, mais quinze siècles plus tard, les chevaliers de l'ordre qui portait son nom vinrent y construire une très belle cathédrale : Sé, à Funchal.

Christophe Colomb

Il débarque sur les côtes de l'île en 1478, pour le compte d'un négociant génois, en vue d'acheter du sucre ; il y dénichera entre autres de précieuses informations concernant la navigation (cartes maritimes, traités), mais cela ne sera pas suffisant pour convaincre le roi João II de rallier les Indes par l'Ouest. Le Découvreur se doutait-il, en ramenant du sucre de ce voyage d'affaires, qu'il allait mettre son grain de sel dans l'une des plus formidables découvertes de l'histoire de l'humanité ?

Culture

La vie culturelle est assez réduite à Madère, et c'est la classe moyenne qui en souffre le plus. Chaque année voit néanmoins naître de nouvelles initiatives, qui sont quasiment toutes le fait du gouvernement régional. Une exception : la galerie Porta 33, rua Quebra Costas, à Funchal *(ouverte du mardi au samedi de 16h à 20h)*, cherche à promouvoir des artistes locaux ou étrangers. Elle est entièrement autogérée.

Feu

Interdit en dehors des aires équipées à cet effet. En été, les incendies ne sont pas rares sur la côte sud. Etant donné l'importance que revêt la forêt primitive pour l'île et l'humanité entière, il serait de bon ton de ne pas l'enflammer à cause d'une maladresse ou d'un oubli.

Fleurs

« On peut rapporter de beaux bouquets. Les fleurs sont bien emballées dans un carton et elles ne sont pas plus chères à l'aéroport de Funchal qu'en ville. Vous pouvez avoir un beau bouquet pour 15 € (avec emballage). » C. Vasser, Colmar.

Golf

Il en existe deux sur l'île de Madère, dont le Golf Club Santo da Serra. Il se trouve à 30 km de Funchal et compte 27 trous. Le Palheiro Golf est à 5 km de Funchal et compte 18 trous. Bordé par une forêt de pins, il offre une vue splendide sur la mer. Porto Santo est maintenant équipé d'un circuit.

Honnêteté

Dans ce pays, encore très agricole et très catholique, on vous rendra sûrement votre portefeuille si vous le perdez. Mais ne tentez pas le diable en ville.

Métissage

Le panachage des couleurs est fascinant : partout fleurissent hortensias, jacarandas, anthuriums, mimosas, magnolias, bougainvillées, agapanthes, genévriers, aloès, qui se transforment en de somptueux bouquets colorés. Cette terre volcanique abrite aussi de nombreuses cultures : canne à sucre, banane, vigne, maïs, blé, oranges, prunes, mais aussi goyaves, mangues, fruits de la passion ou ananas. Un « jardin flottant », dit-on !

Opinions

Que pensent les artistes portugais de Madère ? Pour Joaquim Paço d'Arcos, c'est « l'un des endroits les plus beaux au monde » ; pour Assis d'Esperança, « un lieu unique pour mourir en beauté » ; pour Maria Lamas, « un monde-sortilège, où les visions se succèdent, en des contrastes hallucinants, du bucolique le plus doux à l'expression effrayante d'une tragédie géologique » ; Natália Correia, enfin, est impressionnée par « le dialogue qui s'établit entre la nuit et la mer, entre la végétation du Nord et la flore tropicale, entre l'Atlantique et la Méditerranée, entre l'esprit européen et la langueur orientale » : en bref, Madère est « une alliance discrète de civilisations exacerbées par les propres caractéristiques de l'insularité ».

Pèlerinage

On est encore loin de l'affluence à Lourdes ou à Fatima, bien sûr, mais l'église Nossa Senhora do Monte est le lieu d'un rendez-vous important les 14 et 15 août ; on y vénère une statue de la patronne de Madère enfermée dans un tabernacle en argent, découverte sur le lieu même où la Vierge est apparue, dit-on, à une jeune bergère.

Pétard

Ici on ne les fume pas seulement, on les fait aussi exploser en toute occasion, fête, samedi, dimanche. Ils résonnent loin en montagne.

Photographie

Se faire tirer le portrait dans le décor du jardin municipal par un authentique ancien photographe, muni de sa chambre noire et de son trépied en bois est encore faisable. Sinon, à Funchal, de nombreuses échoppes vous proposent de développer vos pellicules dans la journée, voire en 30 minutes. On trouve dans la capitale toutes les pellicules classiques et les ustensiles essentiels pour le bon fonctionnement de votre appareil numérique dernier cri (ne pas s'attendre à des miracles non plus).

Piscines naturelles

La dernière mode à Madère. De nombreux spots ont ouvert récemment, et d'autres sont en cours d'aménagement. « Naturel » signifie que l'eau est celle de l'Océan ; mais certaines piscines sont plus bétonnées que d'autres. En général, des vestiaires, des douches, et un petit café vous attendent à proximité.

Porto Moniz, piscine naturelle

Plage

C'est presque les Tropiques, mais ce n'est pas encore les Caraïbes. Les inconditionnels de la bronzette en seront pour leurs frais, puisqu'il n'y a sur l'île que de tout petits coins sans prétention. Qu'ils se rassurent néanmoins : l'île voisine de Porto Santo protège une longue étendue de sable doré sur plus de 7 km, et l'eau est à une température appréciable tout au long de l'année.

Quinta

Le terme désigne à l'origine les vieilles demeures coloniales caractérisées essentiellement par leurs jardins fleuris qui faisaient la fierté de leurs propriétaires. Un vieil usage précise d'ailleurs que seuls peuvent être appelés ainsi les domaines qui comportent, outre une luxuriance de fleurs et de plantes entretenues avec soin, des arbres géants dépassant l'âge respectable de cent ans. La plupart de ces résidences datent du début du XIXe siècle. Certaines se sont aujourd'hui transformées en hôtels de luxe. Leurs prix sont comparables à ceux d'hôtels 4 et 5 étoiles, mais leur charme est bien plus grand. Mieux vaut réserver à l'avance car la capacité de ces établissements est en général réduite.

Vin

Le hasard est parfois bon conseiller : les marins qui faisaient escale sur l'île pour y charger du vin, sur la route des Amériques, découvrirent que le soleil des Tropiques agrémentait les arômes du nectar ; aujourd'hui encore, on utilise le même procédé (« l'estufagem ») pour relever le goût de ce vin. On trouve des secs ambrés, des demi-secs ou des demi-doux, qui ont particulièrement su convaincre nos voisins anglais, très friands.

Paúl da Serra

São Vicente, Véu da Noiva

Paysage de Madère

Câmara de Lobos

Pico de Arieiro

Arbres Dragon

Survol de Madère

Tous les guides, brochures, publicités, articles le disent : Madère est un jardin flottant, un printemps perpétuel, la perle de l'Atlantique, la huitième merveille du monde, le dernier paradis. Et c'est (presque) vrai. Géographie et climat ont conjugué leurs efforts pour nous offrir cette nature exubérante et généreuse. Mais pour la dompter, l'homme a dépensé une énergie incroyable, accrochant aux pentes toujours vertigineuses ces terrasses qu'il continue d'exploiter avec des techniques qui nous paraissent d'une époque révolue. Le génie de la nature, le génie de l'homme ont, à Madère, de quoi étonner les plus blasés et enchanter les curieux. On dit même qu'un jour Dieu prit pitié des hommes qui menaient décidément une existence bien triste sur terre, loin du paradis céleste dont il les avait expulsés. Il décida donc de recréer sur terre le paradis perdu. Alors qu'il cherchait l'endroit idéal, il tomba sur Madère. Il y fit pousser de somptueux parterres de fleurs, baignés de délicates senteurs exotiques. Mais l'homme, qui avait pourtant juré que l'on ne l'y reprendrait plus, y sema la discorde. Cette fois, c'en était trop. Dieu sillonna donc le sol madérien de crevasses profondes et répandit la désolation sur ce petit paradis afin que les hommes ne puissent plus goûter un bonheur aussi immérité. Mais voilà, l'île était si belle que sa beauté résista à la colère de Dieu. Et de ce paradis perdu restent aujourd'hui les fleurs somptueuses dont Madère n'est point avare.

GÉOGRAPHIE

Généralités

L'archipel de Madère, situé à 32° 38' de latitude nord et 16° 54' de longitude ouest, appartient à la Macaronésie, ensemble d'îles comprenant aussi les Açores, les Canaries et les îles du Cap-Vert.

Il baigne dans l'océan Atlantique, à 978 km au sud-ouest de Lisbonne et à 545 km à l'ouest du cap Djouchi, au Maroc. Les îles Canaries se trouvent à 443 km au sud.

L'île principale, qui donne son nom à l'archipel, n'est pas très étendue : elle mesure 57 km d'est en ouest et 22 km du nord au sud, à ses points les plus extrêmes. La superficie totale de l'archipel est d'environ 800 km², dont 740 km² pour Madère, 42 km² pour Porto Santo, et le reste pour les îlots inhabités, déclarés « Réserves naturelles », des Desertas et des Selvagens. Le point culminant est le Pico Ruivo, qui culmine à 1 861 m d'altitude.

Relief

Madère est née des convulsions de l'écorce terrestre à l'ère du cénozoïque (du grec « kaínos », « récent »), qui regroupe l'ère tertiaire et l'ère quaternaire, d'une durée assez brève (2 millions d'années tout de même). Il y a environ 20 millions d'années, l'Atlantique Nord s'ouvrait complètement pendant que l'Atlantique Sud s'élargissait. A l'époque, les plaques américaine et africaine n'étaient pas aussi éloignées l'une de l'autre, et la ligne de suture (la fameuse dorsale médio-atlantique) donna naissance à l'archipel de Madère avant de s'éloigner vers l'ouest en accompagnant la dérive des plaques. C'est pourquoi les Açores, situées plus à l'ouest, sont plus récentes.

Madère constitue la partie centrale d'un archipel qui est en fait un large massif volcanique sous-marin. Les îles voisines, Porto Santo et Desertas, sont des sommets émergents secondaires. Il en existe de nombreux autres, immergés. Ces îles sont reliées les unes aux autres par des hauts-fonds, mais l'archipel est encerclé d'abîmes de 2 000 m à 3 000 m à quelques encablures du rivage.

L'île est constituée par une alternance d'immenses bancs de lave et de scories, visibles souvent sur le bord des nouvelles routes qui ont entaillé la montagne. L'érosion torrentielle très active a creusé dans ces entablements de profondes vallées vers le nord ou le sud, laissant la ligne de partage des eaux au cœur de l'île. Ainsi, on distingue deux versants bien distincts, la ligne de crête s'étendant de la pointe de Tristão, vers Porto Moniz, à la pointe de São Lourenço, à l'extrémité est. Le versant nord est plus humide que le versant sud.

Si l'eau de pluie, principalement, a modelé le relief intérieur de Madère, c'est la mer surtout qui en a façonné les côtes. La puissante houle de l'Atlantique a attaqué les pentes, même peu raides, pour les transformer en falaises qui constituent près de 80 % du littoral ; un tiers d'entre elles dépassent les 100 m !

Vous avez dit dorsale océanique ?

Une dorsale océanique est un relief sous-marin plus ou moins situé dans la partie médiane des océans. Ces immenses chaînes de montagnes immergées se rejoignent d'un océan à l'autre, composant ainsi un paysage subaquatique admirable : elles s'étendent sur plus de 60 000 km, occupent un tiers de la surface totale des océans, soit environ 150 millions de km^2 : autant que tous les continents émergés réunis ! Ces étranges montagnes se différencient néanmoins des grands massifs terrestres comme les Alpes ou l'Himalaya : leurs reliefs sont uniquement constitués de lave (des basaltes, roches éruptives basiques, émises à l'état fondu vers 1 200 °C), et ne procèdent pas de mouvements de compression, mais d'extension. On parle donc de failles plutôt que de plis ou de chevauchements. Et celles-ci sont gigantesques, puisqu'elles atteignent rapidement 2 000 m à 3 000 m de profondeur.

La quasi-totalité de la côte nord-est, comme disent les marins, « accore », plonge droit dans l'océan, parfois de manière spectaculaire. Les accès à la mer sont le plus souvent les débouchés des vallées.

Madère s'enorgueillit de la deuxième falaise la plus haute du monde (au-dessus du niveau de la mer) : le Cabo Girão, qui s'élève à 580 m !

Un seul plateau, le Paúl da Serra, « le marais de la montagne », d'environ 35 km^2, couvre en partie le nord-ouest de Madère. Un parc d'éoliennes produit de l'énergie électrique, profitant des vents quasi permanents.

Malgré le climat très doux et la végétation généreuse de Madère, il se dégage vite de l'île, au-delà d'un sentiment d'exotisme, une impression d'âpreté. En hiver, la brume est le lot quotidien de ceux qui vivent ou s'aventurent sur le plateau.

Les poios

La colonisation s'est heurtée à la géographie, et la fertilité du sol n'a d'égale que la difficulté à l'exploiter. Sans faire un grand effort d'imagination, on réalise l'ampleur du travail accompli pour transformer des versants entiers en terrasses cultivables. Il faut aller jusqu'en Asie ou en Amérique latine pour retrouver de tels paysages, si rares sur un aussi petit bout de terre isolé du reste du monde. Qu'on soit pêcheur ou agriculteur, à Madère, la vie reste rude pour le plus grand nombre. L'Europe est loin, même si depuis quelques années l'argent de Bruxelles « coule à flots », donnant naissance à quelques ouvrages pharaoniques dont on ne sait comment ils vont améliorer les conditions de vie de la population. On perçoit mieux, cependant, les conséquences de ces projets sur l'environnement, l'atout majeur de cette petite île.

Sitôt abordée par les Portugais, l'île fut colonisée comme pour en légitimer la possession. Les colons employèrent le feu pour prendre sur la forêt primitive les terrains qu'ils convoitaient. Ce fut le début d'un labeur invraisemblable afin de construire des milliers de terrasses (*poios*), parfois minuscules. Tous ces murs forcent aujourd'hui notre admiration, mais on n'oubliera pas qu'il fallut remplir ces terrasses de terre, apportée à dos d'homme. Seules quelques fermes d'Etat, installées sur les terrains les plus propices, utilisent des tracteurs. Chacun, qu'il soit ou non propriétaire de sa terre, laboure, ensemence, bine et récolte à l'aide de deux ou trois outils très rudimentaires. En outre, pour exploiter au mieux cette terre suffisamment riche pour donner plusieurs récoltes annuelles intensives, et pour pallier les caprices de pluies irrégulières, on a conçu et réalisé un réseau d'irrigation (*levadas*) probablement unique au monde.

Les levadas

Trésor d'ingéniosité et de génie civil, le réseau des canaux d'irrigation (*levadas*) élaboré dès le début de la colonisation fut parfois l'œuvre de forçats ou d'esclaves, mais plus souvent d'ouvriers qui mettaient leur vie en jeu pour apporter l'eau des hauteurs vers les jardins situés plus bas, parfois au-dessus d'à-pics vertigineux. Véritable château d'eau, plus de 1 000 km de canaux drainent l'eau des forêts vers les cultures. Pour amener le précieux liquide vers des destinations éloignées ou sur l'autre versant de l'île, ces « levadas » empruntent souvent des tunnels creusés à la pioche.

La culture intensive toute l'année doit s'affranchir des périodes sèches. La côte sud, plus cultivée, est moins arrosée que sa voisine.

Au début du siècle, on comptait environ 200 « levadas » pour une longueur totale de 1 km. La plupart étant à l'époque propriété privée, la distribution de l'eau n'était pas optimale et seulement la moitié des terres cultivables étaient irriguées.

Le réseau est aujourd'hui étatisé quand il n'est pas à la charge des communes. En 1939, le gouvernement portugais entreprit ainsi un vaste programme d'irrigation. Celui-ci inclut l'acheminement de l'eau jusqu'à une centrale hydroélectrique puis la redistribution sur les terres cultivables.

L'utilisation de l'eau est très strictement codifiée. Les rotations d'irrigation sont fixées à l'avance. Chaque agriculteur a droit à une part d'eau évaluée, payée en heure, et non en quantité. Il serait en effet compliqué d'évaluer le volume, variable sur l'année, en fonction du débit de la « levada » ; lorsque le débit baisse, l'ensemble des usagers est affecté, personne n'est donc lésé.

On distingue deux réseaux : le primaire, qui draine l'eau vers un secteur (la « levada » est en pente douce, large de 40 cm à 60 cm), et le secondaire, qui distribue des pentes plus ou moins raides selon le terrain. La « levada » s'amenuise alors jusqu'à n'être plus qu'une rigole aux dernières terrasses.

Ce réseau unique demande un entretien constant car feuilles mortes ou chutes de pierres auraient tôt fait de tout obstruer. A cet effet, chaque canal est longé par un petit chemin, régulièrement parcouru par les « lavadeiros », le plus souvent facile à suivre, et qui transforme la moindre promenade en un enchantement. Toujours à flanc de montagne, accompagné du léger clapotis de l'eau, on découvre des fonds de vallée insoupçonnés, des points de vue somptueux, et on a parfois l'impression de se déplacer dans un film de Werner Herzog. Partir à la découverte de ces « levadas » est un jeu passionnant et en fait le seul moyen de réellement découvrir l'île.

Les autres îles de l'archipel

Outre Madère, l'archipel est constitué de Porto Santo au nord-est, des îles Desertas que l'on aperçoit parfois de Funchal, et des îles Selvagens, plus au sud, assez proches des Canaries.

Porto Santo apparaît minuscule sous l'aile gauche de l'avion lorsqu'on vient de Lisbonne, avec ses 40 km² et ses 3 000 habitants. Elle a longtemps été considérée comme un coin de paradis pour tous ceux qui voulaient fuir Funchal quelques jours. Le paradis a été découvert depuis, mais l'île reste très différente de sa grande sœur. D'abord par son climat : malgré la proximité de Madère, Porto Santo, à cause notamment d'un relief beaucoup moins accidenté, est plus sèche. Ensuite, sa longue plage de sable contraste avec les falaises abruptes de Madère. Mais la végétation et la faune sont considérablement moins riches.

Les îles Desertas, comme leur nom l'indique, sont désertes ou presque, puisqu'une station scientifique y est établie depuis quelques années. Les trois îles constituent une réserve protégée, et leur accès est soumis à une autorisation préalable. On y trouve une colonie de phoques moines, des oiseaux, des plantes et des tarentules, de bonnes grosses araignées bien velues, apparemment peu gênées par l'érosion qui menace les Desertas à cause de leur maigre végétation. Ce sont peut-être ces tarentules qui ont effrayé la trentaine d'hommes qui tentèrent de s'établir au XVIe siècle ; mais, quoi qu'il en soit, leurs cultures n'avaient pas beaucoup de chances de succès non plus, une seule source, d'accès difficile, offrant de l'eau douce. Plus tard, on essaya d'exploiter un lichen utilisé dans la fabrication de colorants, l'*urzela* (orseille). Aujourd'hui, on se contente de faire un tour en bateau, sans accoster, et les marins de Funchal et de Câmara de Lobos ont une théorie infaillible pour prévoir le temps selon que les Desertas sont visibles ou non de la côte. Demandez-leur des précisions.

Les Selvagens, à 280 km de Funchal, situées beaucoup plus loin au sud au point d'être presque intégrées aux Canaries, représentent en tout un peu moins de 5 km² de terres émergées. Découvertes par Diogo Gomes, les Selvagens ont été propriété privée jusqu'en 1971, date à laquelle l'Etat portugais les a rachetées pour en faire une zone protégée pour la nidification des oiseaux marins, notamment les « cagarros » (puffins cendrés), que les pêcheurs aiment bien car ils ont la manie de tournoyer au-dessus des bancs de thons. Enfin, ce qui n'a pas manqué d'attirer d'intrépides aventuriers, il paraît certain qu'il y ait un trésor caché aux Selvagens, celui du capitaine Ridd, mais le marin qui révéla le secret a oublié d'indiquer l'emplacement.

Barques le long des côtes de Câmara de Lobos

CLIMAT

Quelle est la meilleure période pour se rendre à Madère ? Toute l'année disent les brochures touristiques ! Mais ne vous fiez pas aux tableaux des températures : ils ne sont valables que pour Funchal et doivent êtres fortement nuancés, sinon modifiés, surtout quand on se rend sur la côte nord ou qu'on s'élève en altitude. S'il fait presque toujours beau à Funchal et sur l'ensemble de la côte sud, il est fréquent que la côte nord soit sous les nuages et la pluie, et que l'intérieur soit plongé dans le brouillard. Essayons de comprendre pourquoi.

Compte tenu de sa latitude subtropicale, Madère jouit d'un climat tempéré de type océanique. L'équilibre est maintenu par la rencontre entre les eaux tièdes du Golfe Stream et les courants plus froids des Canaries. Mais l'archipel bénéficie aussi de l'influence des alizés, ces vents réguliers venus du nord et du nord-est ; ils apportent à Madère un air chargé d'humidité au contact de l'Océan et le « plaquent » sur le versant nord de l'île. Cette côte, dite « au vent » force l'air à s'élever ; l'air condense souvent (brumes) et, selon la saison, précipite plus ou moins (pluies). Une fois franchies les crêtes, il est en partie déchargé de son humidité.

Ce phénomène est à l'origine du contraste marqué entre les deux côtes. On constate en effet une différence moyenne de 3 °C à 4 °C entre la côte sud et la côte nord de l'île de Madère. En fonction de l'altitude, on peut définir trois zones climatiques sur l'île : une zone au climat subtropical entre 0 m et 300 m, une zone au climat méditerranéen jusqu'à 750 m, puis, au-dessus de cette altitude, une zone tempérée à tendance froide. Les nuages arrivent en général par le nord. Ils sont alors stoppés par le relief montagneux. Ils escaladent les pentes jusqu'à 800 m environ, puis en s'accumulant, atteignent les 1 300 m. De fait, il pleut dans cette zone alors qu'à plus basse et à plus haute altitude, le temps reste ensoleillé. Le Nord de l'île dispose donc de réserves d'eau beaucoup plus importantes que le Sud, qui peut ne pas recevoir de pluie pendant six mois. Qui plus est, la nature de la roche oblige l'eau à se concentrer en nappes souterraines, pour ensuite réapparaître sur le côté nord de l'île, en raison de l'inclinaison des couches géologiques. Cette particularité géographique explique donc la présence des « levadas », ou canaux d'irrigation, qui dirigent l'eau vers le Sud de l'île.

Quoi qu'il en soit, l'île n'est pas prête de manquer d'eau ; elle dispose en effet d'un réservoir naturel souterrain régulier dont le volume est estimé à 200 millions de mètres cubes ! A Madère, l'automne est orageux et l'hiver pluvieux malgré le bon ensoleillement, contrairement aux Canaries qui ne subissent vraiment les pluies qu'en novembre.

Pour en savoir plus sur la climatologie de la région ou pour obtenir les prévisions quelques jours avant le départ, allez surfer sur la toile : www.weatheronline.com ou encore www.madinfo.pt – Vous y trouverez (en français pour le premier site, en anglais et en portugais pour le second) les prévisions météorologiques pour les jours à venir (remise à jour quotidienne).

ENVIRONNEMENT ET ÉCOLOGIE

L'île s'étage en trois zones bien distinctes : une zone subtropicale jusqu'à 300 m au-dessus du niveau de la mer environ, où abondent les cultures de banane, de canne à sucre ; une zone tempérée chaude jusqu'à 750 m : le climat, plutôt méditerranéen, a encouragé les cultures de la vigne et des céréales comme le maïs, le blé ou l'avoine, et surtout des fruits, toujours délicieux, et tellement exotiques : mangues, goyaves, fruits de la passion. Enfin, le domaine de la forêt primitive grimpe jusqu'à 1 300 m ; elle répond au doux nom de Laurissilva (ou forêt

Vallée d'Encumeada

laurifère), vestige unique au monde de l'ère tertiaire avant la grande période de glaciation, et elle joue un rôle majeur dans la protection de l'érosion par la maîtrise de l'eau des pluies. La Réserve naturelle de Madère, créée en 1982 et couvrant plus des deux tiers de la superficie de l'île, a été instituée afin de sauvegarder cet héritage incomparable : l'Unesco a même décidé de la classer au patrimoine de l'Humanité le 2 décembre 1999.

La biodiversité et les nombreuses espèces végétales endémiques ont contribué, avec l'aide de l'Europe, à la création de différentes zones de protection (réserves naturelles intégrales, partielles, paysages protégés, zones de loisirs, zones de repos et de silence) qui multiplient les réglementations dans lesquelles, pour le moment, personne ne s'y retrouve. Espérons qu'elles ne seront pas une entrave au développement du « tourisme vert », pourtant le seul atout de l'île.

Plusieurs zones de la région ont ainsi été déclarées « Réserves naturelles » : les îles Selvagens en 1971, comprenant les îles de Selvagem Grande et Selvagem Pequena et l'îlot de Fora, afin de protéger les nombreux oiseaux marins qui y nidifient ; Garajau en 1986, zone maritime exclusive, à l'est de Funchal, où il est toutefois possible de plonger en payant une taxe ; les îles Desertas en 1990, dont la partie sud est interdite à la navigation ; et la Rocha do Navio, près de Santana, en 1997. La Ponta de São Lourenço est également l'un de ces endroits magiques où il est possible d'admirer la flore et la faune endémiques de l'île.

Le parc écologique de Funchal, étagé de 520 m à 1 840 m d'altitude, a été créé en 1994. On y a aménagé des aires de pique-nique (à Chão da Lagoa notamment). Sa dénivellation assure la sauvegarde d'espèces très variées. Cependant, les forêts sont trop souvent décimées par les incendies, entraînant la prolifération d'espèces exotiques comme les eucalyptus ou les acacias. Un plan de reforestation a été mis au point pour retrouver la végétation originelle. Quelque 250 000 arbres ont ainsi été replantés ces dernières années.

Parallèlement, 11 sites dont 5 nouveaux ont été mis en avant pour la conservation de la nature, après un défi lancé par l'Union européenne dans le cadre de l'espace « Nature Network 2000 » : Achadas da Cruz, Moledos-Madalena do Mar, Pináculo, Ilheús do Porto Santo et Pico Branco do Porto Santo. Tous se situent sur les littoraux, ce qui est un moindre mal, au regard des nouvelles infrastructures envahissantes.

L'écologie semble être une réalité à Madère aujourd'hui, de nombreuses voix s'élèvent et veulent se faire entendre, mais il faut bien admettre également que quantité d'entrepreneurs n'ont pas la main aussi verte. Si l'on ne veut pas souiller irrémédiablement le paysage de l'archipel, il est urgent de fixer une politique rigoureuse de conservation de la nature et empêcher la prolifération, non seulement d'espèces exotiques, mais aussi d'hôtels trop classiques.

Pour toute information sur les parcs naturels de Madère : Caminho do Meio, Quinta do Bom Sucesso ✆ 291 214 360 – Fax : 291 214 379 – pnm@gov-madeira.pt

FAUNE ET FLORE

La faune

Elle n'est pas aussi admirable que la flore, véritable joyau de l'île : on trouvera ici ou là des lapins, quelques cochons sauvages marqués, des furets, buses, faucons, éperviers, alouettes, chouettes, chardonnerets, bergeronnettes grises et jaunes, roitelets de Madère, rouges-gorges, pigeons Trocaz et surtout le pétrel de Madère. En tout et pour tout, il n'existe que 36 espèces d'oiseaux nicheurs sur l'île (43 sur l'ensemble de l'archipel). Mais de nombreux migrateurs font escale, dont un petit nombre d'accidentés venus du continent américain avec les tempêtes de l'ouest. Notons que le pigeon Trocaz n'existe qu'à Madère et qu'il est inféodé aux forêts de lauriers de la côte nord dont il apprécie les baies ainsi que les choux dans les cultures. Tout comme son milieu, il est depuis peu entièrement protégé.

Une autre espèce, bien qu'en principe protégée, est beaucoup plus menacée : celle du phoque moine, longtemps décimé par les pêcheurs et dont il ne reste plus qu'une vingtaine d'individus le long des îles Desertas. L'animal était pourtant bien représenté sur l'île de Madère lorsque les Portugais y débarquèrent. Le village de pêcheurs de Câmara de Lobos, c'est-à-dire « la chambre des loups » en témoigne par son nom. Les premiers colons furent en effet impressionnés à leur arrivée par ces animaux, qu'ils nommaient des loups de mer.

Compte tenu de l'isolement géographique de l'île, il n'est pas étonnant que l'on n'y trouve aucun gros mammifère. Parmi les rares présents sur l'île, seuls les phoques et les chauves-souris en sont originaires. Les lézards sont les seuls autres vertébrés terrestres déjà présents sur l'île au moment de la colonisation. Leur nombre à Madère est important.

Madère abrite également quelques variétés d'araignées, telle la lycose aux pattes épaisses, dont la taille et l'aspect massif effraient vraiment. Vous aurez cependant peu de chances de la rencontrer : elle vit en effet dans les régions les plus isolées et élevées de l'île et ne sort que rarement dans la journée.

Quant aux malmignattes, seules bêtes venimeuses de l'archipel, elles résident (si toutefois vous les cherchez !) sur la Ponta de São Lourenço.

Au large des côtes de Madère, on trouve également des cachalots et d'autres espèces de mammifères marins. Aujourd'hui, ces espèces en voie d'extinction sont pratiquement toutes protégées. Un cachalot femelle mesure en moyenne 11 m et peut atteindre 18 m de longueur.

De toutes les espèces de baleines, le cachalot, qui peut atteindre des profondeurs de 3 m, est le champion de la plongée. Dès le XVIe siècle, on pêchait la baleine à Madère, notamment pour sa graisse et son huile, utilisées à des fins médicales et industrielles. La viande et les os étaient mangés ou bien servaient de fumier. L'ambre était recherché pour sa senteur, l'huile de foie était consommée pour sa teneur en vitamine D. C'est à Caniçal que l'on ramenait puis dépeçait les pauvres bêtes. Le musée de cette ville retrace très bien toute cette épopée.

Mais l'animal marin le plus connu de l'île est sans aucun doute l'espada (poisson sabre, une sorte d'anguille), ce fameux poisson que l'on trouve surtout au large de Madère et en mer de Chine. Il y a fort à parier que vous y goûterez dans l'un des restaurants de l'île.

La flore

On peut venir à Madère simplement pour découvrir ses paysages, qu'ils soient naturels ou façonnés par l'homme. Ils font sa plus grande richesse. Bien sûr, on apprécie d'autant mieux l'extraordinaire diversité des espèces végétales quand on connaît celles qui nous environnent habituellement. Hortensias, amaryllis, fuchsias et tant d'autres espèces envahissent spontanément les sous-bois. Quantité de plantes que nous devons acheter et bichonner toute l'année pour les voir survivre, se débrouillent ici toutes seules et atteignent parfois des tailles impressionnantes.

Funchal, jardin botanique, paon

Madère fait partie de la Macaronésie, entité phytogéographique et ensemble d'îles jouissant d'un climat assez doux toute l'année grâce à l'influence du Gulf Stream. Ce phénomène n'est pas nouveau, et ces îles ont été épargnées par les dernières glaciations et l'abaissement des eaux en Europe du Sud. Quantité d'espèces, notamment forestières, ont alors disparu sur le continent. C'est pourquoi on parle de la forêt primitive de Madère (celle d'avant la colonisation ayant brûlé en bonne partie) comme d'un témoin-relique de la composition de nos forêts à l'ère tertiaire. La Laurisilva, composée essentiellement de différentes espèces de lauriers (til, vinhático, laureiro) qui atteignent parfois 30 m de haut, peuple encore quelques secteurs sauvages de la côte nord. Unique, elle est aujourd'hui entièrement protégée et connue des botanistes du monde entier. Etagée entre 300 m et 1 300 m, elle vit dans un milieu qu'elle contribue à créer, où l'humidité est constamment supérieure à 85 %. Souvent dans les nuages, elle en absorbe l'humidité et accumule ainsi plus d'eau encore que celle apportée par les pluies, pourtant importantes (entre 1 500 mm et 3 000 mm par an). On pense que les différentes espèces végétales présentes sur l'île avant que l'homme n'y mette le pied auraient été amenées sous forme de graines par les oiseaux, le vent et l'Océan. On y trouve ainsi des espèces de fougères inconnues dans le reste de l'Europe, mais présentes aux Antilles notamment.

Mais la forêt n'est pas le seul point d'intérêt pour les botanistes : sur les 1 500 espèces de plantes répertoriées, 234 sont des plantes endémiques macaronésiennes et 156 ne se rencontrent qu'à Madère, soit 67 %. De toutes les plantes qui n'existent qu'en Macaronésie, les deux tiers n'existent donc qu'à Madère.

Outre ces particularismes, on rencontre de nombreuses espèces spontanées existant ailleurs, mais aussi des centaines d'autres qui ont été introduites par l'homme, pour son usage ou son plaisir. Tous les continents sont représentés à Madère, et vous serez surpris par la richesse des jardins que chacun entretient avec soin autour de sa maison : d'Amérique, on importa le Chorisia speciosa, au tronc épineux et qui produit en hiver de grandes fleurs roses ; d'Australie, on introduisit une variété de chêne immense, caractérisé par ses feuilles couleur safran au printemps. Les vignes, quant à elles, furent ramenées de Sicile.

Pour s'y retrouver, pour apprécier, apprendre et découvrir, rien de tel qu'un bon livre. Il en existe plusieurs. Le plus complet est celui de Messieurs Franquinho et Da Costa (700 photos, 400 plantes, en 6 langues), en vente un peu partout.

On comprendra alors pourquoi Madère est surnommé le « jardin flottant ».

Histoire

Une collection de découvreurs

João Gonçalves Zarco, à en juger par le succès de son nom dans les firmes de Madère, est bel et bien le découvreur officiel de l'archipel. Il débarque en 1418 à Porto Santo et, un an plus tard, à Madère. Mais, en fait, il semble que l'île ait été connue depuis belle lurette. Des textes anciens prouveraient que les Phéniciens, 2 000 ans plus tôt, avaient fait un tour jusque-là. La « carte du monde connu » de Ptolémée, tracée au début de notre ère, mentionne une île qui ressemble fort à Madère. Plus tard ce sont vraisemblablement les Arabes qui la redécouvrent et la nomment « djazirat al ghannam », ou l'île aux moutons ; pourtant, point trace de ces ovidés quand les Portugais y débarquent quelques siècles plus tard. La légende attribue aussi sa découverte à un moine irlandais : trouvée et perdue à maintes reprises, l'île avait tout pour entrer dans la longue liste des vestiges proclamés de l'Atlantide.

Au milieu du XIIIe siècle, des marchands venus de Gênes et de Florence arrivent à Lisbonne pour convaincre le roi du Portugal Alphonse IV de financer une expédition de trois navires vers les Canaries. C'est de cette époque que datent les premières expéditions maritimes des trois grandes puissances maritimes que sont la Castille (qui a largement contribué à l'unité de l'Espagne d'aujourd'hui), l'Italie (alors divisée en différents royaumes, seigneuries, et républiques), et le Portugal (dont le traité d'Alcanices, en 1297, reconnaît les frontières, quasiment identiques aujourd'hui). Le roi du Portugal donne son aval pour le financement et, suppose-t-on, l'organisation de l'expédition. Les capitaines des trois navires étaient italiens, et l'équipage, plutôt cosmopolite (Castillans, Portugais, Aragonais, et Catalans). Il est quasiment certain que cette expédition, en chemin vers les Canaries, a fait escale à Madère. Toutefois, le peuplement permanent de Madère n'aura lieu que plus tard. Pendant de longues années, les bateaux castillans et portugais se rendent de temps en temps sur l'île pour ramener quelques-unes de ses richesses, tel le « sang-de-dragon », résine de couleur rouge extraite d'une plante répondant au doux nom de dragonnier. Celui-ci est ensuite utilisé pour la teinture du textile. On ramenait également du bois, dont Madère ne manquait pas à l'époque. L'île principale de l'archipel en tirera d'ailleurs son nom « Ilha da Madeira », signifiant en portugais « île du bois ».

Plus tard, (l'épisode se situe avant Zarco), Madère paraît avoir été de nouveau « découverte » dans des conditions qui, pour être obscures, n'en sont pas moins romanesques. Cette légende fait maintenant partie du folklore local, très prisé des touristes.

Le peuplement portugais

Hasard ou pas, la découverte de Madère marque un point capital dans l'histoire portugaise. C'est en effet la première fois que les caravelles se lancent sur l'Océan sans suivre la côte africaine et que leurs capitaines font le pari d'une navigation basée sur leurs seuls instruments. Plus que la richesse d'une nouvelle conquête, Madère ouvrait la route des grandes découvertes, son existence même prouvant qu'il était possible, sinon intéressant, de se lancer dans l'aventure.

La légendes des deux amants

Au XIVe siècle, un Anglais et une Française s'aiment d'amour tendre, quelque peu en dehors des liens sacrés du mariage. La Française s'appelle Anne d'Arfet ou Anne d'Hertford ; l'Anglais, Robert MacKean, nom que les Portugais traduisirent par Machim et que le premier Français qui passait par là prononça Machin.

Robert Machin, donc, avait eu affaire au mari jaloux, et sa douce à un père en colère. Qui plus est, Machin, chevalier à la cour d'Edouard III, était de rang trop bas pour prétendre à la belle. Les deux amants s'enfuirent ainsi en bateau. Manque de chance, ils firent naufrage. Sur une île, bien sûr : Madère. Anne mourut de maladie, et Machin, qui ne s'en remit pas, de tristesse. Quant à l'équipage du bateau, il paraît avoir réussi à se tirer d'affaire sur un radeau de fortune. Mais, en chemin vers l'Angleterre, les marins furent capturés par des pirates et revendus comme esclaves au Maroc. L'histoire vint sans doute aux oreilles des Portugais dont le sport national était alors la découverte du monde. Ainsi, ce n'est peut-être pas tout à fait par hasard que Zarco mit le cap au sud-ouest.

Fils de Jean Ier, Henri le Navigateur (prince qui n'avait pas vraiment le pied marin, à dire vrai, il était plutôt le stratège des découvertes et le créateur de l'école de Sagres au sud du Portugal, où furent développés bateaux et techniques de navigation), fut à l'origine de l'expédition de Madère.

L'année du débarquement de Zarco n'est pas non plus un hasard : en effet, vers 1417, la Castille avait envoyé une importante flotte à Porto Santo, la deuxième île de l'archipel de Madère. A l'époque, la lutte faisait rage entre le Portugal et la Castille pour la possession de l'archipel des Canaries. Celui-ci était alors fort convoité pour ses richesses en matières premières et, surtout, pour sa population indigène, réduite en esclavage et « exportée » vers les métropoles. Aux Canaries, la position des Portugais face aux Castillans était relativement faible et, vingt ans plus tard, c'est finalement la Castille qui remporta le morceau. Ainsi, devant la tournure prise par les événements, les Portugais réagirent de façon décisive en envoyant vers l'archipel deux expéditions, en 1418 et 1419, qui occupèrent les deux îles principales (Madère et Porto Santo) de manière permanente. Comme leur nom l'indique, les îles Desertas, elles, restent inhabitées.

Cette implantation marque le début de l'expansion sur l'Atlantique. Dorénavant, Madère, de par sa position privilégiée, s'affirme comme une base forte du Portugal dans l'organisation de son empire. Les Italiens prennent également part à cette âpre lutte, mais la position géographique de ports comme celui de Gênes les empêche de rivaliser sérieusement avec la Castille et le Portugal. Toutefois, on notera que les noms des différentes îles de l'archipel de Madère sont des traductions de noms donnés initialement en italien ou en catalan. Celle qui fut baptisée Legname par les marins génois devint ainsi Madeira, qui signifie « bois », Porto Santo n'eut pas besoin d'être traduit, et Deserte devint Desertas. Ceci montre bien qu'en arrivant à Madère, Zarco et ses hommes ne se considéraient pas comme les véritables découvreurs de ces îles.

Miguel Ier, roi du Portugal, se proclame roi absolu en 1828

Quoi qu'il en soit, et l'histoire étant une science inexacte, certains historiens avancent d'autres hypothèses quant à la visite de Zarco sur l'île. Selon eux, Zarco était en fait en route vers la Guinée. Une tempête l'aurait fait dériver jusqu'à l'archipel de Madère. Son navire se serait échoué sur l'une des îles à laquelle, de ce fait, on donna le nom de Porto Santo, « le saint port ». Un an après son retour au Portugal, il serait reparti en compagnie de Bartolomeu Perestrelo, toujours sous l'impulsion du prince, Henri le Navigateur.

De 1420 à 1430, le Portugal cherche à peupler progressivement Madère afin de freiner les visées de la Castille sur l'archipel. Il faut plus d'une génération pour obtenir une parfaite organisation de l'île sur le plan administratif. L'archipel dépend d'abord de la couronne puis, en 1433, le roi Duarte le donne à vie en fief à son frère, le fameux Henri, tout en gardant pour lui le dixième du poisson pris. En tant que seigneur de Madère, Henri crée un système de trois capitaineries perpétuelles. Zarco prend donc la tête de la moitié Sud de l'île, laissant respectivement aux commandants des deux autres navires de l'expédition, Tristão Vaz Teixeira et Bartolomeu Perestrelo, la moitié Nord de Madère et île de Porto Santo. Les capitaines exercent la justice au nom du prince Henri, concèdent des terres aux colons et détiennent le monopole des moyens de production et de vente du sel, ainsi que le dixième de la dîme appartenant au maître suprême. Malgré les contraintes géographiques, Madère se révèle, entre 1450 et 1470, un important producteur de céréales (entre 3 000 et 3 500 tonnes par an), dont plus de la moitié de la production est exportée vers la métropole portugaise. La culture de la canne à sucre, « l'or blanc », se développe rapidement, on commerce avec les Flandres ou l'Angleterre.

A cette époque, l'intérêt de la découverte n'a pas échappé à un autre marin dont le nom franchira les siècles, malgré une mort peu retentissante : Christophe Colomb. Il fait lui-même le voyage en 1478, avec mission d'acheter de la canne à sucre. Son goût déjà affirmé de l'aventure et de la conquête le pousse dans les bras de la fille du gouverneur de Porto Santo, Bartolomeu Perestrelo, qui devient son épouse. Certains disent que Colomb apprit à naviguer durant ce séjour. En tout cas, si la couronne portugaise commet une bévue historique en refusant, par la suite, de financer le voyage du « Découvreur » aux Indes (c'est-à-dire, de fait, aux Amériques), l'épisode est retenu par certains comme la preuve irréfutable que Colomb travaillait à cette époque pour le Portugal. En outre, si Colomb vogue plus tard vers un autre continent, sous pavillon castillan, il n'en rend pas moins un grand service à Madère en découvrant de nouvelles terres à l'ouest. Grâce à sa situation géographique sur la principale route maritime est-ouest, l'archipel allait en effet accueillir bon nombre de bateaux qui accostaient pour faire le plein de nourriture, d'eau et, surtout, puisque les traversées étaient longues, parfois monotones, et souvent pimentées d'anicroches avec les pirates, de vin.

Des richesses très convoitées

Zarco, lui, ne songeait pas à l'Amérique, mais bel et bien à Madère. Il en sera, pendant quarante ans, le premier gouverneur, permettant à l'île de faire les premiers pas de son histoire civilisée. Mais durant ces balbutiements, Madère allait être surtout le théâtre d'un immense incendie. Une forêt recouvrait toute sa surface ; elle avait donné son nom à l'île. Pour la défricher, les premiers occupants y mirent le feu. Et l'incendie dura, dura deux ans, cinq ans, sept ans ? Les chiffres diffèrent selon les textes. Une chose est sûre : quand le sinistre fut contenu, faute de combustible, pratiquement toute la forêt primitive avait disparu.

Il restait toutefois suffisamment de sources de richesses pour que Madère devienne rapidement l'une des plus profitables conquêtes du Portugal. Le climat et la fertilité des sols, à défaut de plaines faciles à cultiver, permettaient toutes les cultures. La canne à sucre, importée de Sicile, allait devenir l'une des principales productions, faisant de Madère un point important du commerce mondial. Le pain de sucre remplacera même, sur le drapeau de Funchal, l'emblème des châteaux portugais. Et on fera venir de la vigne de Crète qui, elle aussi, contribuera grandement au développement économique de l'archipel.

Sur le plan politique, la Castille, et le Portugal alors dirigé par Alphonse V, signèrent le traité d'Alcacoba. Il y est stipulé que le Portugal renonce à revendiquer ses droits sur la Castille et reconnaît donc ceux de la Castille sur les Canaries. En contrepartie, la Castille reconnaît les droits du Portugal sur les Açores, les îles du Cap-Vert et Madère. Il semblait alors que les eaux allaient être un peu plus tranquilles dans ce petit coin du monde.

Le développement et les troubles

Madère se développe peu à peu, surtout au sud de l'île, plus ensoleillé. En 1508, Funchal obtient le statut de ville. La population croît régulièrement. Plusieurs villages sont alors fondés, comme Machico, Ponta do Sol, Calheta, ou Santa Cruz. Mais les richesses de l'île n'échappèrent à personne, en tout cas pas aux

Antonio de Oliveira Salazar, dictateur portugais durant la Seconde Guerre mondiale

pirates qui trouvaient pratique de venir se servir en un lieu où les garnisons n'étaient pas trop nombreuses. Les Français furent assez habiles à ce jeu : en 1566, Bertrand de Montluc, le fils du maréchal de Montluc, officiellement à la recherche de protestants en cavale, débarque à Praia Formosa après une étape à Porto Santo, accompagné de 1 300 hommes et de 11 galions. Quinze jours sur place suffirent pour mettre à sac Funchal et occire quelque 300 Madériens. Montluc périt dans la bataille, mais sa flotte eut le temps de quitter l'île avant que l'armada portugaise n'arrive à la rescousse.

Un peu plus tard, décidant qu'il était aussi roi du Portugal, Philippe II d'Espagne n'oublia pas Madère parmi les possessions de sa couronne. L'archipel demeura ainsi possession espagnole durant soixante ans, jusqu'en 1640, quand, sous l'égide de Jean IV, le Portugal retrouva son indépendance.

Les troubles politiques qui rythmèrent le développement de l'île au cours du XVIe siècle furent aussi accompagnés d'une crise économique désastreuse. Dès cette époque, la production de vin était devenue la principale activité agricole de l'archipel. La culture de la canne à sucre avait fortement appauvri les sols, ce qui explique en partie le déclin de la production de sucre sur l'île. Mais c'est surtout la concurrence de la production brésilienne, bien moins coûteuse, qui fut la cause de sa quasi-disparition à Madère. Les habitants de l'archipel en vinrent même, pendant quelques années, à acheter le sucre brésilien en transit vers l'Europe pour ensuite le revendre comme leur propre production ! Avec la disparition de la culture du sucre, qui exigeait une main-d'œuvre importante, c'est aussi l'esclavage noir qui disparaissait de l'île. La vigne, quant à elle, s'accommodait bien de ce type de sols. Le vin était exporté dans toute l'Europe par des négociants pour la plupart anglais.

Le XVIIe siècle allait également marquer le début de l'émigration des habitants de l'île, tandis que la prospérité diminuait et que la densité devenait trop importante. La plupart des émigrants partaient alors pour le Brésil à la recherche d'une vie meilleure. En tout cas, en 1614, un peu moins de deux siècles après le début de la colonisation portugaise, Madère comptait 28 345 habitants, dont 3 000 esclaves.

Le mariage de l'Anglais Charles II avec la Portugaise Catherine de Bragance (fille de Jean IV), en 1662, devait encore renforcer la présence anglaise, constante au Portugal. On dit qu'une clause particulière du contrat de mariage accordait aux Anglais résidant dans l'archipel des conditions particulièrement favorables. De plus, suite à un accord commercial entre Madère et l'Angleterre, le vin de Madère était le seul autorisé à être exporté directement vers les colonies américaines, à la seule condition que son transport se fasse à bord de navires anglais. Il n'en fallait pas plus pour attirer sur l'île un grand nombre d'Anglais, alléchés par les perspectives d'exportation de ce vin fameux. Ils y fondèrent même de grandes dynasties, comme celles des Blandy et des Leacocks.

Une stabilité difficile

Peu d'événements historiques ont marqué le XVIIIe siècle à Madère. En 1724 puis en 1765, l'archipel dut faire face à deux épidémies de choléra. En 1775, toutefois, l'esclavage fut aboli sur l'archipel et dans l'ensemble du royaume du Portugal.

A l'aube du XIXe siècle, la production viticole était plus que jamais une activité fort lucrative pour l'archipel : on estime que le nombre de bouteilles de vin de Madère exportées était alors de 9 millions environ par an.

Napoléon, à cette époque, faisait trembler toute l'Europe. Le Portugal s'allia néanmoins avec l'Angleterre, qui envoya des troupes pour protéger les habitants de l'île. Ainsi, entre 1801 et 1802, puis à nouveau de 1807 à 1814, près de 4 000 soldats anglais posèrent le pied à Madère, dont bon nombre allaient se marier et s'établir sur place. Napoléon, lui, passa bien par l'archipel en 1815, mais il n'avait alors ni le prestige d'un conquérant ni la faconde d'un négociant : l'île ne fut qu'une escale sur la route de son exil à Sainte-Hélène, située dans l'Atlantique Sud. Exil définitif, celui-là.

Lors de l'escale, seul le consul d'Angleterre reçut l'autorisation de monter à bord du navire. Il en profita pour offrir à l'Empereur déchu quelques bouteilles de vin de Madère millésimées, histoire de l'aider à passer le temps et d'oublier, peut-être, son infortune. Entre-temps, en 1807, Napoléon avait fait fuir la famille royale portugaise vers le Brésil. Elle y resta jusqu'en 1820, avant de revenir à Lisbonne.

En 1822, pour répondre à la contestation montante du régime, la monarchie constitutionnelle fut proclamée. Un peu plus tard, c'est le Brésil qui, ayant acquis à son tour l'indépendance, plongea le Portugal dans une grave crise économique, dont les effets se firent également ressentir à Madère, où les esprits s'échauffaient peu à peu : ainsi, en 1847, la population locale se souleva.

Tout au long de la seconde moitié du XIXe siècle, l'histoire de l'île fut marquée par une succession de coups du sort : ses cultures furent atteintes par diverses maladies, comme le phylloxéra ou le mildiou qui détruisit, en 1852, près de 90 % des vignes ; en 1856, le choléra fit 7 000 victimes parmi une population d'environ 150 000 habitants.

Le 5 octobre 1910 marque la fin de la monarchie constitutionnelle, rongée par la corruption et la crise financière. La république du Portugal est alors proclamée. A cette occasion, Madère acquiert une large autonomie administrative. Le nouveau régime s'avère toutefois quelque peu instable : ainsi, entre 1911 et 1926, on assiste à pas moins de 44 changements de gouvernement (encore mieux que sous la IVe République française) !

En 1916, la Première Guerre mondiale apporte à l'archipel son lot de déboires et de désenchantements. Madère dispose en effet d'une position stratégique au milieu de l'océan Atlantique, et les bateaux et sous-marins des flottes française et anglaise, alliées du Portugal y font escale. Les 3 et 12 décembre 1916, l'armée allemande bombarde la flotte ennemie dans le port de Funchal. La ville est également touchée et on compte quelques victimes parmi les habitants de l'île. La forêt madérienne est, elle aussi, une nouvelle fois mise à mal : le conflit mondial ayant fait s'envoler le cours du charbon, on la met sans vergogne à contribution pour ravitailler les bateaux de passage. La conscience écologique n'est alors pas vraiment au goût du jour.

Les grands changements politiques

En 1926, les militaires, menés par les généraux Gomez da Costa et Carmona, prennent le pouvoir au Portugal et la République disparaît. Mais les habitants de l'archipel ne l'entendent pas de cette oreille : en 1931, ils se soulèvent contre le régime dictatorial et entreprennent une grève générale. La répression de Lisbonne sera sévère et mettra fin au mouvement au bout de trois semaines. Ce soulèvement populaire, s'il n'eut aucune conséquence directe au Portugal, n'en reste pourtant pas moins le seul qu'ait connu l'ensemble du pays et de ses possessions territoriales durant ces longues années de dictature.

En 1932, Salazar prend le pouvoir dans la métropole. Ce n'est pas un inconnu : professeur

Signature du Traité d'Accession à l'Europe le 12 Juin 1985 par Mario Soares (1er ministre) et Jaime Gama (ministre des Affaires étrangères)

à l'université de Coimbra puis ministre des Finances sous le régime militaire précédent, il paraît tout entier au service d'une idée : sauver le Portugal, lui redonner une place légitime dans le grand concert du monde. Personnage plutôt réservé, tourmenté, d'une logique extraordinaire, qui répugne à se soumettre aux « bains de foule », il prend peu à peu le contrôle du pays, n'hésitant pas, en période de crise, à cumuler plusieurs ministères. Sous le nom d'Estado Novo (Nouvel Etat), il instaure un régime très austère, autoritaire et discipliné, vigoureusement anticommuniste, antiparlementaire et officiellement catholique. Son discours d'investiture est éloquent : « Je sais ce que je veux. Quant au reste, que le pays étudie, qu'il donne des suggestions, qu'il objecte et qu'il discute ; mais quand arrivera pour moi le moment de donner des ordres, j'attends de lui qu'il obéisse. » Ce régime, qui s'appuie essentiellement sur la bourgeoisie foncière, l'armée, l'Eglise et la haute finance, perdure jusqu'en 1974.

Le Portugal entre dans une longue période de dictature, mais ses effets dévastateurs (au niveau industriel et intellectuel notamment) se font peu sentir à Madère. L'archipel reste en effet un lieu de transit et de tourisme important pour les riches Anglais venus y soigner leurs poumons, et il représente donc une manne financière pour le régime salazariste. Ainsi, Madère a beau être perdue au milieu de l'Atlantique, elle n'en reste pas moins, sous le joug du « sage de Lisbonne », beaucoup moins coupée du monde que la métropole portugaise. Son développement n'est pas absolument contrarié. Déjà en 1921, Gago Coutinho et Sacadura Cabral avaient réalisé le premier amerrissage en hydravion sur l'île, un exploit qui sera suivi d'une mise en place de vols réguliers en provenance de Lisbonne et de l'Angleterre. En 1964, la construction de l'aéroport de Santa Catarina est achevée, favorisant le large essor touristique que connut Funchal, principalement, dans les années qui suivirent.

Mais l'actualité politique rattrape l'archipel. Le 24 avril 1974, le régime dictatorial est alors renversé par la révolution des Œillets, qui marque l'instauration d'une vie politique démocratique. A Madère, où les autochtones survivent dans une pauvreté frappante, la très criarde domination anglaise sur l'économie ainsi qu'une réaction de plus en plus soutenue à un régime politique autoritaire nourrissent un courant séparatiste assez actif au début des années soixante-dix.

Les longues années de dictature ont donné aux habitants de Madère le sentiment que leur île était complètement dépendante de la métropole portugaise, tant sur le plan économique que politique. Chaque matin, à l'école, les enfants répétaient la devise « a nação é tudo, todo pela nação » signifiant « la nation est tout, tous pour la nation ». Pourtant, pendant ces années noires, le Portugal exploitera abondamment les richesses de Madère, laissant ses habitants dans une misère sans commune mesure dans le reste de l'Europe de l'époque. Aussi, avec l'avènement de la démocratie, une fraction importante de la population de l'archipel souhaite s'assumer seule et réclame l'indépendance de l'île. Finalement, en 1976, Madère obtient le statut de région autonome, avec son propre Parlement et son président régional.

En 1986, le Portugal adhère à l'Union européenne, ouvrant de nouvelles perspectives. A travers les différents programmes d'aides régionales, l'archipel va grandement bénéficier de la construction européenne. Aujourd'hui, il vit à un rythme tranquille sous le doux climat qui est le sien : escale des paquebots, tourisme, artisanat, pêche, agriculture. La seule chose qui puisse réellement mettre en colère un Madérien, c'est d'entendre dire que le vin de Madère n'est bon qu'à faire des sauces.

Politique et économie

POLITIQUE

En 1976, Madère accède au rang de Région autonome rattachée au Portugal. L'archipel prélève ainsi ses propres impôts et ses propres taxes, et gère notamment les budgets des affaires sociales. En fait, seule la politique extérieure et la défense dépendent de Lisbonne. L'île possède ainsi son propre gouvernement et est relativement indépendante de la métropole portugaise.

Notons tout d'abord que le territoire de la Région autonome de Madère est divisé en onze « concelhos » (« cantons » ou « districts ») dont dix sur l'île de Madère et un sur l'île de Porto Santo.

Une assemblée régionale législative de 50 membres, élus tous les quatre ans, est chargée du fonctionnement de l'île et du vote du budget de la région.

Un gouvernement exécutif régional, constitué d'un président, d'un vice-président et de six secrétaires régionaux, est chargé de l'application des décrets et du respect de la loi portugaise.

La région élit cinq députés qui siègent à l'Assemblée nationale.

Le gouvernement portugais est représenté par le ministre de la République. C'est lui qui désigne le président et les membres du gouvernement. Il est la charnière entre le gouvernement continental et son homologue insulaire.

Depuis 1978, le président du gouvernement autonome de Madère est M. Alberto João Jardim, membre du PSD (parti social-démocrate du peuple). Tous les quatre ans, il est réélu en obtenant une majorité de l'ordre de 70 %. Les élections d'octobre 2004 n'ont pas failli à la règle, et Jardim a été réélu (la longévité de son « règne » fait parfois jaser ses détracteurs, qui l'apparentent à une sorte de « dictateur », toute démocratie gardée). Il faut dire que depuis son élection, l'archipel a connu une croissance sans précédent. La tâche est donc rude pour les deux principaux partis d'opposition, à savoir le parti socialiste, à gauche, et le CDS, à droite. Madère a beaucoup évolué ces dernières années et le problème de la pauvreté a fait place aujourd'hui à des « problèmes de pays riches », comme la pollution ou la déstructuration du paysage. Les grandes constructions entreprises sur le réseau routier de l'île permettent certes de rallier beaucoup plus rapidement Porto Moniz ou le plateau de Paúl da Serra, mais ils ne ressemblent pas toujours à des œuvres d'art.

ÉCONOMIE

Principales ressources

L'agriculture

Elle occupe moins de 10 % de la population active. Commençant toujours au-dessus de la dernière terrasse, la forêt semble perpétuellement prête à reprendre ce que l'homme lui a arraché au prix d'un labeur d'autant plus incessant qu'il paraît précaire. En contemplant ces jardins, il se peut que soudain vous entendiez un beuglement. Où pourrait-il bien y avoir une vache sur des terrains pareils ? Pas de prés, à peine un peu d'herbe folle. Et pourtant, ils sont nombreux à entretenir une vache, plus rarement deux. Elles vivent cloîtrées dans de petites cabanes, « palerons » dont le toit est encore parfois de chaume, et dont les interstices sont soigneusement bouchés afin qu'une abeille ne vienne pas leur donner un coup de folie.

Le « camponês », au retour de sa journée passée aux champs, coupe de sa fine serpette, qui ne le quitte jamais (pas même au bar), la belle herbe verte qui prospère au ras des murs et le long des sentiers étroits. Ainsi chaque soir, à longueur d'année, la vache échange quelques litres de lait contre une bonne brassée d'herbe verte.

Le portage de la récolte jusqu'à la route ou à la maison se fait toujours à dos d'homme, souvent encore à l'aide de paniers traditionnels en osier.

Mais remontons un peu le temps. Au XVe siècle, l'Europe privilégiée a pris goût au sucre, nouvelle

> « Un homme de la capitale ne pourrait pas gouverner la société madérienne. »
>
> João França

Les différents secteurs d'activité (2004)

- **Secteur primaire :** 9,1 %.
- **Secteur secondaire :** 25,4 % (dont 18 % pour la construction).
- **Secteur tertiaire :** 65,5 % (dont 13,2 % pour le commerce, 12,2 % pour les hôtels et restaurants, 10,6 % pour l'administration publique).

denrée de luxe fort recherchée. Le Portugal plante massivement de la canne à sucre venue de Sicile, et importe des esclaves noirs, notamment des îles du Cap-Vert. La découverte du Nouveau Monde permettra d'exporter cette culture de l'autre côté de l'Atlantique, où elle prendra un essor considérable. De cette culture intensive, il ne reste aujourd'hui qu'une petite production sous forme d'eau-de-vie (Aguardente, le rhum de Madère) ou de mélasse utilisée dans la confection d'une sorte de pain d'épice (Bolo de Mel). La banane a pris le relais et s'est fort répandue sur la côte sud. Destinée au Portugal, elle est quasiment la seule monnaie d'échange avec la mère patrie dont Madère continue d'être économiquement très dépendante. Mais de nombreux producteurs s'interrogent face à l'actuelle et importante baisse des cours.

Au fil de vos promenades, vous découvrirez ces jardins soigneusement entretenus où vous aurez la surprise de voir pousser en cultures associées choux, maïs, carottes, haricots grimpants, tomates, salades, pommes de terre, les unes s'étageant au-dessus des autres alors que leurs pieds sont dans le même sillon ! Les rendements sont maximaux, favorisés il est vrai par les engrais modernes, et les légumes atteignent des tailles parfois inconnues chez nous. Chacun tâche de produire non seulement les produits de première nécessité, mais aussi un surplus vendu à un intermédiaire qui fournit le marché de gros de Funchal. La campagne doit nourrir plus du tiers des Madériens, qui se trouvent entassés dans une capitale aussi démesurée que concentrée.

La pêche

Si l'agriculture offre des légumes en abondance, elle produit en revanche peu de viande. Heureusement, la pêche apporte sa part substantielle à l'alimentation de la population.

Il n'y a aucun port sur la côte nord, dénuée de tout refuge naturel et constamment exposée au vent, la côte sud en compte cinq quant à elle. D'est en ouest s'égrènent Caniçal, Machico, Funchal, Câmara de Lobos et Calheta. Cette pêche, restée tout à fait traditionnelle se pratique à l'aide de petites embarcations colorées ou à bord de chalutiers assez vétustes.

On ne trouve pas à Madère les nombreuses espèces connues chez nous, familières des fonds sableux ou même rocheux. Outre le thon, la bonite, le pagre, le poisson vedette, ici vit, semble-t-il, un citoyen marin presque unique au monde : l'espada (poisson sabre), une variété d'anguille (74 % de la pêche locale). Faisant un bon mètre de long, fin comme le poignet, d'une belle couleur noir anthracite et armé d'une denture impressionnante, il est pêché à l'aide de longues lignes qui font jusqu'à 1 500 m et sont équipées de dizaines d'hameçons. L'espada est capturé à environ 1 000 m de profondeur et ramené à la surface, les yeux exorbités par la décompression. De sa vie, de ses mœurs et de sa population, on ne sait pratiquement rien, et ce n'est pas la mission avortée du commandant Cousteau qui nous éclairera. Quoi qu'il en soit, chaque soir, les pêcheurs d'espadas quittent le port ; toute la nuit, leurs lumignons se confondent au large avec les étoiles. Et chaque matin depuis un siècle que cela dure, ils ramènent leur cargaison au marché de Funchal ou dans les villages, transportée à bord de camionnettes qui sillonnent les campagnes à grand renfort de haut-parleurs. Dans tous les restaurants et à toutes les sauces, l'espada est servi.

L'industrie

Elle est très peu développée, et essentiellement dominée par les produits dérivés de la canne à sucre : sucreries, distilleries, etc. En fait, les cultures tropicales et surtout la production viticole conduisent l'économie locale.

Les feuilles de tabac traitées par la Empresa Madeirense de Tabacos sont de type Virginia et Burley. Plantations aux Açores, au Zimbabwe, en Italie, aux Etats-Unis ou en République dominicaine.

L'aide de l'Union européenne

Madère, comme les Açores, est considérée comme une région ultrapériphérique, un terme consacré juridiquement par le traité d'Amsterdam et qui recouvre des spécificités (handicaps) géographiques, climatiques et socio-économiques au sein de l'Union européenne. 12 % du budget national (soit 4,5 % du PIB) du Portugal relève actuellement de l'aide communautaire (soit 11 % des fonds européens).

> « Pour une étourderie des dieux, mon île tout à coup leur échappa des mains, comme la plume distraite d'un poète, ou la caresse légère des amants. »
>
> Irene de Mendonça e Freitas

A Madère, les Fonds Structurels Communautaires sont définis par rapport au POPRAM (Programme Opérationnel de Plusieurs fonds de la Région Autonome de Madère) ; versés au pays lusitanien jusqu'en 2006 (3e Cadre communautaire d'appui), ils se répartissent en trois « missions » principales, visant à développer une plate-forme d'excellence euro-atlantique, à consolider les succès économiques et sociaux de la région, et à proportionner une assistance technique de qualité. Ce programme a un coût : 1 186 759 000 euros, pris en charge par des dépenses publiques (près de 1 087 000 000, dont 704 millions assurés par les fonds communautaires et 382 millions par les ressources nationales), et les financements privés (environ 100 millions d'euros).

Par ailleurs, des fonds de cohésion sont apportés, à hauteur de 18 milliards d'euros, dont 86,5 millions pour Madère.

A noter que les échanges franco-madériens se sont intensifiés ces dernières années ; en 2001, les exportations françaises se sont élevées à 17,3 millions d'euros, et les importations à 6,2 millions d'euros.

La place du tourisme

Le climat de Madère, connu et reconnu depuis le XVIIIe siècle par d'éminents spécialistes pour ses vertus thérapeutiques, a attiré dès cette époque un tourisme de cure. Les Anglais, qui occupèrent l'île entre 1801 et 1814, y avaient pris goût et désertèrent bientôt la Riviera (la côte d'Azur) pour ce climat (politique aussi) plus propice aux soins de la phtisie. Plus tard, jusque dans les années 50 environ, s'est développé un tourisme de grand luxe où se côtoyaient aristocratie anglaise et grandes fortunes américaines. A cette époque, on arrivait à Madère en hydravion ou en bateau. Seul Porto Santo possédait en effet un aéroport.

A cause d'une géographie quelque peu hasardeuse, le premier aéroport de Madère ne put être construit avant 1964, et quand il fut finalement établi, il n'était pas conçu pour l'accueil d'un tourisme de masse : la piste longue de 1 600 m, rallongée de 200 m en 1986, ne pouvait recevoir de gros appareils.

Au milieu des années 80, on comptait environ 500 000 passagers par an. Pour encourager le développement de l'île ainsi que son accès international, le gouvernement régional décida de construire une nouvelle extension : l'aéroport international de Funchal a ainsi été inauguré le 15 septembre 2000, nanti d'une piste de 2 781 m, édifiée sur une espèce de digue de 1 000 m de long, élevée de 70 m au-dessus du niveau de la mer. Ce sont 180 piliers de 3 m de diamètre qui soutiennent cette construction impressionnante. Le nouvel aéroport, qui peut accueillir tout type d'avions commerciaux (comme un Boeing 747 par exemple), a aujourd'hui une capacité d'accueil de 3 500 000 voyageurs.

L'ouverture du nouvel aéroport témoigne d'une forte croissance du secteur du tourisme dans l'économie régionale (entre 25 % et 30 % du PIB régional), mais aussi d'une volonté affichée de faire « encore plus ». Ce secteur générant environ 31 000 emplois directs et indirects (on compte environ 7 000 personnels de service), le pas est vite franchi de penser qu'il est en train de sauver Madère de l'enlisement économique auquel l'île semblait promise.

Les chiffres indiquent une légère hausse du nombre de visiteurs au cours du premier trimestre 2005 par rapport à la même période en 2004 : 492 669 visiteurs (+ 0,6 %), 2 713 485 millions de nuitées (+ 1 %). Les hôtels et les hôtels/appartements constituent environ 85 % de ce total, tandis que les pensions, les auberges ou les appartements touristiques connaissent une embellie. Le taux d'occupation global des lits sur l'île de Madère est ainsi de 53,2 % au premier trimestre 2005, sachant que la capacité hôtelière globale est de 28 047 lits (13 847 pour les hôtels, 9 057 pour les hôtels/appartements, 42 pour les pousadas, 1 885 pour les auberges

Enquête sur les visiteurs

La Direction régionale du tourisme a commissionné une enquête entre avril 2001 et mars 2002, sur un panel de 2 030 visiteurs, qui a révélé que 93 % d'entre eux considéraient leur séjour ou bon ou excellent ; 70,6 % recommanderaient cette destination à leurs amis ; 41,6 % ont annoncé qu'ils reviendraient probablement, et enfin 70,9 % ont admis que leurs attentes avaient été parfaitement comblées.

Le profil de la majorité des interrogés a curieusement révélé que, contrairement à sa réputation, Madère est plutôt visitée par des personnes toujours actives.

et 2 543 pour les pensions, sans oublier 673 pour les appartements). Notons que si les hôtels atteignent un taux de remplissage annuel de près de 50 %, les pensions se contentent d'un modeste 37 %, alors que les hôtels/appartements tiennent le haut du pavé avec un taux de 66 %.

Les enjeux actuels

Le développement d'un pays est une bonne chose, évidemment ; mais on peut craindre qu'il se fasse au détriment des plus démunis (ceux qui ne sont pas au contact de la manne touristique), et que l'archipel se transforme bon gré mal gré en centre de vacances à grande échelle, où les estivants sont davantage préoccupés par la climatisation dans leur chambre que par les problèmes concrets des habitants.

Ne nous leurrons pas : il semble bien que l'avenir promis à Madère soit intimement lié au tourisme. Des marinas ont été construites pour répondre aux besoins des quelque 20 000 plaisanciers qui passent chaque année sur la route des Antilles, deux terrains de golf sont en cours d'aménagement sur l'île de Porto Santo, après les recommandations du champion espagnol Severiano Ballesteros : la première phase (un 18 trous, par 72 ; et un 9 trous également) s'est achevée en 2004 (les circuits sont aujourd'hui opérationnels), la seconde, prévue pour 2006, comprendra un autre terrain de 18 trous ; huit courts de tennis sont également projetés au sein de ce complexe sportif, qui a pour ambition d'être le plus grand de tout l'archipel.

Ce n'est pas tout. La compagnie Porto Santo Line a inauguré un deuxième bateau pour rallier Porto Santo (qui décidément n'aura plus le même visage dans cinq ans). La traversée dure un peu plus de 2 heures, soit trois-quarts d'heure de moins qu'autrefois.

Un Aquaparc a été inauguré près de Santa Cruz, au sud de l'île, pouvant accueillir jusqu'à 1 000 personnes. Il comprend cinq toboggans, deux piscines, une petite rivière, un bar.

Enfin, last but not least, le Parque Temático da Madeira a ouvert ses portes près de Santana, sur une surface de 145 000 m². Il s'agit d'un grand parc d'attractions à vocation scientifique et culturelle… on a l'impression de vivre au milieu d'un espace artificiel présentant les poncifs touristiques les plus courus sur Madère.

Il n'est pas difficile de comprendre que les choses sont en train de changer très vite à Madère. Le problème, évidemment, est d'arriver à les canaliser un peu, pour empêcher que le moindre bout de terrain ne devienne une foire d'empoigne financière. Ainsi, au mois d'août 2002, un plan (Plano de Ordonamento Turístico ou POT) a été adopté pour réguler l'essor touristique, améliorer le confort et protéger les réserves naturelles. Il a été décidé que jusqu'à l'horizon 2012, un maximum de 35 000 lits était convenable sur l'île principale, et 4 000 sur Porto Santo.

Une analyse plus précise des derniers événements incite à davantage de prudence. Après tout, le gouvernement avait déjà limité le nombre de lits à 10 000, puis 15 000, 20 000, 25 000, 30 000. L'univers est peut-être bien mathématique, mais il ne compose pas vraiment avec les chiffres que l'on empile. L'île n'est pas extensible à l'infini.

Et puis, finalement, la question n'est pas là : faut-il en effet continuer à ériger d'immenses blocs de ciment qui ressemblent à des hôpitaux plutôt que de privilégier un contact étroit avec une nature exubérante, comme cela a été fait aux Seychelles, en Polynésie, ou à San Blás au Panamá, par exemple ? Ce n'est pas uniquement un problème de quantité, mais aussi de qualité.

Pour beaucoup d'entrepreneurs, la politique semble être la suivante : acheter 10 hectares de terrain et construire sur 95 % de la surface, en agrémentant l'ensemble d'une piscine et de trois palmiers au milieu. On continue encore et toujours à empiler du béton sur l'île des fleurs, paradoxe inavouable, en pariant sur une rentabilité à court terme. L'ouest de Funchal, où poussaient en quantité les bananiers il y a moins de vingt ans, n'est plus aujourd'hui qu'une succession de grands échafaudages séparés par quelques terrains vagues promis, sans doute, au même sort. Il n'est plus possible aujourd'hui de cautionner de tels établissements, qui défigurent le paysage et dictent une loi économique étrangère à une réalité concrète du tourisme actuel, de plus en plus avide d'espaces verts. Les projets actuels, une petite trentaine, sont cependant moins ambitieux et plus réalistes : petites structures pour la plupart, principalement en dehors de la capitale (nouveau danger : que des petits villages comme Porto da Cruz, Seixal ou Machico empilent à leur tour du béton !).

Beaucoup trop d'hôtels se ressemblent, fonctionnels, confortables voire luxueux, sans une once de caractère ; pour jouir d'une certaine authenticité, d'une atmosphère chaleureuse, il vaut parfois mieux regarder ailleurs (tourisme rural, par exemple). Certes, les prix sont plus élevés : mais honnêtement, ne vaut-il pas mieux dépenser un peu plus d'argent pour des vacances uniques, et passer un séjour inoubliable dans un environnement de qualité, en relation avec les choses et les hommes, que grappiller quelques euros et passer ses journées à rouspéter tout en hantant de grands couloirs sans histoires ?

Fête des fleurs, défilé

Funchal, Bazar do Povo

Carros de Cestos à Monte

Primeur au marché de Funchal

Camacha, tissage de meuble en osier, artisanat local

Population

Après avoir culminé à près de 300 000, le nombre d'habitants a décliné progressivement. Il est plus ou moins stable depuis 1970. Environ 50 % de la population de l'île réside à Funchal, la capitale. Ce déséquilibre et l'absence d'autres villes de plus de 10 000 habitants sur l'île s'expliquent par le relief difficile. Ainsi, les premiers colons se sont installés le long des cours d'eau. Aujourd'hui encore, l'exploitation agricole typique est organisée autour de la maison familiale, ce qui empêche tout regroupement des habitations. Si l'on ne tient compte que des surfaces économiquement exploitables, la densité de l'île est de 1 000 hab./km^2 dans son ensemble.

A l'époque impériale, la politique coloniale du Portugal était souvent celle du métissage avec les indigènes, mais Madère était vierge d'habitants. C'est pourquoi vous ne rencontrerez que des Portugais parlant, à quelques nuances près, le portugais continental. Le mélange avec les noirs importés pour la culture de la canne à sucre semble n'avoir été qu'accidentel. Tous ces esclaves furent emmenés vers le Nouveau Monde avec le transfert de la culture. Les rares noirs qu'on croise à Madère viennent en général d'Angola ou du Mozambique, ex-colonies portugaises. On croit parfois reconnaître les signes d'occupations épisodiques par les Anglais ou les Flamands mais, en dépit de sa situation de carrefour maritime, l'île abrite une population très homogène.

L'émigration : un danger endigué

A partir des années 50, la pauvreté, la très forte densité et l'appel de main-d'œuvre vers les pays aujourd'hui industrialisés ont favorisé une émigration massive qui a duré pendant une vingtaine d'années ; l'Eldorado avait alors pour noms, dans un ordre décroissant : Afrique du Sud, Venezuela, Europe et Australie. L'émigration est actuellement très réduite. Certains sont revenus, réalisant le rêve que chacun emporte en partant. S'ils ont construit de somptueuses maisons, ils ont souvent eu du mal à se réadapter à ce petit vase clos d'un climat insulaire alourdi par les difficultés économiques. La plupart se sont définitivement installés dans leur pays d'adoption, et l'on dit qu'il y a plus de Madériens à l'étranger qu'à Madère.

Madère s'est considérablement développée au cours des années 90, et n'offre plus du tout le même visage. Il est clair que les subventions européennes ont joué un rôle majeur dans l'évolution de l'économie, comme en témoignent les toutes nouvelles infrastructures routières. De même, la population suit la tendance globale de l'Europe, qui vieillit aussi. Ces très bonnes conditions ont enrichi la population de manière certaine, et contribueront sans doute à maîtriser un peu plus l'émigration.

Les chiffres

Quelques chiffres mettent en lumière l'évolution de la population dans l'archipel. En 2001, la part des 0-14 ans est de 19,2 %, celle des 15-24 ans de 15,8 %, celle des 25-64 ans de 51,2 %, et enfin celle des 65 ans ou + de 13,8 %.

Dix ans auparavant, les chiffres étaient respectivement de 24,5 %, 18,5 %, 45,4 % et 11,6 %. Ils parlent d'eux-mêmes : on constate un net vieillissement de la population madérienne. Le taux de croissance naturelle est passé de 3,8 ‰ en 1990 à 2,3 ‰ en 2000 ; le taux de natalité a baissé (de 14 ‰ à 13,2 ‰), tandis que le taux de mortalité infantile a littéralement chuté de 12,1 à 8,1 ‰. Il faut dire que les soins se sont sensiblement améliorés ces dernières années : il y avait environ 600 habitants par médecin en 1998, et deux ans plus tard seulement 533.

Fête des fleurs, défilé

Arts et culture

ARCHITECTURE

L'habitat traditionnel est constitué de maisonnettes couvertes d'un toit de chaume. A côté de celles réservées à l'habitation, d'autres chaumières servent de cuisine ou de remise. Vestiges du passé, quelques demeures entièrement en bois de tilleul ou en vinhático subsistent, ce type d'habitations reposant sur de gros troncs d'arbres, eux-mêmes prenant assise sur de lourdes pierres afin d'assurer une protection contre l'humidité ambiante et les pluies hivernales.

Dans le nord de l'île, les maisons sont caractérisées par une façade en forme de triangle et un toit en pente raide qui descend sur les trois autres côtés. Le toit, composé de plusieurs couches de chaume, dépasse largement la façade, protégeant ainsi du soleil comme de la pluie.

A partir de 1495, année marquant le début du règne de Manuel Ier, se développe ce que l'on nomme aujourd'hui l'art manuélin. Il se définit comme la transformation, dans l'art portugais, du gothique qui commence alors à décliner dans le reste de l'Europe. Ce style, que caractérisent des décorations enjouées et pleines de fantaisie, reflète les grandes expéditions maritimes de l'époque et les rencontres avec d'autres cultures qui en découlent. C'est sous le règne de Manuel Ier que sont construites la plupart des églises de Madère. Leurs créateurs inventent des fables sur des terres lointaines et exotiques. Pendant l'occupation espagnole, on construisit peu de nouveaux édifices. Le XVIIIe siècle marque, quant à lui, l'avènement de l'art baroque. Grâce à l'or du Brésil, Madère participe à l'efflorescence de ce style, surtout pour les édifices religieux.

La production de sucre est, de façon surprenante, à l'origine d'un style de meuble propre à Madère : les meubles en « caisse à sucre ». A partir du XVe siècle, en effet, on introduit à Madère la culture du sucre. C'est alors une denrée de luxe et on le transporte dans des caisses spéciales faites à partir de bois de laurier, à l'odeur plutôt désagréable. Dès la seconde moitié du XVIe siècle, la concurrence brésilienne, dont les coûts de production sont largement inférieurs, oblige Madère à renoncer progressivement à sa production. Toutefois c'est par l'archipel que transitent les exportations de sucre du Brésil vers l'Europe. Les caisses utilisées pour le transport sont alors en acajou, un bois brésilien fort résistant, jusque-là inconnu à Madère et que ses habitants vont beaucoup apprécier.

On voit alors apparaître toutes sortes de mobiliers construits à partir de ces caisses.

Le style s'en affirme progressivement et l'on en vient finalement à produire de tels meubles à partir de variétés locales de bois ! L'arrivée des marchands de meubles anglais au début du XVIIIe siècle marque la fin de cette mode. Cependant, on trouve aujourd'hui encore de nombreux exemples de ce style dans les musées et chez certains particuliers, comme dans la Quinta das Cruzes.

Les azulejos, typiques de l'architecture portugaise, sont très présents à Madère. Le mot viendrait de l'arabe « al zuleiq » qui signifie « petite pierre polie », la tradition de la céramique remontant au Moyen Age et à la présence des Maures. Les azulejos ont évolué au cours du temps et portent les marques des principaux styles qui se sont succédé au Portugal, du manuélin à l'art déco. Vous en verrez de plus ou moins récents sur les façades des édifices publics, des banques, des maisons, des hôtels, et même d'un concessionnaire automobile, bref un peu partout !

ARTISANAT

Il n'y a pas de saison creuse pour l'agriculture à Madère et ceci explique peut-être la faible diversité de ses productions artisanales, les principales étant la broderie et la vannerie.

La première fut introduite par les Anglais. Depuis 1856, **l'art de la broderie** occupe à domicile des milliers de femmes sur toute l'île. A cette époque, l'oïdium ravageait les vignobles, et la population en subissait les contrecoups économiques. Pour pallier ces difficultés, une Anglaise, Miss Phelps (on l'imagine possédée par l'esprit missionnaire), eut l'idée d'apprendre cet art aux femmes. Elles travaillent toujours à la tâche pour de riches négociants qui leur fournissent modèles, tissus, fils et aiguilles, et leur paient des sommes dérisoires pour des nappes parfois vendues des fortunes. Sur la côte sud, vous les rencontrerez à l'ombre de leur treille ; elles se regroupent souvent dans les tout petits villages. Mais vous ne pourrez jamais rien leur acheter. En revanche, vous pourrez visiter à Funchal des ateliers de finition et de riches boutiques.

Production traditionnelle de l'île, **la vannerie** alimente le marché local avant d'être exportée. Les gens de la campagne confectionnent encore toutes sortes d'objets dont ils ont besoin et qui ne sont pas destinés à la vente. Seuls les vanniers produisent des articles « inutiles » (ou en tout cas décoratifs) pour les vendre aux touristes. La hotte à bords larges, qui se porte en équilibre sur l'épaule, est très répandue. Elle est utilisée pour les récoltes, les constructions, le marché, et assure toutes sortes de transports plus ou moins surprenants. L'osier pousse dans des endroits humides et plutôt au fond des vallées de la côte nord. Les brins recueillis sont bouillis dans de grands bacs rectangulaires noircis par le feu de bois, puis écorcés. Parfois travaillé sur place, l'osier est le plus souvent transporté en gerbes dans des camionnettes surchargées vers les ateliers qui se concentrent essentiellement autour de Camacha, sur la côte sud.

S'il est possible d'acheter des vanneries partout à Funchal, notre préférence va à la coopérative des producteurs dont la boutique encombrée se trouve rua da Carreira 102, une petite rue commerçante derrière le jardin municipal.

FESTIVITÉS

Très nombreuses tout au long de l'année, elles ont, comme le folklore, subi les outrages de la modernité. Ce qui a été gagné en décibels et en stands brochettes/bières a été perdu en attachement aux traditions. Les modes de vie changent, les manifestations populaires qui les expriment aussi. Certaines se perdent, d'autres se conservent cependant.

L'une des plus attachantes est celle du « Saltinho » : chanson improvisée qui évoque la vie, sous forme de joutes verbales au cours desquelles on essaie d'être le plus mordant possible. Souvent accompagnée par un accordéon, mais aussi bien par un couteau et une fourchette. Le public en est une composante importante. Les petites troupes cantonales, dépositaires de l'âme du pays, restent nombreuses aussi. Chaque village fête son saint patron. Il faut aussi évoquer les fêtes païennes, ou qui le sont devenues. Aux fleurs et aux drapeaux sur les églises, vous reconnaîtrez qu'il y a de la « festa » dans l'air. Traditionnellement on inaugure une fête par un feu d'artifice. Cette coutume remonte à l'époque où les moyens de communication à distance étaient réduits ; un bon vieux feu d'artifice permettait d'avertir rapidement la population des environs.

- **Janvier : fête religieuse de Santo Amaro,** la plus importante du « concelho » de Santa Cruz, qui clôt, en quelque sorte, les fêtes de la Nativité.

- **Février et mars : Madère célèbre le carnaval pendant une semaine entière.** La cérémonie la plus spectaculaire, peut-être, se déroule le premier samedi : cortège allégorique de 1 500 participants environ, de nombreuses troupes de danseurs défilent dans les avenues principales de Funchal ; le mardi dans l'après-midi se tient le cortège Trapalhão : 3 000 concurrents se disputent des prix divers dans de grandes parades populaires. Ces festivités ont lieu partout sur l'île. A Santana, pendant la période du carnaval se déroule la « Festa dos Compadres » : les habitants fabriquent des marionnettes géantes qu'ils promènent dans la ville ; on les soumet ensuite à une sorte de « procès » pendant lequel elles sont reconnues coupables et condamnées à mort. Le châtiment est sévère : les marionnettes finissent par être brûlées. Cette fête a sans doute été importée des Açores au début du XXe siècle.

- **Mars : festa da Anona ;** l'anone est un fruit typique de Madère, au goût bien spécifique. Cette fête se tient à Faial, et sert de prétexte l'affirmation de l'identité madérienne.

Vannier

Funchal, fête des fleurs, défilé

Avril ou mai : fête des fleurs à Funchal. Des chars couverts de fleurs défilent dans les rues (le dimanche après-midi surtout). Ne manquez pas d'assister à la parade des enfants. Chaque chérubin va déposer une fleur dans les trous d'un mur spécialement aménagé pour l'occasion sur la Praia do Município, le matin du premier samedi. Vous pourrez ensuite retrouver, dans une vieille maison de la rua dos Castanheiros, les plus belles décorations florales du défilé. A la fin de la journée, on dresse un mur de fleurs devant l'hôtel de ville.

Avril : Nautitur. Organisée par l'Association commerciale et industrielle de Porto Santo (ACIPS), cette fête, qui se tient à Porto Santo, rassemble une centaine d'entreprises nautiques qui vendent leurs produits. On danse et on mange aussi.

25 avril : anniversaire de la révolution des Œillets (1974).

Fin avril et début mai : Mostra da Cana-da-Azúcar, dans la ville de Calheta. Fête de la canne à sucre dans cette région très agricole.

Avril à juin : vendredi saint et Corpus Christi, deux des plus importantes fêtes religieuses marquées par de grandes processions.

Juin : festival do Atlântico, organisé par le secrétariat régional pour le tourisme et la culture ; l'idée est d'associer le festival de musique de Madère avec un concours de pyrotechnie entre plusieurs pays (comme le Portugal, l'Espagne, l'Italie et le Japon). Les événements musicaux ont lieu dans la cathédrale Sé et au théâtre municipal Baltazar Dias (les samedis et dimanches) ; chaque fin de semaine, un pays participant doit dévoiler ses talents en pyrotechnie ; un vainqueur est désigné au terme de la compétition.

Juin : Festa da Cereja (fête de la Cerise), organisée dans le Jardim da Serra.

Fin juin : Festa dos Altares de São João, dans le « concelho » de Funchal, dans les rues de Figueira Prata, Travessa dos Reis et Largo do Carmo. Sur l'île de Porto Santo, la fête de São João marque le début de l'été ; nombreux événements socioculturels, dont une marche populaire, au début de la dernière semaine de juin.

28 et 29 juin : Festa de São Pedro, qui se déroule dans le « concelho » de Ribeira Brava ; les rues sont décorées avec des fleurs en papier.

1er juillet : journée de la Région autonome de Madère. On commémore l'autonomie de l'île, établie par la Constitution portugaise en 1976. Diverses cérémonies : feux d'artifice, fleurs déposées au pied de la statue de l'Autonomie par les autorités régionales, Te Deum dans la cathédrale Sé, etc. C'est un jour férié dans tout l'archipel.

Le mois de juillet est rythmé par de très nombreuses manifestations : lors de la Feira do Gado, dans la localité de Santa, près de Porto Moniz, on présente divers produits et matériels relatifs à l'agriculture et à la pêche. A Madalena do Mar, la Mostra Regional de Banana est une sorte d'hommage à la principale culture locale, prétexte à un grand rassemblement populaire. A Santana, tous les groupes folkloriques se réunissent pendant deux jours consécutifs : fête très populaire, où l'on peut goûter à de nombreuses spécialités gastronomiques de la région. Un autre Festival de musique folklorique, « Raízes do Atlântico », axé sur la musique du monde, se tient dans l'auditorium du Jardim municipal, à Funchal.

▶ **Le mois d'août est également propice à toutes sortes de festivités :** le Rally Vinho Madeira, organisé chaque premier week-end d'août, est l'une des compétitions automobiles les plus fameuses et les plus disputées d'Europe. Machico organise une semaine gastronomique, populaire ; d'autres activités accompagnent ces réjouissances : tournoi de football des vétérans, de volley ou de basket, festival de cocktails, concerts de musique. Le deuxième week-end du mois se tient le Festival d'art de Camacha, dans la Casa do Povo. Le pèlerinage de Monte est très suivi les 14 et 15 août ; c'est l'une des principales fêtes religieuses de l'archipel. On célèbre l'ascension de la Vierge Marie, et la manifestation débute par une messe suivie d'une grande procession. Les festivités commencent souvent deux semaines auparavant ! Le soir, on danse partout. Le Festival de chansons de Faial, un peu plus tard, a pour vocation de découvrir de nouveaux talents chez les jeunes groupes madériens. On peut aussi assister au tour cycliste de Madère, qui séduit environ 40 coureurs ; ou au tour de l'île en canoë. La Festa da Uva (fête du Raisin) prend place à Porto de Cruz, et donne lieu à une belle manifestation populaire.

▶ **Première semaine de septembre : Festa do Senhor do Bom Jesus e Santíssimo Sacramento,** à Ponta Delgada : un autre grand pèlerinage dans l'archipel.

▶ **Septembre : la Festa do Vinho (fête du Vin)** se déroule partout sur l'île, pour le début des vendanges. On reconstitue alors les antiques habitats des premiers colons. Les festivités de la localité d'Estreito do Câmara de Lobos sont particulièrement riches et suggestives.

▶ **D'autres manifestations se déroulent en septembre, mois très animé à cause des vendanges :** à Ponta do Pargo (concelho de Calheta) se tient une fête agricole, la Festa do Perô (fête de la Pomme), dont le parfum enivrant, racontent certains auteurs, pouvait être détecté par les navires qui s'approchaient de Madère à l'époque. Caniçal organise la Festa de Nossa Senhora da Piedade : de nombreux bateaux se regroupent dans la baie, chargés de feuilles de palmiers et de drapeaux, avant de partir vers la Quinta do Lorde ; ensuite, les processionnaires poursuivent à pied jusqu'à la chapelle. On peut encore évoquer la semaine de Christophe Colomb, à Porto Santo (organisation de divers spectacles, concerts, théâtre) et la Festa do Peixe Espada Preto, spécialité culinaire de l'île, à Câmaro de Lobos.

▶ **Octobre : le premier week-end, fête de la Pomme (Festa da Maçã)** à Camacha ; on y voit des cortèges et des expositions où ce fruit est mis à l'honneur.

▶ **5 octobre : fête nationale,** proclamation de la République de 1933.

▶ **1re semaine d'octobre : Festa do Senhor dos Milagres,** dans la ville de Machico. Des milliers de personnes défilent lors d'une procession nocturne.

▶ **Octobre : Encontro Regional de Bandas,** festival de fanfares (philharmoniques) à Ribeira Brava.

▶ **1er novembre : fête des Châtaignes (castanhas)** à Curral das Freiras ; les locaux utilisent la châtaigne pour les soupes ou les liqueurs.

▶ **1er décembre : restauration de l'Indépendance.**

▶ **Les préparations des fêtes de fin d'année commencent le 1er décembre,** avec l'inauguration des illuminations de Noël. Dès le 8 décembre, on confectionne des *bolo do mel* (gâteaux de miel). Les enfants plantent dans de petits pots des graines qui germeront environ dix jours plus tard annonçant pour la nouvelle année fertilité et renouvellement.

▶ **Saint-Sylvestre et Nouvel An :** encombrement de paquebots dans la rade de Funchal, avec feu d'artifice (très réputés) et illumination de la ville. Quelque 350 000 ampoules décorent la ville. Le 31, à minuit pile, tous les habitants de la capitale de l'île ouvrent portes et fenêtres et allument leurs lumières. La consommation d'électricité serait telle à ce moment que le reste de l'île en serait privée.

LITTÉRATURE

▶ **Vivre à Madère, de Jacques Chardonne,** collection Les Cahiers Rouges, éditions Grasset, 1953. L'histoire d'un écrivain parti à Madère rejoindre un vieil ami, qui s'est suicidé entretemps.

▶ **Madère,** de John et Pat Underwood, éditions Sunflowers, 1995. Un livre écrit par deux amoureux de l'archipel. Pour rêver un peu avant de partir.

> « Ecrire un poème, c'est comme fuir de prison et trouver un monde sans hommes. »
> Duarte do Carmo Tranquada Gomes, natif de Santo António.

Ça s'est passé à Madère, Margot Daniger. Un best-seller des romans à l'eau de rose d'une femme juive de Dantzig.

Les amateurs d'azulejos qui voudraient connaître leur histoire et les lieux où il est possible de les admirer feraient bien de se procurer l'ouvrage de Rafael Salinas Caladao, *Azulejaria na Madeira*, publié en 1999, en portugais et en anglais. Très complet, sur la collection du musée Frederico de Freitas notamment. Un autre ouvrage pour les férus : *Azulejaria nos Açores e na Madeira,* par J.M.S. Simões, publié à Lisbonne en 1963.

Ceux qui lisent le portugais se procureront *O Prisioneiro do Ilheú de João França,* édité à Funchal en 1994. Sorte de comédie humaine madérienne, évoquant les inquiétudes, les désespoirs et les intrigues politiques des insulaires.

A découvrir également : *Histórias, Conversas y Lengalengas de Maria da Conceição,* de Oliveira Caldeira, publié à Funchal en 1996. Petits récits et dessins suggestifs ; ou *Pequenos Passos da Sua Memória* d'António Aragão, édité à Funchal en 1979. Aperçus historiques et photos de la fin du XIXe siècle, quand les ruelles pavées n'étaient pas encore engorgées. On remarquera que de nombreux bâtiments ont mal passé le dernier siècle.

A Ilha da Madeira vista por intellectuais e artistas portugueses de Maria Mendonça, publié à Funchal en 1954, troisième édition en 1985 : de nombreux artistes portugais du continent, plus ou moins fameux, évoquent l'archipel.

Madère, artisanat en osier

Deux recueils de poésie, enfin : *No Vértice da Palavra* de Irene de Mendonça e Freitas, publié en 1994 ; et *Os lírios da Lua* de Rogério Carrola, publié en 1995.

MUSIQUE

Le fado, originaire de la métropole portugaise, est assez répandu à Madère. Le terme vient du latin « fatum » (destin), qui crée les joies et les peines. Surtout les peines. Saudade. Saudade. Mélancolie et nostalgie, le fado est né dans les bistrots de Lisbonne. Il puise son inspiration dans l'amour, la mort, l'exil. Il n'est pas typique de l'archipel, mais vous l'entendrez dans quelques restaurants. C'est toute une partie de l'âme de ce peuple.

Si Madère n'a pas vraiment développé de style musical propre, vous y trouverez en revanche deux instruments de musique typiques de l'île : la *braguinha* (ou *machete*), proche de la guitare, et le *brinquinho.* Ce dernier est un instrument à percussion que l'on pourrait rapprocher du tambourin. Il se présente sous l'aspect de poupées folkloriques miniatures tenant des castagnettes et des clochettes.

Les danses folkloriques de Madère évoquent différents épisodes de son histoire. Certaines, comme la danse de Punta do Sol, symbolisent le temps de l'esclavage. D'autres, plus joyeuses, rappellent le temps des vendanges, les danseurs évoquant le foulage au pied du raisin ou le transport des hottes.

Le folklore de Madère reste encore vivant et chaque bourg ou presque fait vivre son groupe folklorique. Si certaines traditions se perdent, d'autres parviennent à se conserver. Il existe trois types principaux de chansons traditionnelles, qui n'ont d'ailleurs pas été vraiment inventées par les Madériens, mais plutôt adaptées des multiples influences qu'a subies l'archipel au cours des siècles : la *charamba*, d'origine arabe peut-être, seulement chantée ; la *mourisca*, autrefois dansée et aujourd'hui chantée aussi (mesure binaire avec une division ternaire, en fait une mesure en 6/8) ; et le *bailinho das camacheiras*, la plus populaire, au rythme régulier, peut-être originaire de l'Algarve.

Xarabanda

Si vous voulez mieux connaître la musique folklorique de l'archipel, nous vous conseillons l'écoute et l'achat des disques du groupe Xarabanda, dont l'opus *Cantigas ao Menino Jesus.* C'est un recueil de 14 chansons pour la Nativité, anciennes ou plus récentes. L'une d'elles, par exemple, intitulée *Meu Menino Jesus* a été composée par les soldats portugais de Madère lorsqu'ils combattaient dans les guerres d'indépendance en Afrique, il y a 30 ans environ.

PEINTURE ET ARTS GRAPHIQUES

Voici quelques adresses de galeries où il sera possible de s'imprégner de l'art contemporain de Madère et d'ailleurs :

- **A Funchal,** Galeria da Secretaria Regional do Turismo. Avenida Arriaga ; Galeria do Centre Cívico Edmundo Bettencourt. Rua Latino Coelho ; Galeria Edicarte. Rua dos Aranhas ; Galeria Funchalia. Eden Mar Hotel ; Galeria Porta 33. Rua do Quebra Costas ; Molduradora do Carmo. Rua do Bispo ; Salão Nobre de Teatro. Avenida Arriaga.
- **Egalement à Calheta,** Casa da Cultura da Calheta, Sítio da Vargem ; et à São Vicente, Casa da Cultura de São Vicente.

SCULPTURE

Les amateurs de sculpture devraient consulter l'ouvrage complet de José de Sainz-Trueva et Nelson Veríssimo, *Esculturas da Região Autónoma da Madeira,* publié à Funchal en 1996. C'est un inventaire de toutes les œuvres recensées sur l'archipel.

On y apprend que la plupart des sculptures représentent des personnalités illustres dont l'histoire est liée, pour partie, à Madère.

- **Quelques petites remarques :** Christophe Colomb fit un séjour dans la capitale en 1478, quand il travaillait pour le compte de Ludovico Centurione, et il vécut dans l'archipel de 1480 à 1482, marié à Filipa Moniz, la fille de Bartolomeu Perestrelo, capitaine-donataire de Porto Santo. Comme de juste, on trouve une statue en bronze à son effigie, le représentant assis, une épée dans la main gauche et un parchemin dans la main droite, dans le parc Santa Catarina, à Funchal ; également un buste en bronze à Porto Santo.

Zarco jouit d'un certain succès, comme vous pourrez le constater (on le sert à toutes les sauces) : un buste en bronze à Terreiro da Luta, sur les hauteurs de la capitale ; une statue en bronze sur l'avenue qui porte d'ailleurs son nom, à Funchal ; et un plâtre au musée Franco.

Mais on peut s'amuser à débusquer bien d'autres figures célèbres, certaines inattendues : Jean-Paul II, par exemple, est aussi de la fête ; on lui a érigé une statue en bronze à l'allure fringante en 1995, dans la rue du Dr. António José de Almeida, à Funchal, après sa visite à Madère le 12 mai 1991. Beethoven en train de méditer avec inquiétude ou une extrême concentration : c'est un plâtre du conservatoire de musique, à Funchal. Max Gorki a lui aussi droit à un plâtre, au musée Quinta das Cruzes !

Au marché municipal de Santa Cruz, on observera un superbe panel en céramique polychrome d'António Aragão (qui fut directeur des Archives régionales de Madère), représentant diverses scènes de la vie des champs et de la mer ; à l'aéroport, un étonnant « touriste » en fibre de verre peinte, qui semble rapporter un paquet cadeau sous son bras : peut-être un souvenir ? (histoire d'encourager les visiteurs à suivre le bon exemple) ; dans le jardin Monte Palace enfin, toutes sortes de sculptures, un sphinx, Diane, Bouddha, un petit chérubin taquinant la muse, une jeune fille faisant de la corde à sauter (!), un joueur de flûte semblant venir tout droit d'Afrique et même une statue de Fernando Pessoa en marbre, avec son chapeau, ses lunettes, son nœud papillon noir si caractéristiques : le glorieux poète passa en effet par Funchal, encore enfant, sur la route qui le menait à Durban, en Afrique du Sud.

Levada do Curral, habitation dans la vallée

Cuisine madérienne

La gastronomie de Madère est un curieux mélange. C'est d'abord celle du Portugal, et tous ceux qui ont apprécié la cuisine portugaise du continent retrouveront à Madère la plupart des plats qu'ils connaissent. Mais la situation quasi tropicale et les caractéristiques insulaires sont venues s'ajouter aux habitudes portugaises.

Un bon repas à Madère est encadré par ses vins : un sec en entrée et un semi-doux ou doux en dessert. La gastronomie locale est surtout composée de grillades (viandes ou poissons), de potages et de pain. En entrée, on pourra se laisser tenter par une soupe de tomates et oignons, ou un délicieux cocktail de crevettes. En dessert, vous n'échapperez pas à la salade de fruits frais. Le plat principal (le plus souvent du poisson et ses accompagnements) est souvent servi avec un « bolo de caco ».

Tous les dimanches, les Madériens partent dans la campagne environnante et font un barbecue dans les forêts d'eucalyptus, munis d'un gros sel, d'huile d'olive et de quelques gousses d'ail... sans oublier une bonne tranche de bœuf qu'ils préparent en brochettes (espetadas) sur des branches de laurier.

Funchal, marché aux poissons

SPÉCIALITÉS ET PRODUITS

Quelques spécialités

En apéritif, essayez les *caramujos borrie* (bigorneaux), les *cracas* (balanes), la *sopa de chila* (à base de citrouille), le *calço verde* (soupe de choux verts avec du chorizo), l'*açorda* (soupe à l'ail et au pain) ou le *pastelão a fazendeiro,* une pâte composée d'œufs, de pommes de terre cuites, de poivrons verts, de tomates et d'oignons.

Les poissons

Côté poissons, le *peixe espada* ou poisson sabre est typique des eaux de Madère (il n'a rien à voir avec le poisson-épée que l'on connaît... et qui s'appelle, curieusement, *peixe agulha* à Madère et *espadarte* sur le continent). Cette espèce de longue anguille noire (environ 1,20 m pour 2 kg) est servie de toutes les façons possibles : en filet frit, grillé, à la banane (*a la delicia*), avec des tranches de fruits de la passion, en roulade sur une bisque de crustacés... ou en sandwich.

A noter également, bien sûr, le thon et l'espadon, deux bons gros poissons que l'on connaît ailleurs mais si souvent servis ici que ça en devient une spécialité.

Nos plats préférés sont le *bife de atum* ou le *bife de espadarte* (steaks de thon ou d'espadon), simplement grillés et servis avec un filet d'huile d'olive. Le *atum cozido com semilhas* est un thon cuit à l'eau avec des pommes de terre ; le *cavala com molho de vilão* est un maquereau grillé et arrosé à la sauce campagnarde ; et le *peixe espada estufado* un poisson sabre à l'étuvée. N'oublions surtout pas la *caldeira* de poisson (à base de poissons, pommes de terre, tomates et oignons) ainsi que la *cataplana* (palourdes, saucisses, jambon, oignon, persil, ail, paprika et vin blanc).

On accompagne un plat du *bolo do caco,* traditionnellement réalisé à la maison et lors des fêtes, et consommé aujourd'hui au restaurant. Cuit au four ou sur une plaque, c'est un pain rond et plat, coupé en deux dans l'épaisseur et garni d'une persillade. Servi toujours chaud, c'est, comme son nom l'indique, un vrai gâteau.

Les viandes

En ce qui concerne les viandes, le plat le plus fameux est l'*espetada de carne de vaca* (brochette de bœuf). Elle n'aurait rien de particulier si la baguette n'était traditionnellement une tige de laurier qui donne tout son arôme lors de la cuisson à la braise.

« Les espetadas *ne sont pour ainsi dire jamais servies sur des tiges en laurier mais sur des tiges en fer de 60 cm à 80 cm de long, que le serveur suspend verticalement sur votre table grâce à un support spécial. Cela surprend immanquablement tous les convives. » Yves Broyer, La Seyne-sur-Mer.*

La *carne de vinho e alho* est une viande de porc coupée en petits dés, cuite avec du vin, de l'ail et des épices. C'est un ancien plat campagnard : ail et vin permettaient de conserver la viande, qui semblait rester fraîche.

Et aussi...

On peut encore signaler le *milho frito,* une friture de maïs, servie en accompagnement, ou le *bolo do mel,* genre de pain d'épices ou gâteau à la mélasse de canne. Bourratif à souhait, il se conserve suffisamment pour être emporté en souvenir. On en trouve du frais, bien meilleur, dit *bolo de mel familiar,* au 75 de la rua Carreira, à Funchal, ou à l'épicerie, au 108 de la même rue.

En dessert, laissez-vous tenter par des poudings crémeux aux œufs, des gâteaux aux dattes et au miel (le plus ancien dessert de l'île), ou toutes sortes de douceurs à base de fruits.

Les boissons

- **Côté vin,** l'atlantis rosé est le seul vin de table. Sinon, nous apprécions le dão et le monte vermelho, mais aussi le mateus, un vin rosé pétillant (dans des bouteilles ressemblant à celles d'Armagnac).

- **Enfin, on ne saurait oublier le *poncha,*** une boisson typique que chaque bar qui se respecte prépare lui-même ; à base d'alcool de canne à sucre (plus ou moins légal), de miel, de jus d'orange, de citron et de divers secrets. Laissez-vous tenter.

Les fruits

Ceux que nous appelons exotiques poussent en abondance sur l'île : mangues, papayes, fruits de la passion, goyaves, bananes. Sur le marché de Funchal, les fruits proviennent en général du Venezuela. Pour vous aider, voici les saisons où on peut les trouver :

- **Abricot (*damascos*) :** en été.
- **Anones (*anonas*) :** de novembre à avril.
- ***Araça :*** c'est un fruit local qui ressemble à la goyave ; certains, jaunes, se trouvent de juin à septembre, d'autres, rouges, de juillet à octobre.
- **Avocat (*abacate*) :** toute l'année.
- **Cerise (*cereja*) :** mai et juin.
- **Citron (*limão*) :** toute l'année.
- **Figues (*figos*) et fruits de la passion (*maracujá*) :** d'août à octobre.
- **Fraise (*morango*) :** en été.
- **Framboise (*framboesa*) :** en été.

Camacha

Primeur au marché de Funchal

- **Goyaves (*goiaba*) :** de juillet à octobre.
- **Grenades (*romã*) :** de septembre à octobre.
- **Mangues (*manga*) :** d'août à novembre.
- **Marrons (*castanhas*) :** à partir d'octobre et pendant tout l'hiver.
- **Noix de Grenoble (*noz*) :** en septembre.
- **Papayes (*mamão*) :** de mai à septembre.
- **Pomme (*maça*) :** septembre et octobre.
- **Poire (*tabaibo*) :** juillet et août.
- **Prune (*ameixa*) :** juillet et août.
- **Raisin (*uvas*) :** août à octobre.

LES ÉTABLISSEMENTS

« Ce qu'il faudrait préciser à propos des restaurants à Madère. On est servi tellement copieusement qu'on ne prend qu'un plat et on ne vous demande jamais si vous désirez une entrée. Une petite parenthèse : à Madère, il y a très peu d'écarts de prix entre un restaurant 4 étoiles et un restaurant lambda. » Yves Broyer, La Seyne-sur-Mer.

On trouve de tout à Madère, petites gargotes enfumées où les locaux commentent avec passion les dernières actualités ou, plus sûrement, les derniers résultats de football ; petites cuisines typiques qui fleurent bon le soleil du sud ; beaucoup de grandes salles impersonnelles où se regroupent les cars en excursion, mais où la nourriture n'est pas forcément indigeste (nous n'en dirons pas autant de l'ambiance) ; et tables un peu plus raffinées, notamment dans certains grands hôtels, où il est conseillé de s'habiller un peu pour dîner.

A dire vrai, on ne trouvera pas vraiment de « grandes tables » à Madère. Pour vraiment bien manger, il faut chercher un peu ; allez peut-être faire un saut du côté du Choupana Hills, à la Casa Velha do Palheiro, ou alors au restaurant La Perla, dans la Quinta Splendida, à Caniço. La qualité de la cuisine varie en général plus ou moins, mais plutôt moins que plus, et les prix suivent la tendance.

- **Attention :** on vous apporte presque toujours un petit plateau de fromage et/ou charcuterie en entrée. Il s'agit d'un en-cas payant… si vous en prenez. Vérifiez bien l'addition si jamais vous n'y touchez pas.

QUELQUES RECETTES

Deux sites Internet proposent des recettes originales pour déguster, chez vous, quelques-unes des spécialités culinaires de Madère.

- **www.saveurs.sympatico.ca/portugal/madere/menu.htm** – De nombreuses recettes en français, dont la fameuse brochette de bœuf (espetada), le bolo de caco ou le gâteau au miel.
- **www.portugal.gastronomias.com/madeira.html** – Recettes très diverses et plutôt précises. En portugais seulement.

Bife de atum

- **Ingrédients (pour 4 à 5 personnes) :** 750 g de thon, 2,5 dl de vinaigre, 2,5 dl de vin blanc, 4 gousses d'ail, sel, piment, moutarde.
- **Préparation.** Coupez le thon en tranches assez épaisses que vous déposerez dans un récipient profond. Arrosez de vinaigre et de vin blanc et assaisonnez avec les autres ingrédients, en prenant bien soin d'écraser les gousses d'ail. Laissez ensuite les steaks mariner pendant au moins trois heures, en remuant de temps en temps. Au moment de servir, égouttez les steaks et essuyez-les avec du papier absorbant, puis faites les frire avec suffisamment d'huile (d'olive de préférence) pour qu'ils ne grillent pas. Retirez-les de la poêle, et mélanger l'huile restante avec la marinade. Laissez bouillir l'ensemble quelques minutes pour libérer les arômes, et versez-le sur les steaks, à servir chauds. Accompagnez avec des pommes de terre (cuisinées avec des

oignons, à raison de deux par personne) ou du maïs (bouilli ou frit) ou encore du riz blanc.

Bolo do caco

Ingrédients pour 4 pains : 1 kg de farine, 4 kg de patates douces, 25 g de levure de boulanger, eau, sel.

Préparation (environ 15 minutes + environ 2 heures d'attente pour faire lever la pâte). Peler et cuire les patates dans de l'eau bouillante, puis laisser refroidir. Dans un grand bol, mélanger la levure, la farine, les patates douces avec une pincée de sel ; verser un peu d'eau et travailler la pâte jusqu'à ce qu'elle devienne légère ; laisser gonfler environ 45 minutes. Pétrir la pâte avec la paume des mains pour en faire 4 boules ; déposer chaque boule dans un moule, et laisser encore reposer 45 minutes. Mettre au four préchauffé à température moyenne et laisser cuire jusqu'à ce que le pain soit un peu doré. Retourner et laisser dorer l'autre côté. Retirer du four.

Cocktail fruit de la passion (Cliff Bay Resort)

Ingrédients (pour 1 personne) : 6 cl de sirop de fruit de la passion ; 4 cl de gin ; 4 cl de jus de melon ; limonade.

Préparation. Mélanger le sirop, le gin, le jus de melon avec un peu de glace ; remplir le verre avec de la limonade ; mélanger avec un bâton.

Soupe de tomate à l'oignon

Ingrédients : 1 kg de tomates, 3 oignons, 2 gousses d'ail émincées, 60 ml d'huile d'olive, un œuf par personne, une tranche de pain de campagne par personne, sel et poivre. On peut aussi ajouter deux pommes de terre cuites au mélangeur pour épaissir le potage ; enfin, on peut parfumer la soupe d'une branche de thym ou de coriandre.

Préparation (10 minutes puis 2 heures de cuisson… ou 15 minutes en version express). Trancher les oignons finement et les déposer dans une casserole à fond épais. Faire blanchir les tomates pendant quelques secondes dans l'eau bouillante, puis enlever la peau ; les déposer sur les oignons ; saler et poivrer ; ajouter l'ail et l'huile d'olive. Couvrir, laisser mijoter à feu très doux jusqu'à ce que les oignons deviennent translucides, et que les tomates se décomposent totalement (mais avant qu'elles ne s'assèchent). Peu de temps avant, faire pocher un œuf par personne (le jaune doit rester coulant). Verser la soupe dans les bols, déposer une tranche de pain surmontée d'un œuf, et servir aussitôt.

Tartare de fruits rouges, mousse au fromage blanc et coulis de fruit de la passion

Une recette originale de Benoît Sinthon de la Casa do Velho.

Ingrédients : 1 fruit de la passion. Pour la crème : fromage blanc, crème 35 %, jus d'orange naturel frais, 1 jaune d'œuf, sucre semoule, 3 feuilles de gélatine ou 1/2 sachet. Pour le tartare : groseilles fraîches, fraises, mûres, myrtilles, menthe ciselée, jus de citron, poivre, jus de fraises frais.

Préparation (15 à 20 minutes). *La crème :* défaire le fromage blanc en crème au batteur, en ajoutant un peu de crème et de jus d'orange. Dans un bol, battre le jaune d'œuf avec un peu de sucre jusqu'à ce qu'il blanchisse. Mélanger avec la crème de fromage blanc dans le batteur. Faire dissoudre les feuilles de gélatine dans un peu de liquide, mélanger au batteur.

Le tartare : couper les fruits, en garder quelques-uns pour la décoration. Arroser d'un filet de jus de citron et de jus de fraises. Ajouter les feuilles de menthe. Mélanger et laisser reposer jusqu'au moment de servir. Mélanger la chair de fruit de la passion avec les pépins pour en faire un coulis. Puis, dresser au centre de l'assiette le tartare de fruits à l'aide d'un emporte-pièce. Garnir de trois quenelles de mousse de fromage. Arroser du coulis de fruit de la passion.

Vin de Madère

Petit dictionnaire des vins de Madère

Malmsey (ou malvoisie)

Originaire de Crète, il fut introduit sur l'île par les premiers colons. Vin riche, doux et savoureux, digestif par excellence, ou en accompagnement (desserts ou café).

Bual

Les Jésuites l'auraient importé de Bourgogne au XVIIe siècle. Vin demi-doux, équilibré, fin en bouche, à la belle couleur vermeille, on le sert avec certains fromages ou des desserts.

Verdelho

Originaire d'Italie, vin demi-sec de bonne tenue, frais et fruité, qui convient bien à l'apéritif ou pour accompagner des potages.

Sercial

Indéniablement le vin le plus sec et le plus léger de tous les vins de Madère, il accompagne parfaitement les apéritifs. Les cépages seraient originaires de la vallée du Rhin.

Leur différence en douceur et leur période de maturation sont définies par la loi :

- **Le finest ou 3 ans d'âge,** élaboré à partir du tinta negra mole (un raisin noir plutôt doux), porte le nom de Madère ainsi que celui de sa marque ; il est sec, demi-sec, demi-doux ou doux.
- **Les vins de 5, 10 ou 15 ans d'âge** doivent contenir au moins 85 % de la variété de raisins dont ils portent le nom : sercial, verdelho, bual ou malmsey. Sinon, ils portent le nom de Réserve, Réserve spéciale, Réserve Extra.
- **Les vintages** sont élaborés après une implacable sélection des meilleurs crus. Ils ne contiennent qu'une variété de raisins (surtout les quatre précitées), et doivent mûrir en fûts de chêne ou dans des cuves pendant au moins vingt ans.
- **Les grandes marques** sont Blandy (fondée en 1811, la famille réside toujours à Madère), Cossart Gordon (établie en 1745 par deux Ecossais ayant fui leur pays après l'échec de l'épopée des Stuart, c'est la plus ancienne habilitée à commercer du vin à Madère, qui porte son nom définitif depuis 1808 et l'adhésion d'un Irlandais à l'affaire) ; Leacocks (fondée en 1760, Thomas Slapp Leacock apporta une contribution primordiale au traitement du phylloxéra pour sauvegarder les variétés traditionnelles de l'île) ; et Miles Madeira (fondée en 1814).

Vin de Madère, Fûts

LES BOISSONS

Le vin

Tout Madérien résidant à la campagne met son point d'honneur à avoir un petit arpent de vigne. Tout cultivateur est aussi vigneron, et sa fierté sera de vous faire goûter sa production en guettant attentivement votre jugement du coin de l'œil. Ne le décevez pas, même si vous êtes un peu surpris, et acceptez le second verre généreusement offert, car on le savoure souvent mieux à la seconde lampée. Notez que ce n'est pas toujours le cas à la dixième !

Force est de reconnaître qu'il y a souvent de grandes disparités dans ces productions artisanales. Si la campagne fournit la ville en légumes, elle l'abreuve aussi sans limite car, comme c'est souvent le cas sur les îles, on apprécie « le petit coup » en n'importe quel lieu et à n'importe quelle heure. On combat ainsi la petite misère, l'isolement du monde ; et l'esprit qui, seul, peut vagabonder, le fait si bien lorsqu'il est allégé ! Mais ce n'est pas ce Madère-là qui voyage au-delà des frontières.

Un peu d'histoire encore, avec le blé et la canne à sucre, la vigne a joué un rôle essentiel dès le début de l'occupation de l'île. Depuis le déclin de la canne à sucre, les vignobles sont devenus peu à peu la première production (en 1646, on exportait déjà plus de 12 000 tonneaux, 20 000 au XVIIIe siècle), et aujourd'hui la troisième exportation de l'île. La particularité du madère tient plus d'une découverte accidentelle que d'un secret de fabrication. Pour l'exporter, parfois jusqu'aux Indes, il n'existait que les bateaux. Le vin, pour supporter le voyage, était fortifié d'alcool (du Brandy, aujourd'hui de l'alcool vinique) avant de rouler et d'être brassé, des semaines durant, dans des cales surchauffées sous les tropiques (*estufagens*), et de devenir l'élixir capiteux, cuit et mûri, qu'on apprécie désormais. Mais aujourd'hui, c'est artificiellement (est-on tenté de dire) qu'il est brassé et chauffé (à 45 °C environ) dans d'immenses cuves à Funchal, chez de grands négociants aux noms typiquement anglais. Curieusement, si le tangage des bateaux fortifie le vin en barrique, celui-ci est moins conciliant avec tout mouvement une fois mis en bouteille : mieux vaut la maintenir debout que la coucher dans un cellier. On le sort dans un verre en cristal pour préserver la couleur de sa robe.

L'atlantis est un vin de table (rosé) produit à partir des raisins de Madère. Cette création, vieille de quelques années à peine, est destinée à offrir un débouché alternatif aux viticulteurs de l'île. Ce n'est certainement pas un vin inoubliable, mais il mérite qu'on le déguste. S'il est malheureusement rare dans les restaurants, on le trouve plus facilement dans les boutiques.

On peut aussi citer le blanc Exurros de Ponta Delgada, de plutôt bonne tenue.

Il existe plusieurs variétés de raisin cultivées, dont les plus fameuses sont : le malmsey, le bual, le verdelho, et le sercial.

Les vendanges débutent ordinairement durant la deuxième quinzaine d'août, mais le verdelho et le sercial, cultivés en altitude et donc mûrs un peu plus tard, sont ramassés entre la mi-septembre et la mi-octobre.

La plupart des gens croient que le madère se consomme au dessert, mais, comme on vient de le dire, il existe plusieurs variétés qui conviennent en entrée : le madère sec accompagne l'apéritif avec des noix, des olives, ou d'autres hors-d'œuvre : très désaltérant en été ! Un verre de demi-sec fera l'affaire pour un potage ou un consommé.

Le madère ne se sert pas avec un plat principal, et il faut donc patienter jusqu'au dessert pour goûter à un malmsey semi-doux. On peut aussi boire quelques verres après le champagne, puisque, après tout, il s'agit d'un vin blanc !

Quand les vins de Madère font l'Histoire !

Veneziano Cadamosto déclara en 1455 que les vignes de Madère constituaient le spectacle le plus magnifique qui soit au monde.

Falstaff, célèbre personnage de la pièce *Henri IV* de Shakespeare, fut accusé de vendre son âme pour un verre de Madère, notamment.

En 1478, le duc de Clarence, frère du roi Edouard IV d'Angleterre, alors condamné à mort, préféra mourir noyé dans un baril de malvoisie.

On choisit un madère pour célébrer la Déclaration d'Indépendance aux Etats-Unis et lors de la prestation de serment de George Washington qui, paraît-il, s'en envoyait un bon verre tous les soirs.

Enfin, l'inénarrable et fin connaisseur Winston Churchill dit à propos d'un terrantez, lors de son passage à Madère dans les années 50 : « Mon Dieu ! Avez-vous remarqué que lorsque ce vin a été fait, Marie-Antoinette était encore en vie ? »

Lors d'une année de récoltes exceptionnelles, on produit de petites quantités de vins qui vieillissent dans des fûts pendant près de vingt ans : on les appelle *frasqueira*. Ils peuvent avoir une longévité de 150 ans ! Pendant la période de vieillissement, évidemment, ils sont dûment contrôlés à intervalles réguliers.

Un verre de madère, c'est bien...mais lequel et pour manger quoi ?

3 ans d'âge à 5 ans d'âge

Lequel avec quoi ?	Sec	Demi-sec	Semi-doux	Doux	Sercial	Verdelho	Bual	Malmsey
Apéritif								
Digestif								
Consommé								
Soupe avec crème								
Hors-d'œuvre mayonnaise								
Flambée								
Marinade pour gibier								
Mousse de poisson								
Pâté et foie gras								
Poisson délicat								
Sushi								
Fruits tropicaux								
Fruits secs								
Biscuit au beurre								
Chocolat au lait								
Chocolat noir								
Pralines								
Petits fours								
L'heure du thé								
Gâteau aux fruits								
Gâteau à la crème								
Gâteau de Madère								
Mousse au chocolat								
Gâteau aux œufs								
Fromages secs								
Fromages à pâte molle								

10-15 ans d'âge et vintages

	Harmonie	Sercial	Verdelho	Terranica	Bual	Malmsey	Vintage jeune	Vintage vieux	Vintage très vieux
Flambée	■				■	■	■	■	
Pâté Foie gras		■							
Fruits tropicaux				■	■	■			
Fruits secs	■	■	■	■	■	■	■	■	
Chocolat au lait				■	■				
Chocolat noir				■	■	■			
Pralines			■	■	■	■			
Petits fours									
L'heure du thé	■	■	■	■	■	■	■		
Gâteau à la crème				■	■				
Gâteau de Madère				■	■	■	■		
Mousse au chocolat				■	■				
Fromage au goût prononcé	■	■	■						
Tabac aromatique						■	■	■	
Cigare						■	■	■	
Cigarillo						■	■	■	
Pipe						■	■	■	

Les autres boissons

L'archipel offre quelques autres bouteilles auxquelles on ne s'attend pas forcément. L'eau-de-vie de canne, en d'autres termes le rhum de Madère, surprenante parce qu'on imagine cette forte boisson réservée aux Antilles. Quant aux liqueurs obtenues à partir des fruits qui abondent sur l'île, elles peuvent être au goût de chacun : liqueur de banane, liqueur d'ananas. Voilà en tout cas quelques idées pour des cocktails ! Enfin, la liqueur de cerise, ou Ginja, s'est fait une petite réputation dans les tavernes de Lisbonne.

A Porto Santo, outre le vin blanc de l'île, doux et sans prétention, l'eau minérale de la Fonte de Areia (on dit simplement : l'eau de Porto Santo) est réputée pour ses nombreuses vertus thérapeutiques. Après enquête, il semble qu'on ne sache pas bien quelles sont les maladies sur lesquelles cette eau quasiment miraculeuse agit le mieux, mais tout le monde assure qu'elle les guérit.

Jeux, loisirs et sports

Pour mieux préparer votre séjour à Madère : Direcção Regional de Turismo. Avenida Arriaga, 18 © 291 211 900 – Fax : 291 232 151 – www.madeiratourism.org – info@madeiratourism.org

Bateau

Plusieurs prestataires proposent des promenades autour de Funchal ou vers les îles avoisinantes. Le plus romantique : la réplique de la caravelle Santa María de Christophe Colomb.

Chasse

Tout à fait possible avec une licence. Contacter la :

■ **DIRECÇÃO REGIONAL DE FLORESTAS.** Estrada Comandante Camacho de Freitas Jamboto, Santo António © 291 740 060 – Fax : 291 740 065.

Équitation

Voyez du côté de l'Association hippique de Madère, Quinta Vila Alpires, caminho dos Pretos, à Funchal. Leurs bureaux sont ouverts du mardi au dimanche.

Golf

Deux terrains sont à votre disposition sur l'île de Madère, un dernier a été inauguré récemment à Porto Santo.

Le premier est situé à Santo da Serra, dans une forêt d'eucalyptus. Son emplacement exceptionnel, à 700 m au-dessus du niveau de la mer, procure des points de vue extraordinaires. Des épreuves comptant pour le championnat d'Europe (PGA) sont fréquemment réalisées. 27 trous. Par 72 (18 trous). *Renseignements* © 291 550 100 – Fax : 291 552 367.

Le second terrain, le Palheiro Golf, a été inauguré il y a une dizaine d'années, à quelques kilomètres de la capitale. Ici aussi, la vue est à couper le souffle sur la baie de Funchal. 18 trous. Par 71. *Informations* © 291 792 116 – Fax : 291 792 456 – www.madeira-golf.com – palheiro@madeira-golf.com

Le parcours de Porto Santo comporte 9 trous et un « pitch and put » de 9 trous. Il a été dessiné par Severiano Ballestero, l'ancien champion du monde espagnol.

Hélicoptère

Des tours sont organisés depuis la petite maison typique de Santana, sur le port de Funchal. Il faut un minimum de quatre personnes. Plutôt onéreux. Sinon, on peut grimper au ballon panoramique, près de la marina.

Pêche sportive

Madère a acquis une certaine réputation dans cette discipline. On y pêche le thon, l'espadon, le mérou, le barracuda, la bonite… et le marlin (pêche au gros). Nous recensons quelques prestataires dans la rubrique « Loisirs » de Funchal.

Plages et piscines naturelles

Bien que l'île ne dispose pas naturellement de plages séduisantes (rien à voir avec les Caraïbes), de nouveaux aménagements rendent possibles, aujourd'hui, un séjour de type balnéaire. Ceux qui ont connu Madère il y a quinze ans ne reconnaîtront pas les côtes : les petits villages de pêcheurs sont en passe de devenir des petites stations balnéaires. Pour l'instant, pas d'urbanisation forcée, pas de grandes structures immondes, mais on peut craindre le pire à l'avenir.

Côté plages, Porto Santo est la destination la plus recherchée ; mais quelques spots sur Madère même peuvent vous retenir quelques heures : Santa Cruz (galets, populaire, plaisant, surtout pour regarder les avions atterrir !) ; Machico (récent, l'aménagement est en cours, prometteur) ; Prainha, près de Caniçal, à l'est de Funchal (l'un des coins traditionnels, mais qui ne paye pas de mine) ; Porto da Cruz (pas extraordinaire, mais ça va) ; près de São Jorge, à l'ouest de Santana (galets, un peu sale), Seixal (une toute petite crique, le meilleur coin à notre avis, tout récent) ; et Calheta, à l'ouest de Funchal (où comment Madère se « canarise », du sable blanc ayant été importé du Maroc pour assurer le bonheur des clients de l'hôtel Calheta Beach).

Côté piscines naturelles, voyez à Funchal, Porto da Cruz (nouveau, fort agréable, notre coin préféré peut-être), Faial (la piscine en elle-même a moins de cachet que la précédente, mais les paysages alentour sont engageants),

Seixal (en cours d'aménagement, sent un peu le béton a priori), et Porto Moniz (le spot le plus populaire, séduisant même si l'on peut regretter une utilisation parfois abusive du béton).

A noter que des centres aquatiques promettent d'ouvrir vers Santana et Santa Cruz.

Plaisance

De plus en plus nombreux à faire escale à Madère sur la route du Sud et des Antilles, les plaisanciers trouveront presque tout pour équiper, réparer leurs bateaux, mais à des prix plus élevés qu'aux Canaries notamment. Informations détaillées à la capitainerie et auprès des autres plaisanciers. Le séjour à la marina est assez cher et le confort parfois relatif (couramment, 5 à 6 bateaux à couple), mais elle est bien surveillée. Certains mouillent à l'extérieur, c'est gratuit mais plus agité.

Une nouvelle marina a été construite après Caniçal, près de la Ponta de São Lourenço afin de désengorger celle de Funchal : Marina Quinta do Lorde. Sítio da Piedade ✆ 291 960 200 – Fax : 291 960 202 – www.quintadolorde.com – infomail@quintadolorde.com – 242 places pour des bateaux de 6 m à 25 m. Espace commercial à disposition, avec bar et restaurant.

Plongée sous-marine

Les sites intéressants sont moins nombreux qu'aux Açores. Vous trouverez toutefois plusieurs agences pour louer du matériel et connaître les bons coins.

Randonnées pédestres

Le nombre et la variété des randonnées possibles sur l'île sont étonnants. Pourtant, on ne rencontre quasiment personne, sauf sur deux ou trois circuits classiques. En combinant les renseignements donnés par le *Petit Futé* (hébergement notamment) et ceux dispensés par le guide *Paysages de Madère,* de J. et P. Underwood (éditions Sunflower), ou *Levadas et sentiers de Madère,* de Raimundo Quintal (éditions Ribeiro), bien fait, pratique avec les points de départ et d'arrivée des randonnées desservies par les bus locaux, et mieux traduit en français peut-être. Ces ouvrages sont disponibles sur place (librairies, magasins de souvenirs), et fortement conseillés pour les marcheurs.

Les bus et les taxis sont parfois plus pratiques qu'une voiture de location, qui oblige à revenir à chaque fois au point de départ. Le relief autorise rarement les boucles. Ceci dit, certaines promenades très agréables et qui reviennent à leur point de départ sont mentionnées dans le guide de Underwood. Adaptez votre programme à la météo, et n'hésitez pas à refaire un itinéraire parcouru dans la brume, en particulier sur la côte nord où se trouvent les plus beaux sites.

Ne pas sortir des sentiers, et ne pas insister si l'un d'eux paraît abandonné, sont des règles élémentaires. Si vous demandez votre chemin, on vous enverra toujours sur la route. Chemin se dit « vereda » (prononcer « vérèda »).

Compte tenu du manque d'infrastructures pour le tourisme vert (gîtes), il est conseillé de passer par une agence spécialisée dans l'organisation de randonnées itinérantes (séjours de 15 jours, environ 110 km de balades de côte à côte, à travers tous les types de végétation).

Sortir

Il ne se passe pas grand-chose le soir et les rues se vident rapidement. N'arrivez pas à 22 heures dans un restaurant, vous aurez peu de chances d'être servi. Seules quelques boîtes à Funchal et les terrasses de la Marina sont animées, c'est tout.

Spa (centres de balnéothérapie)

Besoin d'une remise en forme ? L'air vivifiant de Madère saura vous remettre en jambes ! Rien de mieux qu'une petite séance de balnéothérapie… qui peut tout aussi bien se convertir en objectif de voyage. Après tout, vous suivrez seulement les pas de l'impératrice Sissi (la fameuse), du prince Hohenlowe ou du poète portugais António Nobre, qui choisirent l'île pour ses qualités thérapeutiques. Mais si Madère est en soi un tranquillisant pour les sens, quelques adresses ont ouvert leurs portes pour proposer leurs services de thalassothérapie, hydromassage, bain turc, sauna, massage, centre de beauté…

Madère, rappel

Les événements sportifs

Pour les férus, voici le calendrier des principales manifestations sportives de Madère :

- **Open de golf** comptant pour le championnat PGA en février et mars.
- **En athlétisme :** meeting international en juillet et course autour de Funchal en décembre.
- **En ce qui concerne le cyclisme,** course autour de l'île en septembre, course autour de Porto Santo en juillet.
- **Rallye de Madère en août (le premier week-end),** comptant pour le championnat européen, et course de voitures classiques autour de l'île en juin.
- **Les motards ne sont pas oubliés avec deux compétitions,** l'une off road en juillet, l'autre de trial en septembre.
- **Côté sports nautiques,** à noter un tour en canoë autour de l'île en août et septembre, la régate internationale de Madère en septembre, le grand prix off-shore de jet ski en octobre, et une course de voiliers en solo à Porto Santo en novembre et décembre.
- **Rallye de parapente** en octobre et novembre.
- **Le tennis** est à la fête en septembre avec un tournoi international.
- **Le volley** aussi à Pâques avec un tournoi de minivolley, un open à Porto Santo en juillet et un trophée international en septembre.
- **Enfin, une course de triathlon** comptant pour le championnat d'Europe est organisée en septembre et octobre.

Il sera difficile de s'ennuyer tout au long de l'année.

- **QUINTA SPLENDIDA. Sitio da Vargem, Caniço ✆ 291 930 400 – Fax : 291 930 401 – info@quintasplendida.com – www.quintasplendida.com** – Cette quinta se veut tournée vers le bien-être intégral. Pas de béton, mais des maisons provençales au milieu des fleurs. Centre de santé proposant cinq éléments de béatitude corporelle : beauté (salon de beauté), harmonie (shiatsu, ayurveda, réflexologie), vitalité (salle de musculation), eau (saunas, bains turcs…), nutrition (deux restaurants, dont l'un particulièrement gastronomique).
- **GALO RESORT HOTELS – RESORT HOTEL ONDAMAR. Rua Dr. Francisco Santana, Caniço ✆ 291 834 566 – Fax : 291 934 555 – ondamar@galoresort.com** – Centre de santé, homéopathie, physiothérapie, massages, aromathérapie, douche vichy, cosmétique, hydrothérapie, sauna, salle de musculation… Egalement yoga, spinning, aérobic, step, body bump…
- **VILA BALEIRA THALASSA. Porto Santo, Sitio da Cabeça da Ponta ✆ 291 980 800 – Fax : 291 980 801 – hotel.v.baleira@mail.telepac.pt** – Un total de 256 chambres, un centre de plongée, une piscine extérieure et une autre intérieure, sauna, hydromassages, salle de musculation, traitements de beauté !

Surf

L'île de Madère ne compte pratiquement aucune plage, mais la pratique du surf est toutefois possible (et reconnue). L'île dispose de bons spots, avec des vagues allant jusqu'à 9 m selon les locaux ! Dans ces conditions, le surf à Madère s'adresse aux plus expérimentés. Pas la peine d'imaginer faire vos premiers take-off ici.

Pour plus d'information, consulter le site Internet suivant : www.lmaster.u-bordeaux.fr/~figue/personnel/madere.html

Tennis

Possible dans presque tous les hôtels de luxe. Les adeptes du squash peuvent aussi s'y livrer, par exemple à la Quinta Magnólia, à l'hôtel Tivoli Ocean Park, au Madeira Regency Palace…

Communiquer en portugais

Grâce à l'étendue de l'ancien empire colonial du Portugal, la langue portugaise rayonne sur tous les continents. Outre son pays d'origine, elle est langue officielle de six autres États : le Brésil, l'Angola, le Mozambique, la Guinée-Bissau, les îles du Cap-Vert et la république de São Tomé et Príncipe. De belles destinations de voyage !

Vous trouverez ci-dessous quelques bases utiles pour communiquer.
Cette rubrique est réalisée en partenariat avec ASSIMIL.

- **Falo só um pouco português.**
parle seulement un peu portugais
Je ne parle qu'un peu portugais.

- **Quero aprender o português.**
veux apprendre le portugais
Je veux apprendre le portugais.

- **Pode repetir, faz favor?**
peut répéter, fait faveur ?
Vous pouvez répéter, s'il vous plaît ?

- **Alguém aqui fala francês?**
quelqu'un ici parle français ?
Quelqu'un parle français ici ?

- **Não percebi nada.**
non compris rien
Je n'ai rien compris.

- **Não percebo.**
non comprends
Je ne comprends pas.

- **O que significa...?**
Que signifie... ?

- **Como se chama isto em português?**
Comment dit-on cela en portugais ?

- **Como se pronuncia esta palavra?**
Comment se prononce ce mot ?

- **Como, faz favor?**
Comment, s'il vous plaît ?

- **Por favor, pode falar mais devagar?**
S'il vous plaît, pouvez-vous parler plus lentement ?

- **Faz favor, pode escrever-me isso?**
S'il vous plaît, pouvez-vous m'écrire cela ?

Les mots pour poser des questions

où ?	**onde?**	qui ?	**quem?**
pourquoi ?	**porquê?**	avec qui ?	**com quem?**
lequel ?	**qual?**	avec quoi ?	**com quê?**
quoi ?	**o quê?**		

ASSiMiL®
Le voyage en poche
collection évasion :
l'indispensable
pour comprendre et être compris
Le Russe
Le Breton
Le Grec de poche
Le Turc de poche
Le Marseillais de poche
Le Japonais
L'Italien de poche
L'Alsacien de poche
Le Chinois de poche
L'Arabe Marocain de poche
L'Espagnol de poche
L'Anglais britannique
Le "Chtimi" de poche
Parler du Nord et du Pas-de-Calais
Le Croate de poche
ASSiMiL évasion

Les mots pour s'orienter

à gauche	**à esquerda**
à droite	**à direita**
devant	**diante**
à côté de	**ao lado de**
croisement	**cruzamento**
coin de rue	**esquina**
vers	**em direcção a / de**
en face, tout droit	**em frente**
loin	**longe**
près	**perto**
au-delà	**para lá**

Adverbes de temps

hier	**ontem**	tard	**tarde**
aujourd'hui	**hoje**	tôt	**cedo**
demain	**amanhã**	bientôt	**em breve**
avant-hier	**anteontem**	après	**depois**
après-demain	**depois de amanhã**	avant	**antes**
le matin	**de manhã**	tout de suite	**já**
à midi	**ao meio dia**	maintenant	**agora**
l'après-midi	**à / de tarde**	toujours	**sempre**
la nuit	**à / de noite**	jamais	**nunca**

Les questions importantes

Est-ce qu'il y a... ?	**Há...?**
Y a-t-il encore... ?	**Ainda há...?**
Je cherche...	**Eu procuro...?**
J'ai besoin de...	**Eu preciso de...**
S'il vous plaît, je voudrais...	**Faz favor, queria...**
Où puis-je acheter... ?	**Ondo posso comprar...?**
Combien coûte... ?	**Quanto custa...?**
Qu'est-ce que c'est ?	**O que é isto?**
Je veux aller à...	**Quero ir a...**
Combien coûte le trajet jusqu'à... ?	**Quanto custa a viagem a...?**
Svp, conduisez-moi à...	**Faz favor, leve-me a...**
Je veux téléphoner.	**Quero telefonar.**
J'ai besoin d'aide !	**Preciso de ajuda!**

Cette place est occupée ?	**Este lugar está ocupado?**
Où sont les toilettes ?	**Onde é a casa de banho?**
Quand part le bus pour... ?	**A que hora sai a camioneta para...?**
C'est le train pour... ?	**Este é o comboio que vai a...?**

Phrases et expressions les plus utiles

oui, si	**sim**
non	**não**
s'il vous plaît	**faz favor / por favor**
merci	**obrigado / a** (m. / f.)
de rien	**de nada**
bonjour	**bom-dia**
bon après-midi	**boa-tarde**
bonsoir, bonne nuit	**boa-noite**
bon voyage	**boa viagem**
bienvenue	**bem vindo**
comment allez-vous ?	**como está?**
plus ou moins	**mais ou menos**
au revoir	**até logo**
à bientôt	**até já**
adieu, au revoir	**adeus**
bon appétit	**bom apetite**
santé, à la vôtre	**saúde**
l'addition, s'il vous plaît	**a conta, se faz favor**
pardon	**desculpe**
ça n'a pas d'importance	**não faz mal**

Visite de Madère

Funchal

La première impression est saisissante quand l'avion déchire le voile de nuages et que se dressent, énigmatiques, les hautes falaises de l'île. On surplombe d'abord la Pointe de São Lourenço, puis l'avion continue parallèlement à la côte avant de faire un demi-tour complet et de se poser sur la nouvelle piste, comme accrochée aux flancs des montagnes. Par beau temps, la vue est superbe : les maisons d'une éclatante blancheur épousent le vert des collines et le bleu de l'Océan, en un kaléidoscope de couleurs fascinant. Elles s'accrochent aux versants, se nichent aux creux des ravins ; la forêt paraît repoussée sur les hauteurs. De nombreuses grues évoquent des chantiers en perpétuelle construction. Le Sud de l'île donne un peu une impression de congestion, ou tout au moins de confusion. C'est la côte la plus ensoleillée de l'île, et donc la plus populaire. De fait, on n'y dénichera pas les coins les plus sauvages, mais la capitale, Funchal, attire inévitablement le voyageur, pour ses commodités et son charme historique ; et puis les côtes gorgées de soleil sont très plaisantes à l'œil.

A une trentaine de kilomètres à l'ouest de l'aéroport, Funchal est une grande ville (pour la taille de l'île) toute blanche qui remonte de la mer, occupant une vaste cuvette en amphithéâtre face au sud. Sur plus de 600 m de dénivelée, la concentration des maisons évoque une ruche. Les rues, plutôt étroites, sont soit horizontales, soit plongeantes jusqu'à la mer, et alors raides à donner le vertige. Le centre-ville se situe tout en bas, minuscule, coincé contre la mer où est rassemblé l'essentiel des commerces. Autour s'ordonnent les quartiers populaires, sauf à l'ouest (la fameuse Estrada Monumental et la zone du Lido), zone de concentration des grands hôtels. Un peu au-dessus encore, dissimulées dans des parcs, les quintas, ou maisons bourgeoises, veillent sur la vie de cette ville très affairée qui abrite plus de 110 000 habitants.

Funchal fut créée par Zarco, l'un des deux découvreurs de l'île, au débouché de trois rivières. Un monument est dédié au navigateur, et de nombreux lieux et enseignes commerciales se recommandent du « père » de l'île. Car la capitale est particulièrement liée à la mer. Son port reste le cordon ombilical qui rattache l'île au reste du monde. Chaque fin d'après-midi, toute la ville vient prendre l'air en bordure de l'Océan, sur la jetée et autour du port de plaisance dans lequel évoluent les voiliers de passage. On commente les nouveaux dessins laissés par chaque bateau, selon une tradition venue des Açores et respectée depuis par tous les plaisanciers. Il est très chic d'avoir un voilier, même modeste, quand on est Madérien, et d'y inviter ses amis à prendre un verre.

Le port est l'un des rares endroits de la ville où l'on réussisse à s'arracher à l'agitation qui règne dans les rues.

TRANSPORTS

Comment y aller et en partir

Avion

AÉROPORT DE MADÈRE. Santa Cruz © 291 520 700 – Fax : 291 520 761 – www.anam.pt – anam@anam.pt – Une *autopista* (autoroute) de quatre voies relie l'aéroport à Funchal en vingt minutes environ, à travers de nombreux tunnels ou aqueducs. En réalité, cette autoroute fait pratiquement une boucle complète, seuls quelques tunnels sont en voie d'être achevés dans le Nord ; un autre tronçon de voie rapide a été ouvert entre Serra de Agua et Rosário, dans l'intérieur de l'île. Cette autoroute défigure parfois le paysage, et le touriste a tout intérêt à emprunter les petits chemins sinueux pour leurs formidables points de vue. On comprend cependant que ces nouvelles infrastructures (payées par le contribuable européen pour une large partie) facilitent le transit quotidien de tous ceux qui vivent ici, et parfois, avouons-le, pour gagner un point précis de la côte, elles sont bien pratiques. En tout cas on parvient à Funchal plus rapidement.

> « Je ne connais rien de plus frais à l'œil, de plus joyeusement coloré, de plus verdoyant, de plus fleuri, de plus harmonieusement conçu que ce Funchal vu du navire qui entre dans la rade. »
> A. t'Serstevens

Depuis l'aéroport, un bus gagne en journée le centre de la capitale pour environ 4 € par personne.

- **TAP-AIR PORTUGAL. Avenida Comunidades Madeirense 8-10 ✆ 291 239 211 – Fax : 291 239 248 ou à l'aéroport ✆ 291 524 362. Réservations ✆ 291 982 146 – Fax : 291 524 109 – www.tap.pt –** Un minibus est à disposition des voyageurs ayant choisi cette compagnie pour rallier l'île : transferts gratuits pour Funchal (toutes les deux heures environ, de 9h45 à 0h30 depuis l'aéroport).

- **SATA. A l'aéroport ✆ 291 524 115 – Fax : 291 524 179 – www.sata.pt –** Pour Lisbonne ou Ponta Delgada (Açores).

- **AIR LUXOR ✆ 291 520 856 – Fax : 291 520 859 – funchal@airluxor.com –** Bonnes connexions avec Paris via le Portugal continental.

Bateau

- **Pour se rendre à Porto Santo,** des voyages réguliers (un par jour, sauf le mardi entre octobre et juin) sont assurés par la compagnie Porto Santo Line et le fameux « Lobo Marinho » (Rua da Praia, 6 ✆ 291 210 300 – Fax : 291 226 434 – Site Internet : www.portosantoline.pt). Il est très prudent de réserver. Les bureaux sont fermés le dimanche et les jours fériés ; le mieux est peut-être donc de prendre un billet dans les points de vente sur le port. En saison, compter 56,40 € en classe touriste pour un aller-retour le même jour, 66,20 € en première classe. En hiver, les prix sont un peu moindres : compter respectivement 48,70 € et 58,30 €. Les enfants de moins de 11 ans paient moitié prix, les résidents également. Enfin, si jamais vous effectuez le retour à une date différente du voyage aller, vous ne paierez que 38,50 € ou 47,10 € selon la saison, obligatoirement en classe touriste. La traversée dure 2h10.

Bus

- **Les arrêts** (*Paragem*) sont indiqués par une plaque jaune, couleur des véhicules. Les bus vont à peu près partout autour de Funchal, mais il est plus difficile de réaliser un tour complet de l'île. Des Pass valables une semaine sont en vente dans les kiosques verts.

Les immanquables de Madère

- **Funchal :** sise dans une superbe baie, la capitale de l'archipel a souffert de constructions abusives ces dernières années, mais le centre historique est séduisant. Et ses musées, son port ou ses jardins méritent une visite.

- **Pico do Arieiro :** le belvédère le plus spectaculaire de l'île ; une randonnée très fameuse part vers le Pico Ruivo.

- **Paúl da Serra :** le « marais » est un de ces lieux privilégiés, où la nature, la lumière et le silence s'épousent merveilleusement. Rabaçal ravira tous les amateurs de randonnées, mais bien d'autres endroits sont tout aussi beaux jusqu'à Encumeada.

- **Ponta de São Lourenço :** au royaume des roches et des vents, le promeneur est roi !

Les coups de cœur

- **Jardim do Mar :** petit village à l'ambiance charmante dans une région plutôt calme.

- **Route de Paul do Mar à Fajã da Ovelha ; route de Santo da Serra à Poiso (ER202) et de Poiso à Faial :** par beau temps, deux agréables parcours à réaliser en voiture (ça grimpe !), le premier pour son panorama superbe sur la côte et sa route en corniche, le second pour son beau paysage et son charme bucolique.

- **Queimadas :** superbes balades dans ce petit coin de paradis, au milieu d'une dense végétation encore bien préservée.

- **Balcões :** belvédère remarquable sur les montagnes de l'intérieur, près de Ribeiro Frio.

vers Aéroport
Quinta do
Fort Pico
Musée de las Cruzes
Sta. Clara
Rua das Cruzes
Couvent de Santa Clara
Eglise São Pedro
Musée F. Freitas
Pension Vila Teresinha
R. Quebra Costas
Rua de São João
Ring Road Tunnel
Residential São Paulo e Alegria
Aquarium et Musée d'Histoire naturelle
Rua de S. Pedro
Rua da Levada S. João
Rua da Carreira
Hotel São João
Quintinha São João
Avenida Calouste Gulbenkian
Rua Dr. João Brito Camâra
Alegria
Rua Major Reis Gomes
Hotel Madeira
Rua Ivens
Jardin municipal
Rua Cannavial
Rua dos Aranhas
Rua Das Maravilhas
vers Camara de Lobos
Supermarché
Poste
Taxi
Théâtre municipal
Hôpital
Centre commercial
Rua dos Ilheus
Rua do Jasmineiro
Chapelle Santa Catarina
Rue Ten. Cor. Sarmiento
Avenida do Infante
Palais du Gouverneur
PARC SANTA CATARINA
Avenida sa Carneiro
Apart-Hotel Imperatriz
Casino
vers Lido
Avenida do Infante
Casino Park Hotel
Estrada da Pontinha
Quinta da Penha
Rua Imperatriz D. Amélia
Rua Carvalho Araujo
Ferry pour Porto Santo
Pontinha Dock

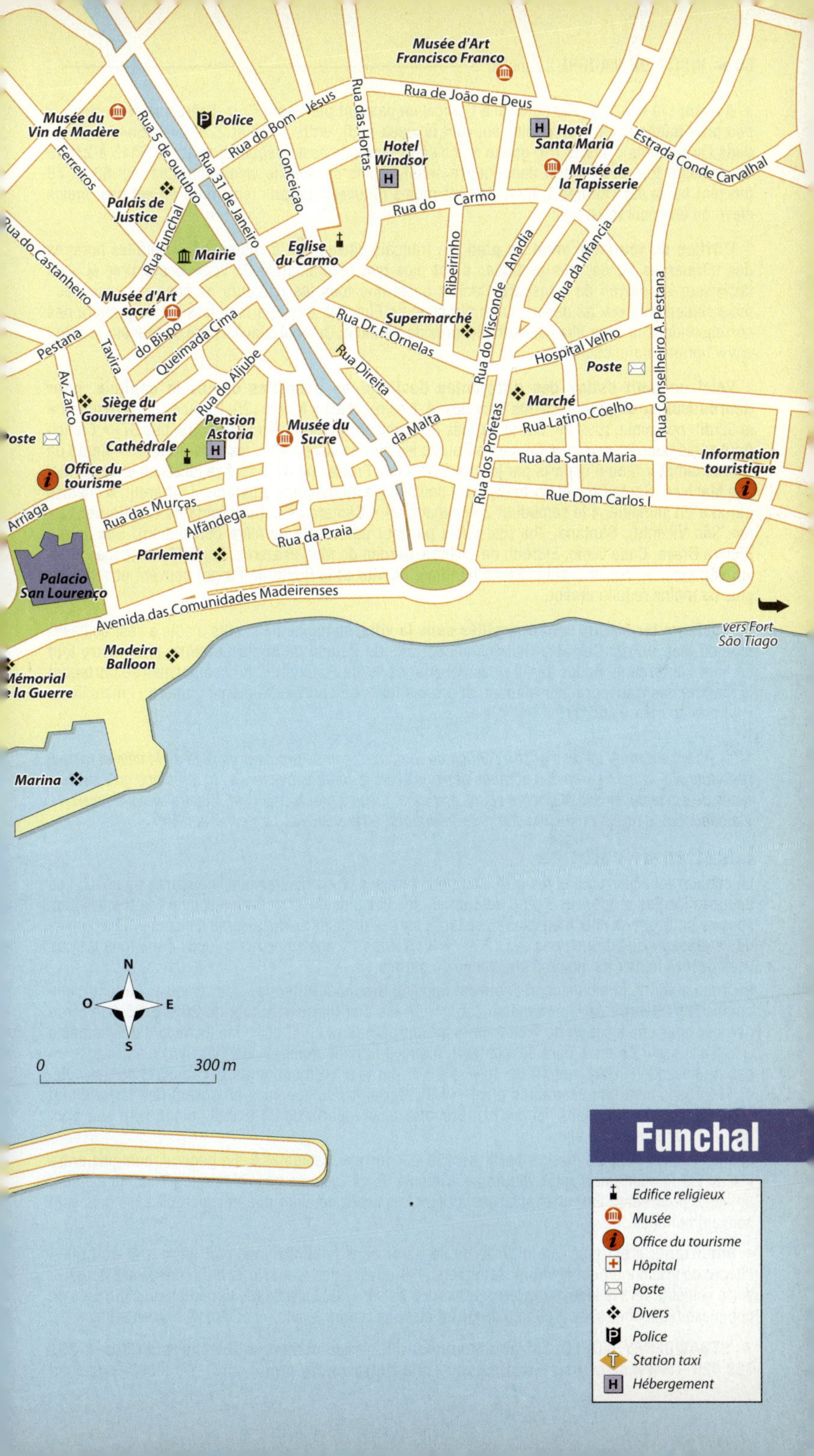
Funchal
Musée d'Art Francisco Franco
Rua de João de Deus
Musée du Vin de Madère
Police
Rua do Bom Jésus
Rua das Hortas
Hotel Santa Maria
Estrada Conde Carvalhal
Rua 5 de outubro
Ferreiros
Rua 31 de Janeiro
Conceição
Hotel Windsor
Musée de la Tapisserie
Palais de Justice
Rua do Carmo
Rua Funchal
Mairie
Eglise du Carmo
Ribeirinho
Anadia
Rua da Infancia
Rua do Castanheiro
Musée d'Art sacré
Rua Dr. F. Ornelas
Supermarché
Rua do Visconde
Pestana
do Bispo
Queimada Cima
Tavira
Rua Direita
Hospital Velho
Poste
Rua Conselheiro A. Pestana
Av. Zarco
Siège du Gouvernement
Rua do Aljube
Marché
Pension Astoria
Musée du Sucre
da Malta
Rua Latino Coelho
Rua dos Profetas
Cathédrale
Office du tourisme
Rua da Santa Maria
Information touristique
Rue Dom Carlos I
Arriaga
Rua das Murças
Alfândega
Rua da Praia
Parlement
Palacio San Lourenço
Avenida das Comunidades Madeirenses
vers Fort São Tiago
Madeira Balloon
Mémorial de la Guerre
Marina
N
O
E
S
0
300 m
Edifice religieux
Musée
Office du tourisme
Hôpital
Poste
Divers
Police
Station taxi
Hébergement

A noter : le bus 113 relie Funchal à Caniçal en passant par Santa Cruz, l'aéroport et Machico, à peu près toutes les heures (moins souvent le week-end), entre 7h30 et 22h30 (de 5h45 à 21h15 dans l'autre sens) ; le bus 156 gagne Machico et Maroços assez régulièrement, de 6h45 à 23h45 en semaine (de 5h45 à 19h dans l'autre sens), moins souvent le week-end. Les bus 53 et 78 passent aussi par l'aéroport, mais ils sont moins réguliers. Le prix (environ 4 €) est bien moins élevé qu'une course en taxi.

L'Office du tourisme vend un plan (en français également, compter 2 €), avec les horaires des différentes lignes, très pratique ; il est plus que recommandé de vous le procurer si vous choisissez ce moyen de transport. Sachez aussi que tous les parcours ne sont pas recensés : mais seulement ceux au départ ou en direction de Funchal. Il est parfois possible de prendre des correspondances, pour Ilha par exemple, près de Santana. On pourra aussi faire un tour sur la toile : www.horariosdofunchal.pt

Voici un petit listing des différentes destinations possibles depuis la capitale, pour débroussailler un peu : Pico dos Barcelos (4, très régulier) • Monte (20, 21 ou 48, très régulier) • le Jardin botanique (bus 29, 30 ou 31, pas de problèmes) • Palheiro Ferreiro (le bus 37) • Caniço (toutes les heures environ) • Camacha (toutes les heures voire toutes les demi-heures) • Santo da Serra (compter 5 ou 6 départs par jour) • Curral das Freiras (le 81, assez régulier) ou encore Faial (via Machico, Santa Cruz et Porto da Cruz, deux lignes au parcours légèrement différent, 6 départs par jour en semaine, 4 le samedi et 2 le dimanche) • Câmara de Lobos, Ponta do Sol, Boaventura (via São Vicente), Santana, Ilha (deux fois par jour pour cette dernière destination), São Jorge, Ribeira Brava, Cabo Girão, Estreito da Calheta, Jardim do Mar, Prazeres, Porto Moniz (départ à 9h via São Vicente, retour à 16h), Santa (via Paúl do Mar et la Ponta do Pargo) peuvent être ralliés, plus ou moins régulièrement.

Plusieurs terminaux sont éparpillés dans la ville, au moins trois, côte à côte à l'est de l'avenida do Mar, un rua Calouste Gulbenkian, en face du Parque de Santa Catarina, et un autre tout en haut : le terminal Rodoeste (le principal pour sortir de Funchal). Cinq compagnies se partagent le marché des transports sur Madère, et parfois leurs bus portent le même numéro... mais ils ne vont pas au même endroit !

« Je confirme l'utilité d'aller à l'Office du tourisme pour se procurer un plan de la ville et le petit fascicule sur lequel figurent les horaires des bus et les itinéraires desservis. Je témoigne qu'il est très facile de se déplacer dans Funchal et ses environs, jusqu'à Machico à l'est, Ribeira Brava à l'ouest. Il y a beaucoup d'arrêts et les bus sont très fréquents. » Yves Broyer, La Seyne-sur-Mer.

Location de voitures

La concurrence est rude, et les offres un peu confuses. Vous n'aurez que l'embarras du choix. Les agences locales proposent 5 ou 6 catégories de véhicules en kilométrage illimité (de toute façon, vous ne pourrez pas aller bien loin !). Les tarifs sont dégressifs selon la durée de location. La plupart des agences exigent que vous ayez 23 ans (certaines 21 ans seulement), mais dans tous les cas vous devez justifier au moins d'une année de permis.

Pour la catégorie la moins chère, souvent appelée Groupe A (attention, les véhicules varient d'une compagnie à l'autre dans une même catégorie), les prix tournent autour de 20 € à 25 € environ par jour pour une location de 1 ou 2 jours, et entre 15 € et 20 € pour une location d'une semaine (parfois à partir de trois jours de location), à quoi il faut ajouter 13 % de TVA (IVA), l'assurance en cas de collision (CDW), autour de 10 € à 20 € par jour en fonction de la catégorie du véhicule, et éventuellement une assurance privée (PAI). Certaines compagnies proposent des forfaits tout compris (vérifiez bien dans les tarifs !). Comptez ainsi à partir de 28 € tout compris par jour pour une location d'une semaine.

Les franchises sont élevées : à partir de 150 € pour une catégorie A. En général, comptez entre 7 € et 20 € pour saisir votre voiture à l'aéroport. Il est toujours possible de louer en supplément un siège pour bébé. Enfin, réfléchissez à deux fois avant de louer une décapotable : les cols sont souvent humides...

Important : il est plus que difficile de se garer dans le centre (compter entre 1 € et 1,50 € l'heure de stationnement environ). Attention à l'étroitesse des rues ! Nous vous conseillons de garer votre véhicule vers le Lido, dans les petites rues au nord de l'Estrada Monumental, ou alors près du complexe balnéaire (s'il y a de la place !), et de vous rendre à pied au centre. A bon entendeur...

STRAWBERRY WORLD. Estrada Monumental, centro comercial Monumental Lido © 291 762 429 – www.strawberry-world.com – info@strawberry-world.com – Ambitieux projet qui

Bateau de croisière au large de Funchal

propose un guide touristique multilingue sur le Net, ainsi qu'un système de réservation pour hôtels, vols, locations de voiture et d'autres services touristiques comme les randonnées ou excursions en bus. Le guide est spécialement bien fait, et remis à jour régulièrement sur le site Internet : www.madeira-web.com – Bon accueil et service sérieux, autant pour les tours proposés que pour les locations de voiture.

■ **RODAVANTE. Rua Nova da Quinta Deão, 19 ✆ 291 742 448 – Fax : 291 741 998 – www.madeira-car-rent.com – info@madeira-car-rent.com – Bureau d'accueil à l'aéroport ✆ 291 524 718.** Bons prix et bon service.

■ **AUTO ESCAPE ✆ 0800 920 940 (appel gratuit en France) – 33 (0) 4 90 09 28 28 – www.autoescape.com –** Une formule nouvelle et économique pour la location de voitures. Un broker qui propose les meilleurs tarifs parmi les grandes compagnies de location. Cette compagnie qui loue de gros volumes de voitures obtient des remises substantielles qu'elle transfert à ses clients directs. Payez le prix des grossistes pour le meilleur service. Pas de frais de dossier, pas de frais d'annulation.

■ **BUDGET. Estrada Monumental, 239 ✆ 291 766 518 – Fax : 291 765 619 – budgetmadeira@netmadeira.com –** Tarifs tout compris. Comptez 31 € par jour pour 1 ou 2 jours de location ou 28 € à partir de 3 jours (catégorie A, Nissan Micra, Huyndai Atos), ou respectivement 38 € et 35 € pour une catégorie B (Clio).

■ **2000 RENT A CAR. Rua Velha da Ajuda, 3 ✆ 291 761 805 – Fax : 291 763 022.** Derrière le centre commercial du Lido. Compter 20,50 € par jour pour 1 ou 2 jours, 17,50 € pour 3 à 5 jours, 15 € pour plus de 6 jours (catégorie A, Clio, trois portes mais cinq places, beaucoup plus cher avec cinq portes). Tout compris, cela revient respectivement à 33 €, 30 € et 27 € par jour de location.

■ **MAGOS CAR. Apartado 46, à Caniço ✆ 291 934 818 – Fax : 291 934 819 – www.magoscar.com/france – info@magoscar.com –** Seat Arosa à 29 € pour trois à six jours, 175 € pour une semaine. Seat Ibiza à 42 € ou 231 €. Avec toit ouvrant à 46 € ou 255 €. Mercedes A 140 à 66 € ou 406 €. A noter : livraison et réception gratuite pour tous les hôtels de Funchal, Machico, Santa Cruz, Canico et Garajau. Pour l'aéroport, compter 12 €.

Se déplacer

Location de deux-roues

■ **TERRAS AVENTURA. Caminho do Amparo, 25 ✆ 291 776 818 – www.terrasdeaventura.com – terrasdeaventura@mail.telepac.pt –** Compter, par jour : 24,50 € (1 à 3 jours de location), 20,50 € (4 à 6 jours), 19,50 € (plus de 7 jours), pour un scooter 50 cm^3. Honda 250 cm^3 à 33 €, 28 € et 26 €. Honda SLR 650 (deux places) à 38 €, 32,50 € et 30,50 €. Ou BMW GS 650 (deux places) à 48 €, 43,50 € et 41 € respectivement. Assurances, taxes et kilométrage illimité inclus. On peut aussi louer des V. T. T., des jeeps, et même des kayaks, des windsurfs, etc.

■ **MAGOS BIKE. Apartado 46, à Caniço ✆ 291 934 818 – Fax : 291 934 819 – www.magoscar.com/france – info@magoscar.com** – Loue, entre autres modèles, des motos BMW F 650 à 49 €/jour pour trois à six jours, 306 € la semaine ; aussi modèles intermédiaires jusqu'à des BMW R 1 200 GS à 88 €/jour pour trois à six jours, 549 € par semaine. Choix intermédiaires possibles. Assurance, taxes et kilométrage illimité inclus. Loue aussi des voitures.

Taxis

Jaunes avec une bande bleue, il y en a partout. Compter 20 € entre l'aéroport et Funchal. Supplément de 20 % les samedis et dimanches.

En ville, la prise en charge est de 1,70 €, sauf les samedis, dimanches, jours fériés, et la nuit de 22h à 7h (prise en charge de 2 €). Un supplément maximum de 50 % peut être exigé pour des bagages qui pèsent plus de 30 kg. A noter qu'en dehors de Funchal, les taxis ne disposent pas de taximètre : compter alors 0,51 € du km.

■ **TAXI SERVICE ✆ 918 736 563 – anadacerca@netmadeira.com** – A l'angle du parc municipal, sur l'avenue principale, des taxis proposent leurs services pour 13 € la demi-journée ou 23 € la journée complète. Ces prix s'entendent par personne, sur la base de 4 personnes minimum. Si vous préférez vous laisser conduire plutôt que de louer une voiture, c'est une bonne option. Encore mieux si vous marchez (le taxi vous déposera au point de départ et viendra vous chercher au point d'arrivée, si la randonnée n'effectue pas une boucle). Ne comptez pas faire le tour de l'île en une journée, même si on vous le propose.

Téléphérique de Madère

■ **POUR TOUT RENSEIGNEMENT : Caminho das Babosas, 8 ✆ 291 780 280 – Fax : 291 780 281 – www.madeiracablecar.com – info@madeiracablecar.com** – *Fonctionne de 10h à 18h, entre Funchal et Monte, tous les jours, sauf le 25 décembre.* Ce sont 39 cabines de 7 personnes, pouvant accueillir 800 passagers à l'heure. Compter 9,50 € l'aller simple et 14,50 € l'aller-retour. Réductions pour les enfants de 4 à 14 ans (4,75 € et 7,25 € respectivement). Gratuit pour les moins de 3 ans. Un voyage dure 15 minutes environ. Pratique et populaire pour visiter l'église de Monte ou le parc tropical Monte Palace.

▶ **Un nouveau service a été inauguré en septembre 2005 entre Monte (Babosas) et le Jardin botanique.** Il s'agit d'un voyage de 1 600 m (9 minutes) offrant de superbes panoramas sur la baie. *Ouvert de 9h30 à 17h30.* Prix : 12 € ou 7,50 € pour un seul trajet par adulte, 6 € pour les moins de 14 ans. Théoriquement, d'après l'Office du tourisme, un « pass » devrait être valable pour prendre le téléphérique et visiter le jardin botanique à partir de début 2006. Ce devrait donc être fait quand vous aurez ce guide entre les mains.

ORIENTATION

De l'aéroport, en taxi ou en car, pas de problème. En voiture, suivez les panneaux. Pour gagner le Lido et la zone ouest, prendre la dernière sortie (la seule dont la voie de sortie ne se situe pas à droite, mais à gauche !). Dans le centre, quelques points de repère :

▶ **L'Océan est au sud,** l'est est à gauche quand on le regarde, l'ouest à droite.

▶ **L'avenida do Mar,** appelée aussi avenida das Comunidades Madeirenses, longe le front de mer

Suggestion : une journée bien remplie autour de Funchal

Prendre le téléphérique, le matin, jusqu'à Monte. Visite de l'église, puis du jardin tropical Monte Palace. Longer ensuite la levada dos Tornos qui passe par l'hôtel Choupana Hills, jusqu'à ce dernier (pique-niquer en route, ou déjeuner au restaurant de l'hôtel, l'une des meilleures tables de l'île… mais seulement si vous n'êtes pas tout crasseux !) ; bifurquer ensuite sur la route asphaltée et descendre jusqu'au jardin botanique, à visiter. Ou alors prendre directement le second téléphérique de Monte au jardin botanique.

Marcher ensuite jusqu'au centre de Funchal ou prendre un bus.

jusqu'à la marina (port de plaisance), à l'ouest. A son départ (à l'est, donc), se trouve le terminus des autobus de Funchal et de certains autocars.

- **La « Praça do Municipio »** correspond à la place centrale.

PRATIQUE

- **OFFICE DE TOURISME DE FUNCHAL. Avenida Arriaga, 18 ✆ 291 211 900 – Fax : 291 232 151 – www.madeiratourism.org – info@madeiratourism.org –** Toutes sortes d'informations touristiques. Accueil en français également. Il existe aussi un bureau à l'aéroport ✆ 291 524 933.

- **CHAMBRE MUNICIPALE DE FUNCHAL. Largo de Município** ✆ 291 211 000 – Fax : 291 226 343 – cmf@cm-funchal.pt – www.cm-funchal.pt

- **PHARMACIE (Service permanent). Deão.** Rua Nova da Quinta Deão, 15 ✆ 291 742 512.

- **CONSULAT DE FRANCE. Av. do Infante, 58** ✆ 291 225 514.

- **CONSULAT DE BELGIQUE. Praça do Municipio, 8-1 dto** ✆ 291 221 833.

- **BANQUES.** *Ouvertes de 8h30 à 15h.* Nombreux distributeurs automatiques (langue française disponible pratiquement partout). Cartes de paiement : Visa (sauf petites pensions ou petits restaurants), MasterCard, Diners, Amex, etc.

Internet

Trois options :

- **RUA JOÃO TAVIRA.** *Connexion rapide pour 2 € l'heure de connexion. Ouvert du lundi au samedi de 11h à 22h et le dimanche de 16h à 22h.* On ne peut mieux situé, dans le centre commercial de la rue piétonne, au rez-de-chaussée.

- **GLOBAL NET CAFÉ. Rua do Hospital Velho, 25.** *Compter 2,50 € l'heure de connexion. Ouvert du lundi au vendredi de 9h à 19h, le samedi de 9h à 13h, fermé le dimanche.*

- **LIDO NET. Dans le centre commercial Monumental Lido (office 14).** *Ouvert de 10h à 21h tous les jours (mais on l'a vu fermé à l'occasion…), pour 3 € l'heure de connexion.*

Bibliothèques

- **BIBLIOTECA MUNCIPAL. Rua da Mouraria. Palácio São Pedro.** *Du lundi au vendredi, de 10h à 20h.*

- **BIBLIOTECA MUNCIPAL CALOUSTE GULBENKIAN. Au théâtre municipal.** *Du lundi au vendredi de 9h à 20h, le samedi de 9h à 15h.*

- **CASA DA EUROPA. Rua Latino Coelho, 57-3.** *Du lundi au jeudi de 9h à 12h30 et de 14h à 17h30.* Spécialisée dans les affaires européennes.

- **BIBLIOTECA DE CULTURAS ESTRANGEIRAS. Quinta Magnólia, Rua Dr Pita, 15.** *Du lundi au vendredi de 9h à 17h30, et le samedi de 10h à 13h.*

Visitez Futé avec la « Madeira Card » !

Cette carte spéciale offre des avantages à ses utilisateurs : réductions pour les musées, les jardins, les événements culturels ou les loisirs ; accès aux transports publics ; réductions pour les restaurants, les magasins, les locations de voiture, etc. Elle est valide pour 1, 3 ou 7 jours, et coûte de 7 € à 24 € environ.

Ce prix inclut deux cartes guidées (l'une, culturelle, et l'autre commerciale) ainsi qu'un CD-Rom de 7 minutes évoquant les splendeurs de Madère tout en fournissant certaines informations pratiques.

Cinémas

Les films sont systématiquement en V. O., sous-titrés en portugais.

■ **CINÉ SANTA MARIA. Rua D. Carlos I.** Cinéma d'exclusivité de Funchal, le seul à passer des films récents.

■ **CINÉ JARDIM.** Rua do Carmo, 29.

■ **CINÉ CASINO (à côté du casino !). Av. do Infante.** Pendant l'été et les fêtes de Noël.

HÉBERGEMENT

Toutes les bourses trouveront à se loger dans la capitale (mêmes les plus démunies). Ce n'est pas le choix qui manque, au contraire ! Cependant, les bonnes petites adresses ne sont pas si nombreuses ; les plus intéressantes sont décrites ci-dessous. La catégorie « confort ou charme » recouvre un nombre d'établissements incroyable : la plupart des tours en béton pourraient y figurer, mais au pays des fleurs nous avons choisi de les ignorer ; certaines adresses se démarquent néanmoins. Enfin, côté luxe, le bonheur est dans le jardin : le cadre est souvent superbe, et les adresses d'un grand confort ; en général (et plus précisément pour les établissements mentionnés), le service y est de qualité.

Bien et pas cher

■ **CENTRO DE JUVENTUDE DA QUINTA DA RIBEIRA. Avenida Calouste Gulbenkian, Calçada da Cabouqueira, 5 ✆ 291 741 540 – 291 741 381 – Fax : 291 742 868 – reservas@ijm.pt** – *Compter 11 ou 12 € avec sanitaires communs ou de 12 à 16 € avec W.-C. privés, par personne, en chambre multiple. Voire 15 € par personne en chambre individuelle, ou entre 13 et 18 € en haute saison, avec W.-C. privés. Enfin, entre 17 et 21 € par personne avec sanitaires privés complets. Les adultes de plus de 25 ans doivent s'acquitter d'une taxe de 3 € par personne, et une réservation de 1,50 € se montre requise dans tous les cas.* Le cadre est joli : une maison traditionnelle du XIXe siècle réhabilitée, entourée d'un jardin rafraîchissant. A quelques minutes à peine du centre. Elle dispose de cinq chambres doubles avec W.-C. (dont l'une avec douche également), d'une chambre multiple avec W.-C., de dix-sept dortoirs avec sanitaires communs, et d'une chambre individuelle avec W.-C. Parking, téléphone public, accès Internet. Précisons encore que dans les dortoirs sans sanitaires, il n'y a pas de draps ni de serviettes de toilettes. Une réservation anticipée de 10 jours est demandée en basse saison, et pas moins d'un mois en saison haute. Pensez-y !

■ **PENSÃO ASTORIA. Rua João Gago, 10, 4e étage ✆ 291 223 820 – Fax : 291 227 229 – info@pensaoastoria.com – www.pensaoastoria.com** – *Prix : 15 € la simple, 22,50 € la double et 27,50 € la triple avec sanitaires communs ; 20 €, 25 € et 30 € avec sanitaires privés. Petit-déjeuner inclus.* Bien parce que pas cher ! Dans le centre-ville, idéal (sauf pour se garer). La salle de petit-déjeuner livre une vue intéressante sur le clocher de la cathédrale. Ne vous attendez bien sûr pas au grand luxe, mais l'ensemble est satisfaisant (propre, et pas si exigu). L'entrée s'effectue dans un immeuble (une plaque en indique l'emplacement).

■ **RESIDENCIAL ZARCO. Rua da Alfândega, 113 ✆ 291 223 716 – Fax : 291 223 716 – residencialzarco@portugalmail.pt – www.residencialzarco.com** – *Chambre simple entre 21 et 31,50 € selon la saison, double entre 26 et 39,50 €, troisième lit entre 9 et 14 €. Petit-déjeuner inclus. Egalement appartements entre 23,5 et 43 € pour un ou deux, troisième lit à 10 ou 15 €.* Moyennement calme (un peu de passage la nuit…). Prix raisonnables.

■ **RESIDENCIAL FLAMENGA. Rua dos Aranhas, 45 ✆ 291 229 041 – Fax : 291 223 434.** *Compter 22,50 € la simple, 37,50 € la double et 45 € la triple. Pas de petit-déjeuner.* Attention,

cette adresse travaille surtout avec des étudiants, et il n'est pas toujours sûr que vous trouviez de la place (ni même que l'on vous accepte !). Les chambres sont convenables, la terrasse est agréable sur le toit.

■ **RESIDENCIAL COLOMBO. Rua da Carreira, 182 © 291 225 231 – Fax : 291 222 170 – www.residencias-colombo.pt – rescolombo@mail.telepac.pt –** *Prix : 34 € la simple, 44 € la double et 54 € la triple. Petit-déjeuner inclus.* A deux pas de l'adresse précédente, et sensiblement équivalent. Les chambres sur l'arrière disposent d'une petite véranda bien fraîche en été. Les chambres donnant sur la rue n'ont pas toujours un balcon et peuvent être un peu bruyantes. Murs repeints et salles de bains rénovées (mais toujours un peu étroites). L'annexe, à deux pas, a un peu moins de caractère, mais est plus lumineuse. Bon accueil… en français qui plus est.

■ **RESIDENCIAL MONTE ROSA. Rua Tavira, 31 © 291 229 091 – Fax : 291 223 563.** *Compter 32 € la simple, 44 € la double et 55 € la triple. Petit-déjeuner inclus.* Pension en plein centre, dans une rue piétonne. Les chambres sont grandes et le toit jouit d'une belle terrasse. On y parle français.

■ **VILA MARTA © 291 768 200 – www.vila-marta.com – vilamarta@mail.telepac.pt –** *A 4 km du centre de Funchal (plus pratique pour se garer !).* Huit studios avec kitchenette et vue sur la baie, plus une suite avec véranda et vue sur mer. TV câblée, téléphone direct, sèche-cheveux, coffre individuel, matelas orthopédiques.

@ *« Nous avons résidé durant notre séjour à l'hôtel Vila Marta à Funchal, nous y avons été accueillis comme des amis. Joël, le directeur, est aux petits soins pour vous. Son établissement est composé de 8 studios, très confortables et très propres au prix de 50 € la nuit, sans petit-déjeuner mais avec le pain frais tous les matins… » Famille Ellouet.*

■ **PENSÃO VILA TERESINHA. Rua das Cruzes, 21 © 291 741 723 – Fax : 291 744 515 – www.pensaoresvilateresinha.com – vilateresinha@mail.telepac.pt –** *A partir de 30 € environ la chambre double sur l'arrière, entre 40 € et 50 € avec vue sur la mer, et de 45 € à 55 € avec vue et (en fonction de la durée du séjour). Chambre simple sur l'arrière à 25 €. Petit-déjeuner inclus dans tous les cas. 20 % d'augmentation à Pâques et à Noël.* Adresse lumineuse et jouissant d'un certain caractère. Les chambres disposent de tout le confort que l'on peut attendre (parquet ou moquette à l'étage). Les salles de bains, plutôt spacieuses, sont très correctes. Enfin, la terrasse, ensoleillée et délicieuse, donne sur la marina : petit-déjeuner radieux en perspective ! A deux pas de la Quinta dos Cruzes et de l'agitation du centre. Dernier atout : on peut se garer devant (payant en journée).

■ **APART-HOTEL IMPERATRIZ. Rua Imperatriz D. Amélia, 72 © 291 233 456/459 – Fax : 291 229 558 – www.hotel-imperatriz.pt – imperatriz@netmadeira.com –** *45 € pour un et 55 € pour 2 personnes ; pour un séjour d'une semaine ou plus, compter respectivement 45 € et 50 € par nuit. Pas de petit-déjeuner, mais les chambres sont équipées d'une cuisine.* Bien situé, à quelques minutes à pied du centre et dans un coin animé la nuit. Chambres confortables et assez spacieuses. Piscine sur une terrasse au-dessus, avec une jolie vue néanmoins gâchée par de nouvelles constructions vers l'arrière.

Confort ou charme

■ **HÔTEL MADEIRA. Rua Ivens, 21 © 291 230 071 – Fax : 291 229 071 – www.hotelmadeira.com – info@hotelmadeira.com –** *57 € la simple, 66 € la double et 75 € la suite junior, petit-déjeuner inclus.* Idéalement situé, à l'angle du jardin municipal, calme et quasiment au centre. L'ambiance y est agréable, le personnel aimable et discrètement présent. Le français est bien compris. On peut se connecter gratuitement à Internet. Depuis la terrasse (piscine), on domine tout le centre-ville. Une bonne base. Très bon rapport qualité/prix.

■ **RESIDENCIAL DA MARIAZINHA. Rua de Santa Maria, 155 © 291 220 239 – Fax : 291 241 731 – www.residencialmariazinha.com – residencialmariazinha@netmadeira.com** – *En août, compter 55 € pour 1 personne, 75 € pour 2 personnes, et 100 € la suite ; en mi-saison (mai, juin, juillet, septembre et octobre), 45 € la simple, 60 € la double et 80 € la suite. Petit-déjeuner inclus.* Située dans la vieille zone de la ville. Chambres spacieuses et sobres. Une adresse un peu plus romantique dans l'une des rues les plus attachantes du vieux Funchal.

■ **DORISOL HOTELS : ESTRELÍCIA ET MIMOSA. Rua da Casa Branca © 291 706 670 – Fax : 291 706 680 – www.dorisol.pt – info@dorisol.pt** – *Dans les deux établissements, compter entre 63 et 80 € pour une simple, entre 78 et 100 € pour une double, entre 105 et 135 € la triple. Petits-déjeuners inclus. Ces tarifs, que ne justifient pas forcément les chambres, s'expliquent par les nombreux services et facilités proposés.* Si vous recherchez un confort et un environnement standard, ces deux adresses remplissent parfaitement leur rôle. Situées à deux pas du Lido, elles proposent des chambres confortables et fonctionnelles (kitchenette bienvenue au Mimosa) ; préférez celles avec terrasse et vue sur la mer. Salles de bains un peu étroites mais bien tenues. Piscines (intérieure et extérieure), animations nocturnes, salle de gym et de relaxation, sauna, tennis, petit supermarché…

■ **QUINTA DA PENHA DE FRANÇA. Rua Imperatriz Dona Amélia, 85 © 291 204 650 – Fax : 291 229 261 – www.hotelquintapenhafranca.com – info@hotelquintapenhafranca.com** – *En été, à partir de 53 € pour une chambre double avec vue sur le jardin, et entre 82 € et 110 € la double selon la vue (jardin ou mer) et les facilités (baignoire, terrasse, kitchenette…). En hiver : compter à partir de 57 € la double, et entre 93 et 119 € selon la vue.* Une oasis végétale dans un désert de béton. Très bien situé, à dix minutes à pied du centre, l'ensemble est délicieusement lové au milieu des arbres et des fleurs, dans un cadre humain, gracieux et reposant. La réception, discrètement bourgeoise, augure bien des lieux. Les chambres, plutôt spacieuses, confortables, et de caractère, fleurent bon l'ancien temps (mobilier précieux). Celles qui jouissent d'une petite terrasse privative sont un vrai régal. Piscine chauffée au milieu des palmiers. Parking bienvenu. Enfin, une passerelle permet un accès direct à la mer : on gagne alors la Penha França Mar, une seconde adresse moins attrayante, même si la structure n'atteint pas la démesure de ses nombreux voisins (toutes les

Jardin de l'Hôtel Quinta Splendida, Protée

chambres, impeccables, modernes et fonctionnelles, ont vue sur la mer ; comptez 117 € ou 123 € la chambre double ; deux piscines, dont l'une pour les enfants). Martine Ribeiro, la directrice, est française. Une adresse de charme, presque luxueuse.

■ **QUINTA JARDINS DO LAGO. Rua Dr João Lemos Gomes 29 ✆ 291 750 100 – Fax : 291 750 150 – info@jardins-lago.pt – www.jardins-lago.pt** – *Entre 90 et 137 € la double standard, entre 98 et 165 € la double supérieure, entre 136 et 236 € la suite, et entre 181 et 325 € la suite présidentielle.* Beauté du patrimoine historique, harmonie des formes et des couleurs, accompagnent dans un style élégant un confort irréprochable. Construite au XVIIIe siècle par une famille madérienne, la Quinta da Achada appartint ensuite à des familles françaises et anglaises. Le général Beresford y élut domicile pendant les guerres napoléoniennes. Aujourd'hui, on y a construit 31 chambres doubles, 5 suites et 4 juniors, qui donnent toutes sur le sud ensoleillé. Les plus de 25 000 m² de jardins, qui abritent certaines espèces remarquables (certaines ont été plantées au XVIIIe siècle), sauront enchanter les plus désabusés, tout comme le petit lac et sa tortue géante de 47 ans d'âge. Mentionnons encore la piscine, qui s'inscrit dans un écrin d'essences tropicales, une salle de jeux, un sauna, un gymnase, un bain turc, un terrain de tennis, qui complètent une infrastructure aussi charmante que complète. Le restaurant s'avère stylé et plutôt bourgeois. Une adresse qui tient ses promesses.

■ **QUINTA PERESTRELLO. Rua do Dr Pinta, 3 ✆ 291 706 700 – Fax : 291 706 706 – www.charminghotelsmadeira.com – quintaperestrelo@charminghotelsmadeira.com** – *En été, 117 € la double simple, 132 € avec terrasse ; respectivement 105 € et 119 € pour 1 personne. Beaucoup plus cher pendant les fêtes de fin d'année (compter entre 180 et 195 € la double). Petit-déjeuner et taxes inclus.* Un total de 37 chambres, dont les salles de bains ont été rénovées il y a peu. Presque en face du Reid's, et dans le même esprit, mais beaucoup plus petit, c'est une ancienne maison bourgeoise entourée de jardins. Calme et luxe néocolonial. Très attachant.

Luxe

■ **CHOUPANA HILLS. Travessa do Largo da Choupana ✆ 291 206 020 – Fax : 291 206 021 – www.choupanahills.com – reservations@choupanahills.com** – *En saison, 284 € la double avec vue sur les montagnes, 329 € avec vue sur la mer, 621 € la suite et 549 € la double familiale pour quatre. Moins cher hors saison, mais plus cher à Pâques et à Noël. Petit-déjeuner inclus. Un total de 60 doubles et 4 suites (incluant jacuzzi, hi-fi, DVD, etc.). On parle français (Philippe Moreau, le directeur, vient de l'Hexagone).* Luxe, calme… et une certaine volupté : panorama sensationnel sur la baie de Funchal, depuis la délicieuse piscine ou la terrasse du restaurant. Le soir, si le temps le permet, l'endroit est tout simplement magique. L'architecture de l'hôtel est l'œuvre de Michel de Camaret et de Didier Lefort, à qui l'on doit le Méridien à Bora-Bora ou le Datai en Malaisie. Originale, et plutôt réussie ! Les chambres (petits bungalows) sont d'un grand confort, et le personnel est aux petits soins, dans une ambiance décontractée (plaisante découverte). Le restaurant, ouvert le midi et le soir, est l'une des meilleures tables de l'île (chef français, voir plus bas). Enfin, la fameuse « Levada dos Tornos » passe à l'intérieur de l'hôtel : on peut ainsi rejoindre Monte, descendre à Funchal ou en revenir par le téléphérique, ou encore partir à pied autour de l'île, pourquoi pas ?

■ **QUINTA DA CASA BRANCA. Rua da Casa Branca, 5-7 © 291 700 770/777 – Fax : 291 765 070 – www.quintacasabranca.pt – estalagem@quintacasabranca.pt** – *Entre 165 € la double, 130 € la simple, 240 € la chambre de luxe et 320 € la suite royale (sauf à Noël, plus cher). 29 chambres avec terrasse privée donnant accès au jardin, 12 chambres de luxe et deux suites « royales ».* Cet établissement au goût très remarquable surprend par sa tranquillité et son charme discret. Chambres lumineuses et impeccables. Centre de santé, piscine, salle de relaxation, etc. Laissez-vous flâner dans le jardin, et n'hésitez pas à essayer les deux restaurants, très convenables. Un lieu de séjour séduisant et raffiné.

■ **REID'S PALACE. Estrada Monumental, 139 © 291 717 171 – Fax : 291 717 177 – www.reidspalace.com – reservations@reidspalace.com** – *Compter entre 395 et 550 € la double supérieure selon la saison, entre 495 et 630 € la double Premier. Quant aux suites, il vous en coûtera entre 720 et 1 150 € ou alors 3 060 € pour la suite présidentielle (deux chambres). Demi-pension à 56 €, pension complète à 76 €.* Fondé au siècle dernier par un Anglais tombé amoureux de Madère, le Reid (dire « le Reid's » pour faire croire que vous y descendez souvent) a gardé une taille humaine. Avec son jardin magnifique et sa décoration très british, il ne ressemble en rien aux standards du luxe international reproductibles à l'infini. On peut simplement profiter du site en prenant un goûter sur la terrasse embaumée de magnolias à 17h pour un prix assez élevé (*23 €*), mais les papilles gustatives s'en souviennent. Choix de douze variétés de thé environ, nombreuses petites douceurs (fromage, avocat, camarons, saumon, gâteaux…). A condition de revêtir veste et cravate ! On regardera avec curiosité les photos des têtes fameuses qui sont passées par là, Winston Churchill, des acteurs, des princes et… pas mal de dictateurs, dont Salazar et le cubain Baptista.

RESTAURANTS

Petits restos perdus, auberges « typiques » ou buffets des grands hôtels, vous aurez du mal à mourir de faim à Funchal. Le seul problème est celui, classique, des villes touristiques. Un assaut de couleur locale forcenée pas toujours du meilleur goût dans la décoration, et des établissements qui comptent plus sur leur emplacement stratégique que sur la qualité de leur cuisine pour assurer leur succès. Le quartier de la vieille ville, à l'est du centre (rua D. Carlos et Largo do Corpo Santo), réunit de nombreux restaurants, dont les prix varient drôlement. Les plus chers ne sont pas toujours les meilleurs, et l'importance de la fréquentation touristique ne signifie pas que la cuisine y est plus succulente.

Pour grignoter

Les snacks, les cafés, les petits bistrots sont là en quantité pour la pause casse-croûte. On peut y prendre un repas léger mais complet pour moins de 4 €, avaler un sandwich et une boisson pour 2 € à peine.

■ **CAFE DO MUSEO.** Sur la place principale (praça do Municipio), quelques tables abritées, légèrement en contrebas. Un bon petit endroit pour se reposer, boire un verre, grignoter ou même avaler un plat plus consistant (lasagnes…) à des prix très honnêtes.

■ **BÁTIDOS SANTA CATARINA. Av. Infante, 22 © 291 234 889.** *En sortant du jardin Santa Catarina, traversez l'avenue. Ouvert 24h/24.* L'endroit n'est pas folichon, il est même bêtement fonctionnel. Quant au bruit de la circulation… Mais les sandwichs et les jus naturels sont délicieux, et la salade de fruits, à 3 € environ pourrait faire un repas à elle seule. Pour un pique-nique, vous achèterez sur place des fruits ou du « presunto » (jambon fumé).

Bien et pas cher

Dans la vieille ville

■ **MARISA. Rua de Santa Maria, 162 © 291 226 189.** *Compter entre 15 € et 20 € pour un délicieux poisson de belle taille avec un bon vin.* Du prénom de la fille de cet ancien chef de grands restaurants qui a préféré créer cette sympathique entreprise familiale : mère, fille et fils sont, tour à tour, à l'accueil, aux fourneaux, au service.

■ **LE JARDIN. Rúa Campo D. Carlos I © 291 225 023.** Cuisine très honorable : camarão com caril, espada martini, bife de pimenta… Bonne soupe de tomate aux oignons. Sinon, on peut aussi manger une espetada (brochette), un choix toujours bienvenu.

Eglise dans les environs de Funchal

Plage de Porto Santo

Broderie typique de Madère

Paysage des environs de Funchal

Caniçal, panorama côtier

Paysage de Madère

■ **ADEGA REGIONAL DO VELHINHO. Rua D. Carlos I, 32 © 291 224 899.** *Environ 10 €.* Cette petite adresse aurait pâti de notre enthousiasme à son égard, selon certains clients. Bon petit coin authentique dans le passé, il ne serait plus tout à fait à la hauteur côté cuisine, et le service peut être lent. Les petits budgets pourront s'en faire une idée : le plat du jour ne coûte que 4,50 €. Il semble en fait que la qualité des plats dépende de l'humeur du patron. Si vous tombez sur un bon jour… pourquoi pas?

■ **TOURIGALO. Caminho do Achada, 7.** Au-dessus de la Quinta das Cruzes, il faut monter pas mal mais l'adresse en vaut la peine, plus pour sa cuisine que pour son ambiance, anonyme. On y sert de vraies grillades. Délicieux brochettes à la madérienne, et les meilleurs « pregos » (sandwichs chauds à la viande) de Funchal.

■ **O TAPASSOL. Rua D. Carlos I, 62 © 291 225 023.** *Compter entre 10 € et 15 €.* Carte classique, et on y mange bien jusqu'à 4 heures du matin, ce qui est éventuellement pratique. Préférez la terrasse à l'étage. La décoration blanche est reposante.

EMBAIXADOR MADEIRENSE. Rua dos Barreiros et rua Santa Maria © 291 224 655. *Compter autour de 10 € par personne. « Cadre typique et très soigné avec ambiance musicale. Le patron parle français, le cadre est tout simple mais très accueillant, le poisson est bon, les plats typiques et très bien servis. » N. Mogé. Paris.*

■ ***PORTAÕ. Rua do Porto de São Tiago © 291 221 125.*** *Peu après la chapelle Corpo Santo. Fermé le dimanche soir et le lundi. Une très bonne adresse à prix doux : compter entre 10 € et 15 € tout compris.* Le steak de thon est bien sûr à l'honneur, mais ce n'est pas la seule option. Service très agréable et soigné. On vous offre un digestif maison (parfois même un apéritif). Une heureuse découverte.

« Accueil sympathique et souriant (l'un des garçons, à moins que ce soit le patron, parle un français impeccable, appris en Auvergne), terrasse agréable et calme, bon choix de viandes et de poissons, digestif offert par la maison! » M. et Mme Desbordes, Strasbourg. « Nous confirmons l'accueil très chaleureux en français. » Michel Heugas, Arcangues.

TARTARUGA. Largo do Corpo Santo 1-6 © 291 232 967. *Restaurant familial de bonne facture. « Situé après la zone de restos touristiques au bout de la rue, Tartaruga offre pour 10 € un vrai régal : une entrée, un plat principal copieux, crudités et dessert, et même un verre de Madère. Tenu par une famille mi-portugaise, mi-écossaise. » L. Escaravage. Neuilly.*

Dans le centre

■ **LONDRES. Rua da Carreira, 64 © 291 235 329.** Ne paye pas de mine à l'extérieur, et ressemble à une petite cantine, mais la cuisine, très plaisante, dément ces a priori! Toujours plein, ce qui est bon signe! les prix sont raisonnables (*entre 10 € et 15 € par personne, tout compris*), les plats copieux et le rapport qualité/prix s'avèrent intéressants. Les locaux le prisent, nous aussi. Menu en français. Service aimable et diligent.

■ **JARDIM DA CARREIRA. Rua da Carreira, 118 © 291 222 498.** *Plusieurs menus à 7 €. Carte plutôt bon marché.* Le petit jardin à l'intérieur est bien agréable, comme une petite oasis de fraîcheur dans l'agitation urbaine. On y mange plutôt bien, une heureuse surprise pour un tel prix.

■ **RIVIERA. Rua da Carreira, 54 © 291 231 306.** Pas loin du précédent, ne dispose pas de jardin, mais les menus y sont plus copieux et plus variés (*compter entre 10 et 12 €*). Service sympathique.

PIZZERIA ITALIANA XARAMBA. Rua Carreira, 67 © 291 229 101. **Autre adresse dans le quartier est de la vieille ville, près du Portaõ.** *On y parle français. Compter 15 € pour un repas avec boisson.*

« Les pizzas, très variées, sont excellentes. On y trouve aussi poissons et viandes. Le poncha est à goûter. » Yves Broyer, La Seyne-sur-mer.

Nouveaux quartiers ou dans les environs

■ **IL BASILICO. Promenade du Lido, au rez-de-chaussée du récent hôtel Porto Mare.** Décor dépouillé, décoration contemporaine. Etape convenable à l'heure du déjeuner, pour des plats aux influences italiennes (pâtes, pizzas…) et à des prix raisonnables.

■ **FORA D'AGUA. Promenade du Lido, au rez-de-chaussée de l'hôtel Tivoli Ocean Park**

© 291 766 992. *Ouvert midi et soir. Fermé le dimanche.* Décoration minimaliste, contemporaine. Baies vitrées. Petite esplanade flanquée de quelques tables. A essayer : carpaccio de vaca, lasagnes de saumon frais et ses épinards sautés, ou encore peito de pato.

■ **MONTANHA. 321 rua Conde Carvalhal, S. Gonçalo © 291 793 182.** Petit établissement qui surplombe la baie de Funchal. Idéal pour siroter un bon vin de Madère en contemplant le coucher du soleil. Plats simples et bien préparés, spécialités de viandes. Spectacle folklorique, tous les soirs.

Bonnes tables

■ **O CELEIRO. Rua dos Aranhas, 22 © 291 230 622.** *Ouvert de 12h à 23h. Environ 15 € pour un très bon repas.* Un régal à tout point de vue : une petite salle d'une dizaine de tables au joli décor rustique. Accueil et service irréprochables (on y parle le français). Spécialités de Madère et excellents poissons. Terrasse à l'extérieur en été. Tous les voyageurs s'accordent à vanter cet établissement.

■ **QUINTA PALMEIRA. 5, Avenida do Infante © 291 221 814.** Un havre de paix au centre, à côté d'une bananeraie, au milieu des avocatiers, des aubergines. Volière d'oiseaux, bassin de nénuphars. On peut manger sous de grands parasols de roseaux, avec nappe blanche et musique classique. Cette résidence fut construite en 1763 par le capitaine Camara, gardien de la baie de Funchal. Intérieur raffiné. Bouquet de mimosas sur chaque table. Bonne cuisine. Essayez la cassata aux fruits de la passion (friture de poissons) ou la glace à l'avocat en dessert !

■ **DOCA DO CAVACAS. Estrada Monumental, Ponta da Cruz © 291 762 057.** *Compter environ 15 à 20 € avec du vin. Un peu excentré. On peut s'y rendre en taxi depuis le centre pour un prix modique (autour de 3 €), ou alors longer le bord de mer (belle balade digestive).* On y va pour son bon poisson et, surtout, pour le cadre : la base de cet ancien phare démoli donne sur la mer et le coucher du soleil. Réserver pour une table face à l'Océan.

@ ***JOE'S BAR. Dans l'enceinte de la Quinta da Penha de França (on y entre par la petite rue qui fait l'angle du Gloria Latina, sur Imperatriz Dona Amelia).*** *Compter environ 15 à 20 € pour bien manger.* Le nom ne fait pas la table, plutôt un endroit paisible, fleuri et romantique qu'un snack-bar. Le bar, sur l'arrière, à la riche décoration, invite à prolonger la soirée avec force cocktails.

« On peut manger dans un jardin d'arbres et de fleurs. Excellent rapport qualité/prix. Le jardin et le cadre extérieur ont beaucoup de charme. » Isabelle Mouton, Rouen.

■ **DOM PEPE. Edificio Horizonte, en face du Madeira Palace Hotel, São Martinho © 291 763 240.** Cuisine madérienne traditionnelle, service stylé, ambiance un rien rustique et chaleureuse. Bon cellier. Ne vous ruez pas sur les excellents en-cas présentés en apéritif, le reste est très bon : patelles (lapas) dans leur beurre chaud à l'ail, espada grillé, purée de morue… L'espetada y est savoureuse (sans parler des frites de patate douce).

■ **GALLO D'ORO. Dans le Cliff Bay Hotel, 147 Estrada Monumental © 291 707 707.** *Tous les soirs de 19h à 22h sauf le dimanche.* Fine cuisine italienne du nord, site remarquable. Au menu : raviolis, escalopes de veau, tortelli de potiron et son beurre à la sauge, pappardelle et son ragoût de lapin, pansoti farcis aux herbes, filet de porc braisé au Marsala et vin rouge, loup de mer en croûte de pommes de terre… Des noms qui mettent l'eau à la bouche !

■ **CASA VELHA DO PALHEIRO. Palheiro Golf © 291 794 901 – Fax : 291 794 925.** Adresse classique, élégante, dans un ancien pavillon de chasse reconverti en lieu d'hébergement de charme (classé Relais & Châteaux). Aux cuisines, Benoit Sinthon a étudié auprès de grands chefs comme Jean-Michel Lorain, triplement étoilé à la Côte Saint-Jacques. Gastronomie à la carte, l'une des meilleures adresses de l'île sans aucun doute car le moindre plat se transforme en une poésie culinaire. A essayer : bisque de langouste en croûte de safran, foie gras de canard mariné au vin de Madère malvoisie et sauce au miel de lavande, quasi de veau braisé et ses charlottes d'endive (sauce au miel d'eucalyptus), rouelles d'espada à la tapenade, salade tiède de gambas et sabayon au curry… Un vrai régal. Légèrement excentré, mieux vaut disposer d'un véhicule, ou alors préférez le taxi.

■ **CHOUPANA HILLS. Travessa do Largo da Choupana © 291 206 020 – Fax : 291 206 021.** Idéal le soir, dans une ambiance feutrée et romantique pour contempler les illuminations de Funchal (vue imprenable). Gilles Galli, le chef français, tenait une bonne table près de Saint-Paul-de-Vence. Deux menus. A la carte, carpaccio de thon aux sésames, brochette de coquilles Saint-Jacques, homard entier et sa julienne de légumes, pigeon en brochette... La cuisine est à la hauteur de la poésie verbale : c'est l'une des meilleures tables de l'île. Les détails dans la présentation font la différence. Pour s'y rendre, il faut suivre la direction du jardin botanique puis les pancartes de l'hôtel, on monte vraiment tout en haut ! Il est vrai que la situation pourrait décourager certains automobilistes trop prudents ou des taxis paresseux, mais le site vaut le déplacement. Si votre budget ne vous permet pas d'y séjourner, ni même d'y dîner, venez quand même prendre le thé pour admirer le coucher du soleil.

■ SORTIR ■

Bon nombre de bars jouent la carte anglaise et tentent, avec plus ou moins de succès, de ressembler à un pub en offrant plus de choix en whiskies qu'en alcools du cru. Certains poussent l'anglomanie jusqu'au jeu de fléchettes. Dans ce genre, l'un des plus réussis est **l'Elio's Tavern,** rua Queimada da Cima, 15. **Le Prince Albert,** rua Dona Amélia, 86, est une adresse populaire. Happy-hour de 19h à 20h.

De nombreux Madériens commencent la soirée par une virée au village de Camara de Lobos pour y goûter la « poncha », un punch local qui a le mérite de nettoyer le gosier ; ou la « nikita », une mousse de bière mélangée à de la glace à la vanille et des morceaux d'ananas, pour les petits joueurs comme on dit. Sinon, vous pouvez entamer les festivités au **Café du Museu**, sur la place municipale ; déco design et ambiance soft. Ensuite, les adresses qui suivent. Si jamais vous êtes célibataire et en mal de sensations fortes, peut-être serez-vous séduit par l'ambiance tamisée du Fugitivo (à côté du casino), un bar à hôtesses.

■ **CASINO. R. Imperatriz Dona Amélia – Quinta Vigia.** *Du mercredi au samedi, de 15h à 3h du matin, sauf les vendredis et samedis, de 16h à 4h du matin.* Situés au-dessus du jardin Santa Catarina, à gauche en remontant l'avenida do Infante, le casino et le Casino Park Hotel, tout à côté, ont été conçus par l'architecte brésilien Oscar Niemeyer, qui a connu plus de bonheur dans ses autres œuvres. Vous pourrez jouer à la roulette, au black jack ou tenter votre chance dans les machines à sous. Laissez votre liquide à l'hôtel, c'est moins risqué.

■ **COPACABANA. La boîte du casino.** Rythmes latinos avec musique live en apéritif. Clientèle d'âge mûr. Pas d'un intérêt foudroyant.

■ **MOLHE. Sur le port de Funchal, dans la vieille forteresse.** L'endroit où il faut aller et se montrer dans la capitale madérienne. Pour danser jusqu'à l'aube, et profiter de l'agréable terrasse. Musique techno/house.

■ **MEXICANO. Centre commercial Centro Mar, zone hôtelière du Lido.** Ambiance latino.

■ **CAFÉ TEATRO. Comme son nom l'indique, au théâtre.** Ambiance très parisienne, musique house, DJ à la mode, déco contemporaine. Populaire... auprès de la haute société madérienne et des touristes dans le coup.

■ **DO FA SOL. Bar situé sur l'avenue principale de Funchal,** qui traverse la ville d'est en ouest, en face de la rue pour la marina. Musique live et une terrasse bien sympathique.

■ **GLÓRIA LATINA. Rua Imperatriz Dona Amélia, 101 © 291 282 266 – Fax : 291 282 267.** Concerts le week-end et plus si affinités. Pas mal de bruit en soirée. Pas mal d'Anglais et d'Allemands aussi. On peut aussi y manger (terrasse), pour 10 € à 15 € environ.

■ **JOTA ET VESPAS. Avenida Francisco Sá Carneiro, 60 © 291 231 202.** Sur le port, ces deux établissements proposent des atmosphères différentes. Pour écouter de l'acid jazz, Jota est tout indiqué ; salle étroite mais décoration agréable et reposante. Quant à Vespas, c'était « la » boîte de Funchal, mais avec l'ouverture de Molhe, aujourd'hui à la mode, son aura s'est quelque peu ternie. Musique genre underground avec quelques beats bien appuyés. Ces trois places sont indépendantes, mais se visitent commodément lors d'une même soirée arrosée.

■ **PAO E VINHO, OU MARCELINO. Travessa das Torres, 22 © 291 220 216.** *Dans la vieille ville, à partir de 22 heures. Entrée payante (une consommation est incluse).* La seule vraie boîte à fado, fréquentée par tout le monde. Il n'est pas rare que des clients viennent chanter au micro et que toute la salle les accompagne. On ne parle pas pendant le spectacle !

- **L'ASSOCIATION NAUTIQUE,** toujours sur la marina, est aussi le bar des marins.

POINTS D'INTÉRÊT

Nous vous conseillons de vous balader dans Funchal, le samedi après-midi ou le dimanche. En semaine, les rues du centre sont une véritable cacophonie, et le week-end les parkings sont gratuits (si vous logez à l'extérieur de la ville et avez loué un véhicule, par exemple). Les musées fermés ce jour-là sont toujours paisibles, et rien n'empêche de les visiter plus tard. Aucun magasin n'est ouvert, mais ce n'est probablement pas (seulement) pour faire les boutiques que vous êtes venu à Madère. Et si l'envie vous démange, les grands centres commerciaux se sont mis à l'heure du libéralisme, et restent ouverts jusqu'en soirée, même le dimanche.

A noter : la plupart des musées et des jardins proposent des réductions pour les enfants et les groupes ; les étudiants munis d'une carte peuvent parfois entrer gratuitement. Renseignez-vous.

Balades

Balade autour du port

Une précision importante : depuis octobre 2005, tous les cargos et bateaux industriels, tous les containers ont été envoyés à Caniçal ; seuls les bateaux de plaisance et les croisières sont dorénavant admis dans le port de Funchal. L'endroit où les containers étaient entreposés sera converti en une zone touristique avec restaurants, bars, magasins... Aucune voiture ne sera autorisée.

Autour de la marina foisonnent bars et restaurants, tous plus ou moins sur le même modèle et généreux en terrasses, pour grignoter, manger ou boire. Ils sont souvent pleins et font un peu trop assaut de « tipico », mais côté prix on s'y retrouve. On y trouve aussi les guichets pour acheter un billet pour Porto Santo ou faire une virée en mer, pour s'essayer à la pêche au gros ou étudier la météo marine à la capitainerie du port.

Plus loin encore s'étend le quai qui fait face à Funchal ; on découvre alors la capitale comme si l'on arrivait de la mer. Tout au bout, il y a presque toujours un paquebot d'où descendent de vieilles ladies anglaises en pantalons de toile, au bras d'un mari aux mollets rouges. Une file de taxis les attend comme dans tous les ports du monde, pour les emmener au jardin botanique découvrir les orchidées, et les ramener après les émotions du casino. Ce soir, ils dîneront en mer, ils seront demain dans un autre port...

Sur le promontoire à la sortie du port, on profite d'une vue directe sur la mer et sur Funchal. Là, les couples d'amoureux viennent profiter des embruns iodés. En redescendant quelques marches, toute la jetée reste à arpenter en regardant les mouettes.

Port de Funchal, ponton

▸ **En quittant le port,** un escalier de pierre monte sur la gauche, après le bâtiment de la Direction des ports (vers le centre-ville). La vue débouche sur un jardin charmant, le parc Santa Catarina ; la pelouse invite à s'étendre, les bancs à s'asseoir, les volières pleines de grands oiseaux et un petit lac pour les canards à jouir pleinement d'un repos mérité. Des toboggans séduiront les enfants. Enfin, on peut s'attabler sur une terrasse pour prendre un milk-shake ou un « sumo de maracujá » (jus de fruits de la passion), à des prix étonnamment sages.

▸ **A la sortie du jardin, de l'autre côté, une large avenue redescend vers le centre.** En la traversant, vous découvrirez un autre parc aux arbres très imposants. Dans la descente, sur l'avenue, on arrive à la Praça do Infante ; plutôt que d'obliquer vers le port, mieux vaut continuer légèrement à gauche pour se retrouver au jardin municipal João Francisco, sur l'avenue Arriaga. L'un des endroits les plus agréables du centre-ville, il abrite des variétés étonnantes de plantes et d'arbres.

En face, un concessionnaire Toyota est installé dans l'un des plus beaux garages du monde : de larges panneaux d'azulejos illustrent la vie de Madère, des scènes de pêche et de cueillette. A l'intérieur (si vous séjournez à Madère à l'époque du rallye des vieilles voitures), sont exposées des Austin cinquantenaires, rutilantes et séduisantes. Le théâtre municipal se situe à côté, les caves et salons de dégustation de vins de Madère ne sont pas loin non plus.

Tout à côté également, la forteresse São Lourenço sert aujourd'hui de résidence au gouverneur militaire et au ministre de la République (le représentant du gouvernement de Lisbonne). Le bâtiment est fermé au public, mais trois petites salles peuvent être visitées, constituant un minimusée militaire qui raconte brièvement l'histoire de Madère. Où l'on apprend notamment que, si depuis 1572, São Lourenço a gardé son air de forteresse imprenable, c'est qu'auparavant elle était, précisément, trop prenable, comme n'avaient pas manqué de le constater quelques corsaires français qui, en 1566, mirent la ville à sac pendant quinze jours.

Continuez en laissant le jardin sur votre gauche ; vous passerez devant la Délégation régionale du tourisme, où vous pourrez demander tous les renseignements nécessaires, ou visiter, dans la galerie contiguë, une exposition d'art contemporain, d'artistes portugais principalement. Ainsi, tout doucement, on approche de la cathédrale située en plein centre, prêt pour de nouvelles découvertes.

Dans le centre

▸ **La cathédrale,** la « Sé », fut la première église d'importance construite outre-mer par les Portugais. Commencée au XVe siècle, elle est toute de lave brun rouge, ce « brun de Madère » cher aux peintres, et ses murs sont d'un blanc immaculé. A l'intérieur, le plafond offre une incrustation manuéline de bois et d'ivoire, et une *Représentation du monde et des scènes* décrivant les grandes découvertes. Mais il faut de bons yeux, car il fait sombre et le cèdre patiné n'est pas franchement clair. Le chœur, tout en dorure, semble par contraste encore plus flamboyant.

Par la rue Tavira, on débouche sur la praça do Município, avec sa fontaine et le musée d'Art sacré.

▸ **L'église du Colegio** lui fait face : de larges panneaux d'azulejos fatigués, un plafond peint si abîmé qu'on ne distingue pas les scènes représentées, des dorures un peu passées, et un chant grégorien diffusé en fond sonore, tout doucement. Une impression extraordinaire de recueillement. Et sur chaque confessionnal, une petite lampe rouge qui s'allume lorsqu'un Madérien tente de racheter son âme.

Funchal vue depuis les hauteurs

On peut aussi, remontant toujours et bifurquant vers la gauche avant la place, atteindre la rua das Pretas « la rue des négresses ». Un petit carrefour, une église et, à l'entrée de la rua da Mouraria, le Musée-aquarium municipal.

Toujours plus haut, mais les mollets commenceront peut-être à fatiguer, la Calçada de Santa Clara héberge le couvent de Santa-Clara aux magnifiques murs recouverts d'azulejos anciens. Quelques mètres, puis à gauche, c'est plus plat. Un belvédère offre une belle vue sur la partie basse de la ville et le port. Pendant ce temps, dans votre dos, deux arbres centenaires et quelques bougainvillées font de l'ombre aux lézards.

Retournez sur vos pas et remontez à gauche la rua do Pico, qui porte bien son nom : la Quinta das Cruzes est devant vous, avec sa maison-musée et son jardin reposant.

En grimpant encore, on sort du Funchal touristique : la forteresse de São João Pico a été construite pendant le XVIIe siècle, à 111 m au-dessus du niveau de la mer ; elle occupe une superficie de 2 750 m^2 ; la citerne s'élève à 10 m de haut. Elle fut peu à peu aménagée pour l'artillerie, afin de protéger la baie d'éventuelles attaques de pirates notamment. Au début du XXe siècle, elle se transforma en centre de communication, puis fut déclarée d'intérêt public en 1943. Belles vues sur la baie de Funchal.

En revenant au centre, on peut gagner le mercado dos Lavradores. Le « marché des laboureurs » se situe sur la place du même nom. C'est le seul marché de l'île. En dehors de la capitale, presque tout le monde a un potager. Il est impossible de rater cette bâtisse des années 40, pratique pour y faire ses courses. Ouvert tous les matins, sauf le dimanche, et particulièrement animé le vendredi, le marché charme par son festival de couleurs qui attire en nombre les touristes vers 10h30 : venez-y plus tôt si vous n'aimez pas la foule (répétons-le, ensuite, c'est très touristique). Flânez par exemple dans le marché aux fleurs situé dans le patio central, avec ses vendeuses en costume de Madère qui semble plus traditionnel que folklorique. Elles peuvent vous vendre et emballer des fleurs pour votre voyage de retour. Au fond, le marché aux poissons vaut aussi le coup d'œil. Une accorte poissonnière, un thon de 30 kg dans une main et une machette dans l'autre, harangue le chaland, tandis qu'à côté on pèse un « espada » raide mort, la queue enroulée dans son bec. A l'étage, fruits à profusion, et une petite marchande d'herbes ; en bas, des cartes postales.

Près du marché, dans la rua de Boa Viagem, une minuscule chapelle mérite un petit détour si elle est ouverte. Elle n'est pas plus haute que la maison à laquelle elle est accolée, à droite en descendant la rue. A l'intérieur, vous verrez les travaux préparatoires d'une Voie Sacrée du peintre Henrique Franco, que l'on connaîtra mieux au musée qui lui est consacré.

Vous voilà au cœur de la vieille ville. Les délicieuses ruelles invitent à la flânerie. Et pourquoi ne pas déjeuner dans l'un des nombreux restaurants qui entourent la chapelle du Corpo Santo ?

Jardins

Toujours calmes et bien entretenus, ils permettent de découvrir quantité d'espèces d'arbres ou de fleurs inconnus chez nous. Véritables trésors végétaux, il serait dommage de séjourner à Funchal sans en profiter.

JARDIN MUNICIPAL. En plein centre-ville (au nord de l'avenida Arriaga), sur une surface de 8 300 m^2, il offre une densité d'espèces étonnantes. Bien rares sont ceux qui lui consacrent le temps qu'il mérite. On y trouve surtout des dragonniers et des palmiers des Canaries. Remarquez un buste de Simon Bolivar, le grand libérateur de l'Amérique du Sud. Comme partout les étiquettes mentionnent les noms latins, mais avec l'index du livre que nous recommandons, l'ouvrage de M. Franquinho et Da Costa, vous retrouverez les noms français. L'auditorium est utilisé pour des événements culturels. Pour la petite histoire, ce jardin, instauré dans les années 1880, prit aussi le nom de Jardin Dona Amélia entre 1897 et 1910. Le couvent de São Francisco s'y élevait autrefois, comme en témoignent quelques ruines.

JARDIN BOTANIQUE. Caminho do Meio – Quinta do Bom Sucesso © 291 211 200 – Fax : 291 211 206. *Ouvert tous les jours de 9h à 17h30 (sauf le 25 décembre). Entrée : 3 €. Entrée gratuite les 21 mars, 30 avril, 18 mai, 1er juillet et 27 décembre. Bus pour s'y rendre : 29, 30, 31. Compter environ 5 € en taxi (intéressant à partir de 3 personnes, demandez le prix avant de monter).* Depuis le 17 septembre 2005, on peut aussi s'y rendre en téléphérique depuis Monte, un voyage de 1 600 m et de 9 minutes offrant de superbes panoramas sur la baie : de 9h30 à 17h30, 12 € par adulte ou 7,50 € pour un seul trajet, 6 € pour les moins de 14 ans (3,50 € pour un seul trajet). L'un des plus beaux jardins de Funchal, à ne pas confondre avec le précédent.

Caniço, jardin de l'Hôtel Quinta Splendida, Dragonnier

Quintas

Partons à la découverte de quelques résidences de charme, autrefois propriétés des aristocrates, des écrivains, des hommes politiques ou des entrepreneurs. Le terme « quinta » signifie en soi une demeure seigneuriale entourée de jardins et d'arbres, au XIXe siècle, parfois nantie d'un domaine agricole.

■ **QUINTA VIGIA.** Plusieurs personnalités y vécurent, comme le prince russe Maximilien, gendre du tsar Nicolas Ier, le prince d'Oldenburg, le duc de Leuchtenberg, l'impératrice Dona Amélia quelques années plus tard (et sa fille qui y mourut d'une tuberculose, en 1853), la reine Adelaïde d'Angleterre, le comte de Lambert ou le consul français Nicolau de Tulière. On prendra plaisir à flâner dans ces allées hautement historiques et riches en symboles. Aujourd'hui, la quinta est le siège officiel du Gouvernement régional de Madère. Les inconditionnels songeront que la fameuse Sissi y a aussi séjourné.

■ **QUINTA BELO MONTE. Au-dessus de l'église de Monte.** Elle appartint au consul anglais Charles Murray au XVIIIe siècle, puis devint un hôtel au début du XXe siècle. Aujourd'hui, elle abrite un collège des missionnaires du Cœur de Jésus.

■ **QUINTA MONTE PALACE.** Charles Murray en était également le propriétaire. Isabelle de France la visita quand George Stoddart y résidait. L'hôtel Monte Palace y avait ouvert ses portes jusque dans les années 1940. Aujourd'hui, le domaine abrite la fondation de solidarité sociale José Berardo ; celle-ci se consacre aussi à la préservation des œuvres d'art.

■ **QUINTA DO BOM SUCESSO.** La famille Reid y résidait à partir du milieu du XIXe siècle. Le jardin botanique y fut installé en 1963.

■ **QUINTA DO PALHEIRO FERREIRO.** Construite au début du XIXe siècle par le premier comte de Carvalhal, cette quinta s'avère l'une des plus grandioses de l'île. Elle fut visitée par l'impératrice Léopoldine (première femme de Dom Pedro IV de Portugal), l'infant Dom Luis, le roi Dom Carlos de Portugal et Dona Maria Amélia, le prince d'Edimbourg. La famille Blandy en est aujourd'hui propriétaire, et le domaine abrite un magnifique hôtel de charme, ainsi qu'un terrain de golf réputé.

■ **QUINTA DES CRUZES.** José Gonçalves Zarco, que l'on ne vous présente plus, y aurait vécu. Ce bâtiment de style baroque abrite aujourd'hui le musée des Arts décoratifs. Les magnifiques jardins méritent une visite.

■ **QUINTA DA PALMEIRA. Rua da Levada de Santa Luzia.** Les héritiers du premier propriétaire, H. Hinton, y vivent encore. Les jardins, splendides, abritent une fenêtre de style manuélin qui ornait probablement l'édifice de João Esmeraldo, où le découvreur Christophe Colomb aurait vécu.

■ **QUINTA MAGNÓLIA.** Elle fut la propriété d'une famille anglaise, puis le Gouvernement régional la racheta et la restaura pour le bonheur des citadins ordinaires. Elle abrite aujourd'hui des installations sportives, deux terrains de tennis et une piscine, un parc pour enfants et un bar en plein air. Le festival Funchal Jazz s'y déroule tous les ans.

■ **QUINTA DA BOA VISTA. Rua Lombo da Boa Vista.** Une oasis de verdure, qui appartient aujourd'hui à la famille Garton, passionnée de botanique et d'horticulture.

■ **QUINTAS JARDINS DO IMPERADOR.** Il s'agit en fait des jardins de la quinta do Monte, rebaptisés ainsi. L'empereur Charles d'Autriche y résida lors de son exil en 1921, et il y mourut l'année suivante. On appelle aussi le domaine « Quinta Cossart » en hommage à Leland Cossart, un Britannique qui y vécut. L'artiste madérienne Lourdes de Castro y avait aussi établi sa résidence. La tour Malakoff abrite aujourd'hui une cafétéria. A côté, une belle roseraie compose un ensemble admirable.

Musées

■ **MUSÉE D'ART SACRÉ. Rua do Bispo, 21 (une autre entrée par la praça do Município) ✆ 291 228 900 – Fax : 291 231 341.** *Ouvert du mardi au samedi de 10h à 12h30 et de 14h30 à 18h, le dimanche de 10h à 13h. Fermé le lundi et les jours fériés. Entrée : 3 €. Votre appareil photo vous sera échangé contre un jeton.* Cet établissement est situé dans l'ancien palais épiscopal. On dépassera rapidement la première salle, à moins d'apprécier dans l'art sacré avant tout l'art de la messe : dans ce cas, il y a chapes, chasubles, étoles et manipules à profusion, brodés, dorés… et un très beau saint Michel en marbre polychrome. Les autres salles abritent des peintures et des sculptures, la plupart de l'école hollandaise, qui méritent un petit arrêt. Les œuvres qu'on y trouve sont sans doute plus proches de ce que produisaient les ateliers flamands anonymes aux XVIe et XVIIe siècles, tableaux parfois maladroits en échange des précieux pains de sucre dont l'île était alors l'un des seuls fournisseurs. Des tableaux tendres aussi, comme cette *Visite des rois mages* où l'Enfant Jésus est un rond bébé qui tripote le nez d'un Melchior agenouillé, ou encore cette *Adoration des bergers* dans laquelle la lune abrite la silhouette d'un ange naïf sous le regard intéressé, au second plan, d'un petit pâtre. Dans la dernière salle, retournez-vous à droite après l'entrée pour découvrir, toute petite, une huile sur bois représentant saint Jérôme qui mériterait une meilleure mise en valeur. Impossible en revanche de rater le fragment d'un ange, deux mollets et un bout d'aile, c'est tout ce qui reste d'une sculpture qui dut être monumentale. Une belle collection d'argenterie et d'orfèvrerie rappelle l'ancienne splendeur des messes de Madère.

■ **MUSÉE-AQUARIUM MUNICIPAL. Rua da Mouraria, 31 ✆ 291 229 761 – Fax : 291 225 180.** *Ouvert du mardi au vendredi de 10h à 18h, de 12h à 18h, samedi, dimanche et jours fériés. Fermé le lundi. Entrée : 2,30 €.* Logé dans un beau bâtiment de style classique (occupé par les comtes de Carvalhal au XIXe siècle), ce musée (qui n'a rien d'extraordinaire) permet de s'initier à la flore et la faune insulaires, et pas seulement à ses poissons comme on pourrait le croire. On y découvre le cachalot pygmée, qui n'est pas bien gros, l'énorme poisson-lune, le minuscule « Caulolepis longidens » qui aurait l'air vraiment féroce avec sa gueule toute noire et ses dents plus grandes que lui, n'était-ce ses cinq centimètres, un gros mérou aux lèvres douces, la rascasse, bien plus rugueuse, la minuscule girelle multicolore aux murènes antipathiques, sans oublier la pieuvre qui semble passer son temps les ventouses collées à la paroi de verre, ou encore le roi des profondeurs et des restaurants de l'île, le sabre (ou « peixe-espada », comme on l'indique sur les menus). Le musée permet de connaître les oiseaux, les insectes et les plantes de Madère, et même le petit lapin de l'île de Porto Santo, lointain descendant de ceux qui arrivèrent avec Bartoloméu Perestrelo en 1418 et qui ont un peu enflé de la tête en changeant de latitude. Dans le même bâtiment, la bibliothèque municipale présente, outre les archives de Madère, l'avantage d'être pourvue en toilettes, ce qui est toujours utile en voyage. Les férus d'histoire pourront, s'ils lisent un peu le portugais, découvrir des textes et des documents qui racontent la colonisation de l'île.

■ **MUSÉE DE LA QUINTA DAS CRUZES. Calaçada do Pico, 1 ✆ 291 740 670 – Fax : 291 741 384.** *Ouvert de 10h à 12h30 et de 14h à 17h30 du mardi au samedi, le dimanche de 10h à 13h. Fermé le lundi et les jours fériés. Entrée : 2 €.* Vous avez fait un effort pour arriver jusqu'ici, grimpé un moment… Récompense : le **jardin du musée** (*ouvert de 10h à 17h30 et gratuit*) est un petit bijou de tranquillité pour s'asseoir, contempler les lézards ou admirer la collection d'orchidées qui fleurissent au printemps. Dans le jardin également, plusieurs vestiges des premiers temps de la découverte de Madère, fragments de murs, de colonnes ou de tombes. Mangés par le lierre, deux encadrements de fenêtres manuélines, dont les bas-reliefs diaboliques, disparaissent dans la verdure.

Dans le bâtiment même, tout rappelle les siècles d'influence anglaise à Madère, notamment une étonnante collection de gravures représentant l'archipel vu par les artistes anglais. Un intérêt historique pour qui veut se faire une idée des paysages ou des costumes disparus, mais aussi pour cette vision très singulière de Madère. Les habitants de l'île, du paysan le plus pauvre au bon notable, y ont un air particulièrement demeuré qui fait un peu douter de l'estime où les tenaient les riches et fidèles alliés. Les collections de mobilier sont belles et, au niveau du jardin, les salles exposent des meubles et objets plus typiquement portugais, des XVIe et XVIIe siècles, qui illustrent la vie à Madère à l'époque.

La Quinta das Cruzes abrite également des expositions temporaires, de son propre fonds ou de pièces venues de l'extérieur, consacrées à Madère.

■ **MUSÉE HENRIQUE ET FRANCISCO FRANCO. Rua João de Deus, 13 ✆ 291 230 633 – Fax : 291 236 711.** *Ouvert de 10h à 12h30 et de 14h à 18h, du lundi au vendredi. Fermé les week-ends et jours fériés. Entrée : 1,75 €.* Un petit musée pour faire connaître deux artistes de Madère, deux frères dont le travail s'étend de 1910 à 1950. Henrique Franco a surtout réalisé des portraits pleins de sérénité, et s'il n'y a pas de génie dans sa peinture, le travail de la lumière est joliment réussi. Son frère Francisco, lui, semble avoir été plus torturé. Sculpteur mais aussi peintre et dessinateur, il fut l'un des artistes officiels du régime de Salazar, qui n'était pas franchement porté sur la poésie; il est également l'auteur de gravures sur bois et de bustes qui ne doivent rien à l'art officiel. Quelques œuvres, pleines d'imagination, à la fois noires et tendres, doivent beaucoup à Paris et aux années 20. En revanche, la petite salle dite pédagogique, qui montre un pinceau avec une étiquette « pinceau », un tube de peinture avec une étiquette « tube de peinture » et quelques révélations du même tonneau, semble réservée aux initiés. Nous avons aimé le crayon étiqueté « crayon ».

■ **MUSÉE D'ART CONTEMPORAIN. Forteresse de São Tiago ✆ 291 213 340 – Fax : 291 213 348.** *Ouvert de 10h à 12h30 et de 14h à 17h30 du lundi au samedi. Entrée : 2 €. Fermé les dimanches et jours fériés.* Presque au bout de la baie, la forteresse fut construite pour défendre la ville après son invasion par les pirates français en 1566. Elle abrite des œuvres portugaises conçues à partir des années 60.

Nombreuses expositions temporaires; ainsi, au mois d'octobre 2005, nous avons pu visiter la présentation collective « What is Watt », avec des œuvres plastiques de Silvestre Pestana, António Aragão, Pedro Ruíz, Hugo Olim... Une rétrospective des œuvres du sculpteur Gilberto Reis était programmée pour les fêtes de fin d'année. Et en 2006, on prévoit une rétrospective de l'œuvre de Romy Castro. Bref, on ne s'y ennuie pas!

■ **MUSÉE FREDERICO DE FREITAS. Calçada de Santa Clara, 7 ✆ 291 220 578.** *Ouvert du mardi au samedi de 10h à 12h30 et de 14h à 17h30, et le dimanche de 10h à 12h30. Entrée : 2 € (gratuite le dimanche). Expositions temporaires du mardi au dimanche de 10h à 12h30.* Le musée est situé dans le palais da Calçada, où les comtes da Calçada résidèrent jusque dans les années 40. Frederico de Freitas y vécut ensuite jusqu'à sa mort en 1978. Panneaux d'azulejos, art religieux, céramiques...

Funchal, forteresse S. Lourenço

■ **MUSÉE DE LA PHOTOGRAPHIE. Rua da Carreira, 43 ✆ 291 225 050 – Fax : 291 228 724.** *Ouvert du lundi au vendredi de 10h à 12h30 et de 14h à 17h. Fermé les samedis, dimanches et jours fériés. Entrée : 2 €.* Vicente Gomes da Silva fut le pionnier de la photographie au Portugal : il établit son premier atelier ici même en 1848. Les amateurs y découvriront des objets dédiés à cet art, ainsi que de superbes photos d'époque, parfois vieilles de plus de cent ans.

■ **MUSÉE DE L'INSTITUT DU VIN DE MADÈRE. Rua 5 de Outubro, 78 ✆ 291 204 600 – Fax : 291 228 685.** *Ouvert du lundi au vendredi de 9h à 18h. Entrée gratuite.* Cette vaste demeure colorée était au XIXe siècle la résidence du consul anglais Henry Veitch, un fameux marchand de vin. Pour apprendre et comprendre tout ce qui touche à la culture et à la production du vin à Madère… ou presque. On reprochera en effet des commentaires plutôt limités et l'absence d'explications sur les techniques actuelles et la situation économique de cette activité aujourd'hui sur l'île. Les passionnés resteront sur leur faim. Les novices se feront une petite idée.

■ **THE OLD BLANDY WINE LODGE : MUSÉE MADEIRA WINE COMPANY. Adegas de São Francisco, avenida Arriaga, 28 ✆ 291 740 100 – Fax : 291 740 111.** *Ouvert du lundi au vendredi de 9h30 à 18h30, le samedi de 10h à 13h. Visites guidées en français du lundi au vendredi à 11h30 (4 € par personne). A ne pas confondre avec l'établissement précédent.* Situées dans un ancien couvent des Franciscains, ce sont les plus vieilles caves à vin de Madère. Tout ce qui se rapporte à la viticulture y est entreposé et expliqué. On y verra un vieux pressoir du XVIIe siècle, des machines anciennes, des ustensiles, des livres. Plusieurs salles invitent à déguster (et acheter !) les bouteilles du cru.

« Stock impressionnant de vieilles bouteilles, parfois plus que centenaires, dans la cave située vers l'arrière de la forteresse. Attention, la dégustation est payante. Mais pas le plaisir des yeux ! » C. Levy. Béziers.

■ **MUSÉE CIDADE DO AÇÚCAR. Praça Colombo, 5 ✆ 291 236 910 – Fax : 291 241 871.** *Ouvert du lundi au vendredi de 10h à 12h30 et de 14h à 18h. Entrée : 1,75 €.* Situé dans l'ancienne résidence du marchand flamand João Esmeraldo, venu à Madère au XVe siècle pour produire et commercer du sucre, ce musée expose les objets relatifs à la culture du sucre et son exportation aux XVe et XVIe siècles.

■ **MUSÉE DE LA BRODERIE (IBTAM). Rua Visconde do Anadia, 44 ✆ 291 223 141 – Fax : 291 224 791.** *Ouvert du lundi au vendredi de 10h à 12h30 et de 14h à 17h30. Entrée : 1,50 €.* Des tapisseries et des broderies de la fin du XIXe et du début du XXe siècle. On y explique aussi comment fonctionnent les manufactures.

■ **MUSÉE DE L'ELECTRICITÉ. Rua da Casa da Luz, 2 ✆ 291 233 900 – Fax : 291 233 990.** *Ouvert du mardi au samedi de 10h à 12h30 et de 14h à 18h. Entrée : 2 €.* La centrale thermique de Funchal ayant arrêté de fonctionner en 1989, on l'a remplacée par ce musée doté de machines du début du siècle dernier.

■ **STATION DE BIOLOGIE MARINE DE FUNCHAL. Caís do Carvão, Promenade da Orla Marítima do Funchal (presque en face du très laid Ocean Park) ✆ 291 700 360 – Fax : 291 766 339 – www.funchal.org** – A vocation scientifique (recherche et enseignement des technologies de la mer), cet établissement a ouvert ses portes en septembre 1999. Il est possible de le visiter le dernier lundi de chaque mois. Il faut réserver au **Centro de Educação da Câmara Municipal do Funchal** ✆ 291 233 922.

■ **MUSÉE MONTE PALACE. Dans l'enceinte du jardin, Caminho do Monte 174 ✆ 291 742 650 – www.montepalace.com – www.berardocollection.com** – *Entrée : 10 € (avec visite des jardins).* Deux collections permanentes, l'une de minéraux (du Brésil, d'Amérique du Nord, du Pérou et du Portugal notamment), l'autre de sculptures contemporaines du Zimbabwe (œuvres de Tengenenge, Henry Munyaradzi, Bernard Matemara).

■ **MADEIRA STORY CENTRE. Rua D. Carlos I, 28-29 – info@storycentre.com – www.storycentre.com** – *Entrée : 10 €. Enfants : 5 €.* Une nouveauté à Funchal. Dans le vieux quartier historique, pas loin du téléphérique, ce centre éducatif propose un voyage de 14 millions d'années au cœur de l'histoire et de la géographie madérienne : formation géologique, origines volcaniques, événements historiques (découverte, développement, commerce)… Le recours au multimédia assure une visite culturelle et ludique tout à la fois. Compter 1 h 30 de visite. A disposition également, une terrasse panoramique multifonctionnelle jouissant d'une superbe vue sur Funchal, un café thématique et une boutique d'articles et de souvenirs exclusifs.

SHOPPING

Les visiteurs dénicheront à Funchal de nombreuses variétés d'objets (céramiques, vanneries, vins, tapisseries, broderies, etc.).

Insolite

CASA DO TURISTA. 2 rua do Conselheiro José Silvestre Ribeiro (en contrebas du jardin municipal) ✆ 291 224 907 – Fax : 291 227 176. *Ouvert de 9h à 19h.* Il s'agit d'un vaste emporium, dans une ancienne maison bourgeoise aux vastes pièces très encombrées.

BAZAR DO POVO. *Ouvert du lundi au jeudi de 9h à 19h30, le vendredi de 9h à 20h et le samedi de 9h à 13h.* Ce grand magasin version madérienne est un vrai bazar où l'on trouve parfumerie, café, papeterie ou tissus au mètre. Plus rétro, tu meurs; Zola l'aurait déjà jugé dépassé. Le Bazar do Povo a été inauguré en 1883. Son directeur a expliqué que, à sa naissance, le modèle était le grand magasin parisien. Désormais (la mutation date précisément de 1988), le Bazar do Povo est un « Shopping Center ».

A propos de centres commerciaux, le Madeira Shopping Center a ouvert ses portes il n'y a pas si longtemps, à la sortie ouest de la capitale. Les bus 8, 8A, 16 ou 50 s'y rendent régulièrement, (consulter le site Internet : www.madeirashopping.pt si jamais le tourisme mercantile virtuel vous enthousiasme). Il dispose néanmoins de salles de cinéma et reste ouvert jusqu'en soirée, ce qui est éventuellement pratique.

Librairies

La plus achalandée est tenue par des étudiants : LIVRARIA ESPERANZA, rua dos Ferreiros 119-123 ✆ 291 221 116.

Plus facile à trouver, LA LIBRAIRIE DU PATIO SÃO VICENTE (rua da Carreira 43 ✆ 291 224 490) est bien fournie, y compris en livres étrangers.

Vins

Vous pouvez acheter du vin de Madère dans de nombreuses boutiques. Toutefois, voici une adresse plus sélective, c'est-à-dire beaucoup moins touristique. Il s'agit des **caves de Artur de Barros e Souza,** qui fabrique du vin « à l'ancienne ». Il donne des explications en français, sans forcer le visiteur à l'achat. *Prix cohérents : compter par exemple 15 € une bouteille d'une réserve demi-sec de huit ans d'âge. Pour s'y rendre, rúa dos Ferreiros, 109 ✆ 291 220 622.*

LOISIRS

Ballon panoramique (The Madeira Balloon)

La nouvelle attraction touristique de Funchal (inaugurée en décembre 2003), qui jure un peu dans le paysage à notre avis… mais à chacun ses goûts. Le ballon propose un spectacle aérien de la baie à 150 m de hauteur. *Tous les quarts d'heures. Compter 15 € par adulte et 10 € entre 4 et 14 ans. Gratuit jusqu'à 3 ans. Boisson incluse.*

Pour tout renseignement : avenida do Mar, 14-A ✆ 291 752 220 – Fax : 291 759 355 – www.madeira-balloon.com

Bateau

La mer vous appelle, l'île est petite, vous souhaitez lui échapper quelques heures… Certains ont pensé à vous. Sur la marina, vous trouverez quelques offres ; en général on vous propose de plaisantes excursions sous le chaud soleil du large, avec la possibilité de voir des dauphins ou des tortues marines (de mai à octobre, principalement), d'admirer les côtes de Madère et de vous baigner.

SANTA MARIA DE COLOMBO. Dans la marina ✆/Fax : 291 220 327 – nau.santa.maria@mail.telepac.pt – *Propose des excursions de 10h30 à 13h30, et de 15h à 18h, pour un prix de 26 € par adulte et 13 € par enfant (arrêt prévu pour se baigner). De juin à septembre, voyage en nocturne aussi, de 19h15 à 20h45, pour un prix de 22 € par adulte et 11 € par enfant.* Réplique de la caravelle de Christophe Colomb, construite à Câmara de Lobos. Long de 22 m et large de 7 m.

Plongée

■ **GAVIÃO. Dans la marina ✆ 291 241 124 – Fax : 291 706 401 – gaviaomadeira@netmadeira.com –** Moins romantique, mais assez luxueux, un yacht pouvant accueillir au maximum 20 personnes. Différentes excursions programmées : pour se baigner, admirer les côtes et peut-être voir des dauphins, départs à 10h30 et 15h (durée : 2h30) pour 28 €, tous les jours, sauf le lundi et le jeudi ; pour les îles Desertas, départ à 10h, retour à 18h, déjeuner et plongée avec tuba inclus, tous les jeudis, pour 78 € ; croisière nocturne pour admirer le coucher du soleil à 18h (retour une heure plus tard), tous les jours sauf le dimanche pour 22,50 € ; et enfin jusqu'à la Fajã dos Padres, déjeuner inclus, départ à 10h et retour à 18h tous les lundis pour 70 €.

■ **COSTA DO SOL. Dans la marina ✆ 291 238 538 – Fax : 291 235 735 – costasol@sapo.pt –** *Compter entre 19 € et 25 €. Départs le matin entre 10h ou 10h30 et 13h, et l'après-midi de 15h à 18h environ.* Possibilité aussi de partir pour la pêche au gros. Croisières vers le Cabo Girão, Machico, etc., d'une durée de 2h30, pour des tarifs qui varient selon les jours et les excursions proposées.

Bus touristique

Un petit bus vous emmène dans Funchal pour contempler tranquillement la belle architecture de la ville. Le bus part de la marina, et s'arrête en plusieurs endroits. Départs toutes les demi-heures de 10h à 17h. On peut descendre et remonter où l'on veut tout au long du parcours. Adultes : 7,50 €, enfants de 4 à 10 ans : 5 €. **Renseignements** ✆ 968 342 413 – www.carristur.pt – turismo@carristur.pt

Excursions

Une visite guidée accompagnée de commentaires en français ? Toutes les agences de voyages, ou presque, proposent des promenades en minibus. Une solution si l'on est pressé ou si l'on ne veut pas regarder les cartes. Les groupes sont de taille variable, le mieux est de se renseigner si on ne désire pas se retrouver dans la meute à Santana le midi (par exemple).

■ **STRAWBERRY WORLD. Centre Commercial Lido ✆ 291 762 429 – www.strawberry-world.com – info@strawberry-world.com –** Toutes les excursions que vous pouvez imaginer, en français. Comptez 30 € par personne pour un tour d'une journée dans l'ouest ou dans l'est (*entre 9h et 17h*), 18 € pour une demi-journée à Curral das Freiras (*départs à 9h, 12h et 15h*), 20 € pour une visite de Monte et du jardin botanique, 65 € pour une combinaison (*en une seule journée*) des tours de l'est et de l'ouest, et enfin 30 € pour une soirée folklorique (incluant une collation). Possibilités de randonnées (*36 € par personne*) qui diffèrent chaque jour (le jeudi, randonnée de 4h30 vers les lacs de Madère).

■ **MB TRAVEL. Largo dos Lavradores, 7 ✆ 291 203 950 – Fax : 291 203 959 – www.mbtravel-madeira.com – mbtravel@mbtravel-madeira.com –** Nombreuses randonnées organisées (entre autres), à raison d'une différente chaque jour. Les guides parlent français.

■ **NATURE MEETINGS. Edifício Navio Azul, Loja 17, Estrada Monumental ✆ 291 200 618 – Fax : 291 200 693 – www.naturemeetings.com – info@naturemeetings.com –** Vaste choix de services de bonne qualité. Les guides parlent français.

Golf

■ **PALHEIRO GOLF MADEIRA. Sitio do Balancal ✆ 291 792 116 – Fax : 291 792 456 – www.madeira-golf.com – reservations@palheirogolf.com** – *Compter entre 70 € et 77 €. Des cours sont proposés à 90 € par personne.* 18 trous (par 71).

Parapente et deltaplane

Le relief de l'île garantit de magnifiques panoramas et quelques émotions fortes.

Pour tout renseignement : Aeroclube da Madeira ✆ 291 221 265 – 964 092 580 et Aerogene ✆ 291 827 634 – 964 133 907.

Pêche au gros

Bien sûr, la police du « Tag and Release » est respectée, les poissons sont relâchés après la prise, à moins qu'ils ne soient sérieusement blessés ou qu'ils ne constituent un record potentiel.

■ **TURIPESCA. Dans la marina ✆ 291 231 063 – 291 766 020 – www.madeirafishingcentre.com** – *Charters de 4h ou 7h, jusqu'à 5 pêcheurs. Départs à 9h30 depuis la marina.* José et Geny Braz ont de longues années d'expérience derrière eux. Qui sait? Vous ramènerez peut-être un marlin bleu de 1 000 livres!

■ **NAUTISANTOS. Dans la marina ✆/Fax : 291 231 312 – 919 181 510 – www.nautisantos fishing.com – nautisantos@netmadeira.com** – Sensiblement la même chose.

■ **MADEIRA BIG GAME FISHING. Dans la marina ✆ 291 227 169 – Fax : 291 231 823 – www.madeiragamefish.com** – Sous un nom un peu ronflant, le capitaine Ron Cowling, au profil de vrai loup de mer, a une solide expérience de pêche au gros : il a été le premier capitaine anglais a remporté le championnat du monde de marlin bleu en 1995.

Peinture

Le chevalet est resté à la maison? Pour acheter des couleurs, des pinceaux, des papiers ou de la toile : **Papeleria Jaime Moniz** (en face du lycée).

Piscines

Tous les hôtels d'un certain standing disposent normalement d'une piscine. Cependant, voici trois adresses de piscines d'eau de mer, chauffées, pour ceux qui ont choisi une petite pension. La vraie mer est assez près pour recevoir les embruns :

■ **LIDO. Rua Gorgulho ✆ 291 762 217.** *Terminus du bus 6. Entrée payante, possibilité d'acheter des carnets.* Les chaises longues et les parasols sont en option…

■ **BARREIRINHA. Largo do Socorro ✆ 291 231 150.** Dans le quartier est de Funchal.

■ **PRAIA FORMOSA ✆ 291 761 651.** *A l'ouest de Funchal.* Des bus assurent le trajet jusqu'au centre de la ville.

Plongée

■ **MADEIRA DIVE POINT. Dans l'enceinte de l'hôtel Carlton Madeira ✆ 291 239 579 – 91 77 363 96 – www.madeiradivepoint.com – info@madeiradivepoint.com** – Centre de plongée PADI, CMAS et FFESSM bienvenus. Prix cohérents.

@ *« Faune atlantique avec des pélagiques, grosses murènes noires endémiques, éboulis de lave, épaves, etc. Assez bonne visibilité mais eau un peu fraîche et quelque fois agitée ». Didier Meye, Journiac.*

Tennis

■ **CLUBE DE TÉNIS DO FUNCHAL. Rua Dr Pita ✆ 291 763 237.** Certains hôtels de haut standing proposent également des courts.

LES ENVIRONS DE FUNCHAL

La première impression de congestion est renforcée quand on prend la voiture sur le versant sud, autour de Funchal. La confusion, l'étroitesse des routes secondaires vaguement réhabilitées en maints endroits incitent à la prudence. La pratique du stationnement en double file y est aussi répandue que celle de ne pas mettre son clignotant. Des badauds marchent au beau milieu de la chaussée, sans aucune intention de vous laisser la place. Le dimanche, les habitants de la capitale grimpent sur les flancs des hautes montagnes pour pique-niquer dans les forêts de pins et d'eucalyptus. Quand il fait beau, on peut craindre une certaine circulation, notamment sur les principaux axes qui relient l'est et l'ouest, et le sud et le nord. De toute manière, vous vous apercevrez bien vite que l'île n'a pas été façonnée pour les voitures, et que leur prolifération gâche un peu l'ambiance.

Sur les hauteurs, heureusement, les édifices se font rares, et les merveilles naturelles de Madère se dévoilent enfin.

CANIÇO

A proximité de l'aéroport et de Funchal, bien située pour rallier les montagnes de l'intérieur ou se laisser porter le long de la côte, Caniço peut être un bon choix pour ceux qui préfèrent loger un petit peu en dehors de la bruyante capitale sans pour autant s'en éloigner. C'est la colonie touristique des Allemands, leur point de chute bien établi. Louer une voiture est l'idéal, mais des bus assurent des trajets à l'est ou à l'ouest tous les jours de la semaine, de façon régulière.

Nous vous recommandons une très bonne adresse dans la ville haute :

■ **QUINTA SPLENDIDA. Estrada Ponta da Oliveira, 11 ✆ 291 930 400 – Fax : 291 930 401 – www.quintasplendida.com – info@quintasplendida.com –** *Vaste choix de chambres, studios, appartements… Haute saison (de mai à octobre) : chambres à 88 € pour un, 130 € pour deux (avec petit-déjeuner); studio T0 à 83 € pour un, ou 110 € pour deux (chambre seulement); avec vue sur la mer, 93 € et 124 € (chambre seulement); appartement T1 à 78 € pour un, 156 € pour deux (supplément jusqu'à quatre personnes); appartement T2 au même prix (mais peut contenir jusqu'à six personnes). Demi-pension possible dans tous les cas à 35 € par personne. Les enfants de moins de 12 ans paient moitié prix, gratuit jusqu'à trois ans. Pour les groupes (douze personnes au moins, la treizième ne paie pas, avec cocktails de bienvenue, tour du jardin, et d'autres petits services très agréables) : de 61 € le studio single avec petit-déjeuner en basse saison, à 162 € le studio pour deux en demi-pension en haute saison (tarifs intermédiaires disponibles, renseignez-vous).* L'un des établissements les plus agréables de la côte sud de l'île. Contrairement aux grands hôtels de luxe situés à l'ouest de Funchal, il ne s'agit pas d'une imposante structure en béton, mais de bungalows aux doux noms de fruits ou de plantes, disposés autour d'une piscine et d'un jardin botanique exubérant, au milieu des fleurs; les bâtiments ne dépassent pas la taille d'une maison méditerranéenne et épousent merveilleusement bien l'espace. De nombreux chats flânent dans les allées, guettant les visiteurs. La vue sur la mer et les îles Desertas est superbe. Jorge Miguel Caldeira, le directeur, s'attache à conserver un caractère humain, et le résultat est très probant. Les chambres (différents types) sont spacieuses et d'un confort irréprochable. Un centre de santé est à votre disposition. Le service est sérieux, aimable, et jamais fastidieux. Une navette est mise gracieusement à disposition des hôtes pour se rendre dans la capitale (plusieurs fois par jour). Deux restaurants vous retiendront le soir : outre la table classique de l'hôtel, à la cuisine convaincante, « La Perla » est une très bonne adresse, gastronomique, plus chère mais recommandée (soirée ravissante sur la terrasse notamment, une fois par semaine). Le petit-déjeuner, sous forme de buffet, est superbe. Une poste se trouve juste en face, et un supermarché à moins de 50 m (certaines chambres sont équipées d'une cuisine). Bref, on y est bien, et les prix sont justifiés par la qualité du séjour.

► **Plan futé :** la Quinta Splendida accorde 10 % de remise pour les voyageurs indépendants et 15 % pour les groupes, sur présentation de votre guide du *Petit Futé !*

QUINTA PALHEIRO-FERREIRO

Renseignements : www.madeira-gardens.com – *Ouverte du lundi au vendredi de 9h30 à 12h30. Entrée : 7 €. Pour s'y rendre : bus 37 ou 36 depuis Funchal (départs à 9h et 9h45 respectivement) ; retour depuis la porte d'entrée juste après 12h.* Ce grand domaine appartient à la famille Blandy, une longue lignée de commerçants anglais installés à Madère. A l'extérieur de la ville, on se sent déjà à la campagne. L'espace n'est pas mesuré, et une nature laissée quasiment libre alterne avec les jardins les plus soignés. Très plaisant, et mérite amplement le détour.

■ **LE FAMEUX GOLF DE PALHEIRO** y a été aménagé, dans un cadre à couper le souffle. **Renseignements** © 291 792 116 – Fax : 291 792 456 – www.madeira-golf.com – palheiro@madeira-golf.com

Pour séjourner, une adresse de choix :

■ **CASA VELHA DO PALHEIRO © 291 790 350 – Fax : 291 794 925 – www.casa-velha.com – info@casa-velha.com –** La maison fut originellement construite en 1804 par le compte de Carvalhal, qui en fit une retraite de chasse. En 1885, la famille Blandy acquit le domaine (dont elle est toujours propriétaire), et depuis 1997 la luxueuse demeure a été reconvertie en hôtel. Classé « Relais & Châteaux », il dispose de 32 chambres d'un grand confort, ainsi que de 5 suites situées dans la maison originelle, restaurée avec beaucoup de caractère. Piscine extérieure chauffée, sauna, court de tennis, croquet, billard, musée historique intéressant au sous-sol, et une pléthore de services à disposition… L'ensemble respire le charme fastueux d'une quinta d'autrefois. Les clients de l'hôtel peuvent se promener à loisir dans les superbes jardins attenants. Enfin, le terrain de golf attire bon nombre d'amateurs, qui bénéficient de nombreuses faveurs en séjournant dans ce cadre incomparable.

■ **LE RESTAURANT DE LA CASA VELHA,** d'un style plutôt formel, est l'une des meilleures tables de l'île (à découvrir même si vous ne résidez pas sur place). Il jouit d'une superbe vue sur la capitale. Le chef français Benoît Sinthon a travaillé au Château de Rochegude, près d'Avignon (classé une-étoile Michelin), avant d'être aux commandes du restaurant « Les Faunes » au Reid's Palace, et de revenir en France, à « La Côte Saint-Jacques » (3 étoiles Michelin !). Autant dire que la cuisine touche à la gastronomie. Pensez à réserver.

MONTE

Monte et son église, c'est une image mille fois répétée sur les cartes postales, un ex-libris de Funchal (dont la commune dépend administrativement), le lieu d'arrivée de tous les cars d'excursion. Résultat : autour de l'église se sont installés les marchands du temple, et les troupeaux de clients pourraient décourager le promeneur curieux mais un peu effarouché par cette foire d'empoigne. Ce serait une erreur : quitte à faire l'impasse sur la visite de **l'église** (*ouverte du lundi au samedi de 9h à 18h, le dimanche de 9h à 13h*), il faut venir en début de soirée, quand le lieu a retrouvé son calme. Il y a là un jardin extraordinaire (le jardin municipal de Monte, aussi appelé « Leite Monteiro »), composé d'allées, de petits ponts, d'arches de branches, et parsemé de fleurs comme partout à Madère. Ce jardin est plus grand qu'il n'y paraît, et ses allées s'échappent au-delà de l'église. A 550 m d'altitude, sur une surface de 26 000 m^2, y abondent les camélias, les platanes, les cèdres d'Himalaya et les dragonniers. Au centre du petit étang, notez la petite île en pierre qui représente Madère.

L'église abrite la statue de Nossa Senhora do Monte, la Vierge qui a pris Madère sous sa protection. Selon la légende, la première chapelle construite ici en 1470 a été bâtie par les premiers habitants nés sur l'île. La crypte à côté abrite la tombe de l'empereur Charles Ier d'Autriche. Et puisqu'on est à cette altitude, si près de Funchal, il serait dommage, du parvis, de ne pas jeter un coup d'œil sur l'Océan.

Enfin, on trouve un petit bar qui, lorsqu'on y est seul, permet de se reposer et de grignoter :

■ **O JARDIM DA MONTE. Dans le jardin, sur une petite place pavée où l'on peut se garer.** *Sandwichs de 2 € à 3 €, ou plats simples à environ 5 €.* On peut aussi acheter des « bolos de caco ». Juste à côté, la Vierge est engoncée dans sa minuscule crypte et les cierges allumés devant un kiosque à musique vide. Il suffit d'imaginer la fanfare.

Les « carros de cestos »

En bas de l'église de Monte, près de l'entrée du parc, de solides gaillards attendent le client près de leur chariot d'osier, tout de blanc vêtus, canotier sur le chef et bottes de cuir aux pieds. Les chariots n'ont pas de roue? C'est normal : il semble qu'à Madère on ait inventé la roue beaucoup plus tard qu'ailleurs (et les auto-écoles encore plus tard, mais c'est une autre histoire). Si aujourd'hui les « carros de cestos », ces traîneaux en osier, servent à descendre les touristes en mal de sensations le long de la pente qui va jusqu'à Funchal, leur ancêtre a longtemps été à Madère le principal moyen de locomotion. L'inexistence de routes, l'étroitesse des chemins interdisaient les chariots classiques. Des chariots tirés par des bœufs, ou par des hommes pour des petites charges, les remplaçaient alors. *Compter autour de 10 € la descente en chariot d'osier.*

▸ **Evitez le restaurant Belomonte,** à droite de l'église (quand on lui fait face) en contrebas, c'est une usine à groupes.

Une autre adresse sur la route de Monte :

■ **A SETA. Estrada do Livramento © 291 247 643.** Atmosphère bon enfant dans une immense salle. Y venir assez tôt le soir, pour profiter d'un spectacle de fado à partir de 20h30 (danses folkloriques, etc.). On cuit les traditionnelles brochettes dans un four en briques; elles ne sont pas d'une subtilité inoubliable, mais s'avèrent tendres et savoureuses. Vin maison un peu jeune, choisissez un bon Alentejo. Salle plus coquette à l'étage avec vue sur la baie de Funchal.

TERREIRO DA LUTA

Un peu plus haut que Monte, en direction de Poiso, une esplanade délivre de superbes points de vue sur la baie de Funchal. Une statue représente Zarco, le Découvreur. Il est possible de manger à **la Quinta** (*ouverte de 10h à 23h* © 291 782 476 – Fax : 291 784 156). Le site est bien agréable et les prix convenables, sans être bon marché.

EIRA DO SERRADO ET CURRAL DAS FREIRAS

Pico dos Barcelos

Ne négligez pas un arrêt au Piço dos Barcelos, sur la route de Curral das Freiras. Si vous êtes véhiculé, profitez-en, sinon, vous pouvez toujours attraper un bus (le 4, par exemple, départs très réguliers) pour/ou depuis le centre. A l'ouest de la ville, ce belvédère offre une très belle vue sur la baie de Funchal. Il vaut mieux venir en fin d'après-midi, quand le soleil est moins éblouissant et les lumières plus douces.

Eira do Serrado

L'ancienne route qui mène à la « vallée des Nonnes » est sinueuse et escarpée. C'est une vraie route de montagne, où les voitures n'hésitent pas à se garer pour un lavage complet à l'eau d'une « levada » qui déboule de la pente. Il est surréaliste, au détour d'un virage en épingle à cheveux, de se retrouver face à un père de famille ventripotent (seau à la main et marmaille embauchée pour passer l'éponge), qui vous explique que vous le gênez dans le ménage hebdomadaire de son automobile.

Dans cette forêt d'eucalyptus, on se demande comment les troncs abattus sur la pente sont évacués sans provoquer d'éboulis, mais apparemment il n'y a pas de drame. Et puis on débouche sur un paysage de fable, une vallée abrupte, des parois verticales… Tout n'est que roche et pourtant c'est vert, vert partout.

Un tunnel a ouvert récemment; on l'évitera soigneusement si l'on veut profiter des superbes panoramas (mais gain de temps considérable sur le retour, par exemple). On peut se demander à juste titre si la politique en vigueur est plus de désenclaver cette belle vallée que d'en faciliter l'accès pour les promeneurs du dimanche qui apprécient l'air frais de la vallée.

Une route part à droite vers Eira do Serrado, pavée jusqu'au replat, situé à 1 090 m d'altitude. Là, on peut garer sa voiture sur un parking, devant les récentes constructions qui ont remplacé les petits vendeurs, « accommodant » une fois de plus à Madère le paysage aux impératifs du tourisme moderne.

Sur la gauche, on accède à un petit chemin, fort heureusement bordé d'un garde-fou ; après quelques dizaines de mètres, le paysage qui se découvre est extraordinaire. Au creux du cratère, près de 400 m plus bas, le village de Curral das Freiras apparaît dans sa cachette. Car c'est bien d'une cachette qu'il s'agit : lors d'une attaque de pirates sur Funchal, au XVIe siècle, les sœurs d'un couvent s'échappèrent par des chemins si escarpés que personne ne pouvait les suivre. Elles trouvèrent refuge en ces lieux où elles se firent oublier. Petit à petit, l'endroit devint un village, mais il a fallu 400 ans pour qu'une route remplace le chemin de chèvres qui y menait. Et des chèvres, on en aperçoit depuis le promontoire, accrochées à la pente comme si elles avaient des ventouses sous les sabots, loin des bergers qui se contentent de les attendre faute de pouvoir les rejoindre.

On peut dormir dans cet endroit étrange :

■ **ESTALAGEM EIRA DO SERRADO © 291 710 060 – Fax : 291 710 061 – www.eiradoserrado.com – eiradoserrado@mail.telepac.pt –** *Compter environ 40 € la simple, 50 € la double, 60 € la chambre supérieure, 90 € la triple avec petit-déjeuner. Demi-pension à 15 €. Transferts pour l'aéroport : 30 € par personne (base deux personnes), ou 20 € par personne à partir de quatre personnes (transferts assurés de 9h à 19h).* Cet hôtel à l'architecture insolite propose des chambres sobres et confortables, manquant sûrement un peu de caractère, mais on a vu bien pire. Et puis, la vue est proprement fantastique sur la vallée. Repos assuré en soirée, dans un cadre privilégié, à prix étonnamment raisonnables. Il peut être prudent de réserver en saison. Le restaurant propose une carte classique à des prix plutôt convenables vu l'endroit. La petite terrasse à l'extérieur est idéale pour déjeuner ; les sandwichs, à 3 € environ, sont très honnêtes : pas de thon en boîte, mais un véritable filet ; les plats sont assez copieux.

Une superbe balade commence à droite de l'auberge (en lui faisant face), jusqu'au village. Recommandée.

@ *« La balade à faire à tout prix, par beau temps je le précise. De ce point haut, le paysage est grandiose. On plonge littéralement sur le village de Curral das Freiras, 400 m plus bas. L'hôtel-restaurant est merveilleusement situé. Installés à table, nous sommes au bord du précipice. » Yves Broyer, La Seyne sur Mer.*

Curral das Freiras

Le village se désenclave peu à peu et ressemble presque à un terminal pour les cars d'excursion, qui échouent tous sur la petite placette centrale, où se sont regroupés « marchands du temple » et « restaurants typiques ». Les serveurs y attendent le client avec désarroi et l'apostrophent pour qu'il prenne place, attitude assez peu habituelle à Madère. Le restaurant **The Volcano** et sa cheminée n'évoque pas un petit café au coin du feu mais plutôt un prêt à consommer touristique. Devant, un miracle nous attend : une bonne sœur en carton dont la tête est remplacée par un trou, pour la photo. Un peu désolant. Le temps où les seules attractions étaient les camionnettes du poissonnier et du boulanger surgissant tout à coup dans le silence de la vallée semble bien révolu, pour le meilleur et pour le pire.

▶ **Un supermarché** permet de faire des emplettes après une bonne marche. Un centre de santé accueillera ceux qui se sont blessés en descendant depuis les hauteurs d'Eira do Serrado. *Ouvert de 8h30 à 17h.*

Carros de Cestos à Monte

La côte Ouest

Une autoroute relie Funchal à Ribeira Brava, puis à Calheta, Prazeres et Paúl do Mar ; ce n'est qu'une succession de viaducs et de tunnels. Vous l'éviterez avec soin si vous voulez vous imprégner des paysages côtiers. Prenez plutôt la route de Câmara de Lobos, celle qui traverse le quartier des grands hôtels du Lido et continue vers le Cabo Girão. Très sinueuse, elle n'est pas de tout repos pour l'automobiliste, mais les superbes panoramas compensent largement les efforts consentis. Et l'on plonge alors tout à coup dans la réalité du temps madérien, comme suspendu entre nuages indolents et écumes rugissantes…

CÂMARA DE LOBOS

Présentée comme un « typique village de pêcheurs » dans les dépliants touristiques, Câmara de Lobos est la première localité après la sortie des faubourgs de Funchal en partant vers l'ouest. Et désormais ce n'est plus un village minuscule ; de nouveaux quartiers ont poussé sur les hauteurs, laissant toutefois le centre et le port intacts.

C'est en fait l'un des premiers lieux de peuplement, avant même Funchal. Les marins qui y débarquèrent firent un joli massacre de la colonie de phoques, les « lobos », (loups de mer) qui donnèrent leur nom au village. Gras et dodus, les phoques servirent à nourrir les premiers habitants, et l'huile extraite de leur graisse à éclairer les maisons. Les descendants des phoques survivants ont jugé plus sage de se réfugier sur les petits îlots des Desertas, tandis que Câmara de Lobos devenait l'un des principaux ports de pêche de Madère.

Ce sont précisément les pêcheurs du lieu qui ont découvert, à la fin du siècle dernier, les « peixe-espadas » (poissons sabres) qui sont aujourd'hui l'une des spécialités de Madère.

Restaurants

- **RESTAURANTE CORAL. Largo da República, 2 © 291 942 469.** Sur la rotonde que l'on découvre après l'église São Sebastião, ce restaurant, à l'agréable terrasse, propose des plats de poissons simples et sains, pour moins de 10 €. L'endroit est trop petit pour recevoir les groupes organisés, qui pratiquent le restaurant d'en face. Belle vue sur le Cabo Girão.

- **BAR PRAIA DO VIGÁRIO © 291 942 354.** Presque en face, sur une plage de galets, dans un décor minimal, mais la terrasse de planches, quand il n'y a personne par temps gris, est le lieu rêvé pour siroter une limonade devant la mer. On peut aussi y manger de bons poissons.

- **SUNNY BAR. Rua Nossa Senhora de Conceição, 2-6.** Près du port, juste contre la chapelle, une porte s'ouvre sur un bar quelconque, un comptoir, c'est tout.

- **A côté, le récent AMARR'A BAR** ne ressemble pas vraiment à un bouge, comme on pourrait s'y attendre.

- **NUMBER 2. Largo Poço 1 © 291 942 554.** *Ouvert de 13h à 4h du matin.* Etablissement réputé pour ses « ponchas », que l'on vient goûter régulièrement depuis la capitale. Poncha traditionnel, mais aussi à base de fruits de la passion et un spécial « poncha à l'absinthe », très fameux, qui n'est pas pour les petites frappes.

Points d'intérêt

Le port, bien sûr, constitue le cœur de la vieille ville. Mais il reste sommaire, malgré l'importance économique de la pêche, et l'on peut le découvrir d'un coup d'œil. Au bout de la jetée, la criée peinte en jaune vif ; plus près de la ville, le quai en pente où sont tirés au sec les bateaux et, en face, la falaise, le tout encadrant une petite baie. Passez donc un moment à regarder la manœuvre pour mettre à l'eau les bateaux, tout le monde y met la main.

Le petit chantier naval fait les frais de la crise de la pêche, ici comme ailleurs. Câmara de Lobos, typique village de pêcheurs croqué par Winston Churchill en 1951, a été rattrapé par les directives communautaires : il y a trop de bateaux de pêche, on n'en construira pas de nouveaux sans détruire un nombre correspondant d'anciens.

« Contre le mur du "Churchill's Restaurante" se trouve la plaque rappelant l'endroit où Winston Churchill s'installait pour peindre le petit port de pêche. » Yves Broyer, La Seyne-sur-Mer.

Câmara de Lobos

Tout près du port, la petite chapelle, à l'intérieur très travaillé, abrite quelques toiles de facture assez naïve qui témoignent de la dévotion des pêcheurs lorsque la mer est mauvaise : un bateau dans la tempête est sauvé par un saint au-dessus des eaux, le plafond est peint de scènes de pêche...

Plus au centre, l'église São Sebastião, siège de la paroisse, abrite aussi quelques beaux tableaux sombres et un plafond qui n'est rien d'autre qu'un ciel.

On peut revenir au port en empruntant le petit chemin qui passe le long de la falaise par le Club naval et l'Office du tourisme, et traverser le vieux quartier des pêcheurs. Pauvre, plutôt indigent, il témoigne, par ses ruelles étroites en escaliers et ses maisons minuscules, que la vie peut être dure à un jet de pierre des palaces, et que l'argent ne coule pas à flots partout sur le « jardin flottant ».

CABO GIRÃO

Poursuivez le long de la route côtière jusqu'au Cabo Girão. Avec ses 580 m d'altitude, il est considéré, à tort ou à raison, comme la première falaise d'Europe au-dessus de la mer (en fait, les plus hautes falaises d'Europe, d'environ 750 m, se trouvent aux îles Féroé). Quoi qu'il en soit, quelle vue ! Sur la gauche, tout petit, le port de Câmara de Lobos, et devant, partout, l'Océan. Prière de ne pas se retourner, histoire d'éviter la brutale confrontation avec l'autre versant de cette fameuse falaise : les échoppes de souvenirs. En fin d'après-midi, les couleurs sont plus douces et le soleil moins gênant, mais les photographes peuvent apprécier les contre-jours du matin, surtout si la brume est de la partie.

La vue depuis le snack-bar Miradouro Cruz da Caldeira, juste avant la déviation pour le Cabo Girão, en venant de Câmara, est belle aussi. Superbe belvédère sur la baie du village qui grignote les flancs des montagnes. De plus, il n'y a pas de vendeurs de cartes postales.

Tandis qu'on poursuit la route, c'est la campagne qui commence, la vraie. Funchal est déjà loin, au moins 15 km ! On voit le côté ouest du Cabo Girão. C'est le début des cultures en terrasses, patiemment établies, qui évoquent plutôt des falaises que des champs. Pas une acre de terre n'est perdue : pour ne pas gaspiller d'espace, on ne construit pas de cabane à outils, on la creuse dans le roc d'une terrasse, sous la précédente. Surveillez bien la route, les gamins du coin se font peur en la descendant en skateboard jusqu'à la mer.

Peu avant d'arriver à Ribeira Brava, un mirador sur la gauche (indiqué par une pancarte) offre une très belle vue sur la crénelure de la côte sud et la ville, en contrebas, paisiblement affalée sous le soleil, tandis que le défilé vers Serra de Agua, à droite, semble s'enfoncer dans l'antre de la terre.

RIBEIRA BRAVA

Ribeira Brava apparaît comme un gros bourg dont l'importance tient, pour une bonne part, à la route qui part vers le nord. Pour aller à São Vicente, c'est maintenant qu'il faut tourner.

Le bord de mer a été complètement réaménagé il y a peu, offrant piscine, parasols, palmiers et un coin où poser sa serviette. Les quelques ruelles pavées du centre sont attachantes, mais les marchands ont grappillé la moindre parcelle de terrain pour accueillir les cars d'excursions à bras ouverts. La ville n'offre ainsi pas d'intérêt particulier, on pourra sans crainte limiter sa visite au temps nécessaire pour se dégourdir les jambes ou pour déjeuner, mais, malgré tout, le charme opère en soirée, quand les badauds ont plié bagages ; on s'attarde volontiers sur la petite place de l'église ; on prend le frais à la terrasse d'un café ; et il est bon de flâner sur les berges de l'océan, depuis que les palissades ont laissé la place aux palmiers. Le charme d'une petite station balnéaire.

Pratique

■ **UN MINUSCULE OFFICE DU TOURISME** pourra vous donner quelques informations, sur le bord de mer (enfin, entre les clôtures, à l'heure actuelle). **Rua Principe D. Luis, 10 ✆ 291 972 850.** *Ouvert du lundi au vendredi de 9h à 12h30 et de 14h à 1h, le samedi de 9h à 12h.* N'attendez aucun miracle.

■ **MUNICIPALITÉ. Rua do Visconde, 56** ✆ 291 952 548 – Fax : 291 952 182.

■ **POSTE. En face de l'église S. Bento.** *Fermée à 17h30.*

■ **PHARMACIE. Rua de S. Bento, 5** (la rue qui part de l'église).

■ **CENTRE DE SANTÉ ✆ 291 952 441.** *Ouvert de 8h30 à 18h.*

Hébergement

■ **RESIDENCIAL CANCIO'S. Rua São Bento, 37 ✆ 291 951 867 – 965 527 005.** *Prix : 30 € pour 2 personnes avec petit-déjeuner (25 € sans).* Dans la vieille ville, un ensemble de vingt petits appartements familiaux, avec cuisine et jardin intérieur ensoleillé mais surtout très rafraîchissant dans la cacophonie urbaine (fait aussi office de restaurant, O Patio). On cuisine au barbecue de succulentes morues.

■ **RESIDENCIAL SÃO BENTO. Rua 1° Dezembro ✆ 291 951 506 – Fax : 291 951 505.** *Simple à 25 €, double à 40 €, suite à 50 €, triple à 60 €. Petit-déjeuner inclus.* Une pension récente au mobilier un peu hétéroclite. Chambres assez spacieuses mais salles de bains souvent étroites. La suite, à la décoration luxueuse, offre une très belle vue sur l'église et la place. Bien situé… mais à l'étage d'un centre commercial.

■ **QUINTA VALE DO TIL. Boa Morte, Sao Joao, Campanário ✆ 291 750 000 – quintavaledotil @charminghotelsmadeira.com – www.charminghotelsmadeira.com –** *Compter entre 70 et 105 € la maison pour quatre selon la saison, 140 € à Pâques et Noël. Personne supplémentaire entre 20 et 30 €. Le tarif inclut le ménage quotidien et le changement des draps une fois par semaine.* Il s'agit d'une quinta privée de quatre chambres, pouvant accueillir jusqu'à huit personnes, à 3 km du centre de Ribeira Brava. Beau panorama sur la vallée. Confortable, une bonne solution pour les amis ou les groupes.

■ **HÔTEL DO CAMPO. Sitio do Pico Banda Além (1,5 km de la ville) ✆ 291 950 270 – Fax : 291 950 279 – hoteldocampo@hoteldocampo.com – www.hoteldocampo.com –** *Compter 86 € la double, 75 € la simple, lit supplémentaire à 25 €, suite à 120 € sur les 34 chambres avec téléphone, coffre-fort, air conditionné. Petit-déjeuner inclus. Restaurant, bar, sauna, salle de musculation, jacuzzi, bains turcs. Piscine extérieure, jardins.* Joli panorama (depuis l'esplanade depuis la piscine notamment), ensemble moderne et lumineux. La location d'un véhicule est recommandée.

Restaurants

Le mieux est encore de manger à votre hôtel. Pour les plus petites bourses qui logent en ville :

■ **SNACK-BAR TRIÂNGULO. A l'angle de la rua do Visconde.** Petite terrasse ensoleillée. Pour grignoter pas cher.

■ **PIZZARIA LA TORTELLINI ✆ 291 957 120.** *Plat du jour à 5 €.* Sur le front de mer, au-dessus du marché. Terrasse très agréable, populaire.

Points d'intérêt

■ **L'ÉGLISE SÃO BENTO,** construite au XVe siècle et depuis remaniée, mérite un arrêt pour ses tableaux. Dans l'ombre, une Vierge et l'Enfant, auprès de saint Benoît et saint Bernard, d'inspiration flamande. Le reste de l'église, à vrai dire, est un mélange guère réussi d'époques superposées, et dont la pire partie est constituée par le plafond couvert d'un redoutable contreplaqué verni.

■ **Sinon, on peut aller faire un saut au MUSEU ETNOGRÁFICO DA MADEIRA. Rua de São Francisco, 24 © 291 952 598 – Fax : 291 957 313.** *Ouvert de 10h à 12h30 et de 14h à 19h, sauf lundis et fêtes. Entrée : 2 €.* Pêche, agriculture, vin, etc., bref tout ce qui a fait et fait encore la vie des Madériens. Mérite un coup d'œil pour peu que l'on s'intéresse à la vie locale.

PONTA DO SOL

Contrairement à ce que l'on imagine en arrivant, Ponta do Sol n'est pas un nouveau « typique village de pêcheurs ». C'est de l'agriculture qu'on a toujours vécu ici, comme en témoigne le Solar dos Esmeraldos, palais construit au XVIe siècle par João Esmeraldo, l'une des premières fortunes du sucre à Madère. Cette maison, réputée être la plus grande de l'île, est aujourd'hui quand même passablement délabrée. Pour les amoureux de vieilles pierres.

Dans la chapelle Espírito Santo, construite par le même Esmeraldo, on remarquera des azulejos anciens et un autel en bois sculpté et doré.

En face, de l'autre côté du bord de mer aménagé (plaisantes promenades), le restaurant snack-bar Quinta do Avelada propose, outre une carte assez classique et plutôt bon marché (poissons à 8 €), une très jolie terrasse sur l'océan.

On peut continuer en suivant au plus près la mer et passer par Madalena do Mar, ou prendre la route parallèle (une façon de parler, compte tenu du nombre de virages) qui passe un peu plus au-dessus, si on a un besoin urgent de station-service.

▶ **Un peu après Ponta do Sol,** un joli pont de pierre mène à une arche d'où la vue est fort belle ; un peu après, une surprise attend ceux qui ont loué une voiture décapotable : une cascade enjambe la route, arrosant copieusement les voitures qui passent (ce genre de gags se répète assez souvent autour de l'île) !

ARCO DA CALHETA

Sur les hauteurs (quitter la route côtière un moment), on peut monter jusqu'au Pico da Calheta pour se dégourdir les jambes. A 800 m d'altitude, il offre une vue exceptionnelle, et la promenade n'est pas trop longue.

Surtout, c'est l'occasion de découvrir, dans le village, la petite chapelle de Notre-Dame-de-Lorette. Elle se distingue par son plafond mauresque, très singulier. Que vient faire l'influence arabe à Madère, à une époque où le Portugal avait achevé depuis des siècles sa « Reconquista » ? Mystère. Mais cette découverte, dans une île où le poids du catholicisme est omniprésent, voire étouffant, a un côté séduisant.

Un autre beau point de vue, plus dégagé, vous est proposé juste au-dessus du village. C'est le petit plateau de Saint-Antoine, que les gens appellent O Farol ; au bout de la route, on peut y camper, mais surtout manger un « espada » particulièrement bien préparé au restaurant Costa Verde. La vue de la terrasse est majestueuse. De là, on part à pied en remontant vers la grande « levada » de la côte sud, puis la suivre vers l'ouest et en redescendre par l'une des nombreuses petites routes. Retour en bus, en taxi, ou en stop.

▶ **Pour aller d'Arco de Calheta à Calheta,** passer plutôt par le bord de mer.

Hébergement

■ **CENTRO DE JUVENTUDE. Vila Calheta © 291 822 500 – Fax : 291 822 507. Renseignements à la municipalité © 291 820 209 – Fax : 291 820 209 – camara@cm-calheta-madeira.com – www.cm-calheta-madeira.com –** *Compter 5 € par personne. Si vous avez plus de 25 ans, vous devez acquitter une taxe de 3 € supplémentaires.* Equipé de 4 dortoirs, deux de six lits, l'un de huit lits, le dernier de dix lits. En tout cas, c'est simple mais pas cher, et les marcheurs (disposant d'un véhicule, c'est mieux, il y a un parking) apprécieront. Réservations à effectuer au moins dix jours avant la date du séjour.

CALHETA

C'est un pâté de maisons à vocation touristique. L'imposant complexe hôtelier Calheta Beach se dresse en bord de route, au milieu de nulle part pour ainsi dire. Manque cruellement de caractère, et suggère, hélas, qu'on y semble davantage concernés par les finances que par les paysages. Du sable blanc a récemment été importé du Maroc pour satisfaire les exigences d'une certaine classe de touristes et d'entrepreneurs, qui semble vouloir « canariser » (c'est-à-dire reproduire à l'infini l'exemple des Canaries) tous les bords de mer du monde, comme si le sable (blanc) avait meilleure figure que la roche (noire), comme s'il fallait à tout prix lézarder et pas penser. Un peu dommage, comme en conviennent les Madériens eux-mêmes : à quand l'importation de l'eau brûlante et cristalline des Caraïbes ?

- **UN CENTRE COMMERCIAL PINGO DOCE** a ouvert ses portes, si vous avez oublié d'acheter le jambon pour les sandwichs.

Au cas où vous auriez carrément oublié les sandwichs, vous avez aussi la possibilité de manger dans un restaurant au bord de mer :

- **ROCHA MAR © 291 823 600.** Populaire, bons poissons frais. Agréable terrasse sur la mer. Grosses salades et excellent bolo de caco.

Point d'intérêt

- **CENTRE CULTURAL « CASA DAS MUDAS ». Vale de Amores © 291 822 808.** *Ouvert du mardi au dimanche de 10h à 19h. Entrée : 5 €. Personnes âgées et groupes de plus de dix personnes : 2,5 €.* Un nouveau Centre des arts, évoquant les arts en général et l'art moderne plus spécifiquement. Répartis en deux bâtiments sur 12 000 m², le centre est situé dans une antique demeure du XVIe siècle ayant appartenu à la petite-fille de João Gonçalves Zarco. Expositions temporaires d'artistes contemporains, concerts, spectacles, pièces de théâtre.

PRAZERES

Pour ceux qui veulent résider à la campagne avec toutes les commodités d'une petite ville.

- **JARDIM ATLÂNTICO HOTEL. Lombo da Rocha-Prazeres © 291 820 220 – Fax : 291 820 221 – www.jardimatlantico.com – info@jardimatlantico.com** – *En haute saison, T0 avec kitchenette à 62 € pour un, et 104 € pour 2 personnes, T1 à 118 € pour 2 personnes, 144 € pour 3 personnes et 168 € pour 4 personnes ; bungalows à 128 € pour 2 personnes et 152 € pour 3 personnes. Suite T2 pour cinq personnes à 185 €. Compter entre 50 € et 148 € en basse saison. Petit-déjeuner inclus. Demi-pension à 22 €.* Les prix ne sont pas si élevés par rapport aux services proposés. Il s'agit d'un ensemble très fleuri et coloré, qui jouit d'une vue imprenable sur Jardim do Mar et Paúl do Mar. L'hôtel s'inscrit dans une véritable politique de conservation de l'environnement (tri des déchets, recyclage, etc.), qui se traduit aussi dans les décorations des chambres (peintures naïves, tons apaisants, etc.) ou dans la cuisine (menus végétariens, produits organiques). Centre de santé, piscine, tennis… La « grosse » structure la plus intéressante de l'ouest de l'île.

Vue générale de Ponta do Sol

JARDIM DO MAR

Ce petit village n'a pas encore perdu son authenticité. Havre de paix pour tous les amoureux de la nature, il est néanmoins peu à peu convoité par les magnats du tourisme. Une nouvelle promenade balnéaire vient d'être aménagée, sentant un peu le béton pour l'instant, mais les plantes et les palmiers devraient colorer l'ensemble à l'avenir. Un parking à l'asphalte rutilant a été percé à l'entrée, prélude sans doute à une invasion future (mais ne soyons pas bégueule : il permet aussi de désengorger la petite place, vite encombrée les dimanches lors des visites familiales). Précisons que vous n'avez pas le droit d'entrer dans le village en voiture, et qu'il faut laisser celle-ci au parking (et donc trimbaler vos affaires jusqu'à l'hôtel si vous comptez y loger… mais ce n'est pas long, et vous pouvez toujours demander que l'on vous aide à la réception).

En tout cas, il est délicieux de se perdre dans les petites ruelles qui débouchent sur des jardins, des bananeraies ou l'océan. Les lézards sont les vrais locataires de ce petit éden océanique, et l'on prend vite l'habitude de fonctionner comme eux : méditer devant la mer, se griser du coucher de soleil, boire des jus de fruits et paresser sur les terrasses. Dans le village, cherchez le hamac mis sous verre ; daté du XIXe siècle, il servait à transporter les riches ou les malades, comme une civière.

Jardim do Mar est aussi un coin de prédilection pour les surfeurs, qui y trouveront de bonnes vagues. Les débutants s'abstiendront ; la côte nord offre de bons spots plus évidents pour une première approche.

Enfin, de superbes balades sont possibles dans les environs. Les randonneurs songeront à rallier Ponta do Pargo, Prazeres, ou Paúl do Mar (accessible par la côte à marée basse).

Hébergement – Restaurant

■ **MORADIA TURÍSTICA CECÍLIA. Sítio da Igreja © 966 142 652 – Fax : 291 822 642 – pontajardim@hotmail.com –** *Compter environ 35 € la double. Suivez les petites pancartes ou demandez.* Le coin préféré des surfeurs qui participent à la chaleureuse ambiance de ce petit « hôtel » sans prétention. Accueil attachant de Cecília, qui prépare de très bons jus de fruits. Une cuisine, une terrasse pour prendre le frais, un petit jardin… Mais n'espérez pas la lune : c'est assez rudimentaire, les chambres sont exiguës et pas vraiment isolées. Pour les petits budgets et tous ceux qui recherchent une atmosphère différente, ça va. Les éternels grincheux grinceront des dents.

■ **HÔTEL JARDIM DO MAR © 291 823 616 – Fax : 291 823 617 – marnoia@hotmail.com –** *De 45 € à 80 € pour une chambre double ou une suite panoramique.* Près de 30 chambres confortables dans un cadre charmant, jouissant de superbes vues sur l'océan. Le restaurant, à la carte et aux prix classiques, est plutôt bon. Une adresse que l'on peut conseiller dans les environs (il n'y en a pas beaucoup, de toute façon).

@ *« C'est un 3 étoiles sans prétention, familial et chaleureux, situé dans un village écarté des grands passages et en cela plutôt authentique. Si l'on dispose d'une voiture, c'est un bon endroit pour rayonner. » Jean-Marc Farchal, Paris.*

■ **JOE'S BAR.** *On y sert des jus de fruits convenables à 2,20 €, des sandwichs, des plats rapides.* Pour s'attarder un petit peu quand on vient de marcher pendant deux minutes avant de rempiler pour deux autres tout aussi délicates.

Dans les environs

Un tunnel relie Jardim do Mar à Paúl do Mar, petit village bien agréable, destiné principalement aux amateurs de vin de Madère. C'est là qu'ont prospéré en leur temps les meilleures vignes de Malvoisie. Quelques bouteilles amoureusement gardées dans les caves de Funchal attendent l'amateur fortuné.

On grimpe ensuite pour de magnifiques points de vue sur la côte et le petit village de Paúl do Mar ; ce parcours ravira les amateurs de routes en corniche : c'est l'une des plus belles de l'île (assez courte pour ne pas attraper de torticolis !). Tout en haut, arrêtez-vous au **snack-bar O Precipício** (© 291 872 425) qui porte bien son nom. En effet, le panorama est tout à fait prodigieux sur le village de Paúl do Mar niché en contrebas et les falaises abruptes qui le surplombent. L'occasion de se restaurer ou se désaltérer dans un environnement assez privilégié (repas et bière pas chers !).

PONTA DO PARGO

Ponta do Pargo est la pointe occidentale de Madère. Il faut suivre sans hésiter la petite route asphaltée qui descend vers le phare (suivre le panneau « Farol »). A presque 400 m d'altitude, celui-ci domine la falaise. Un muret à franchir, et on se retrouve sur une petite avancée surplombant la mer.

C'est encore le grand calme, les vendeurs de cartes postales ne sont pas arrivés, la mer est bleue et transparente, les goélands déploient des arabesques subtiles sans donner un coup d'aile. Ici, les bateaux qui passent sont minuscules, mais on devine la silhouette d'un pêcheur. On ne sait pas bien si on distingue les vagues, ou si on les imagine.

Bien sûr, il manque près de 200 m de hauteur pour égaler le Cabo Girão, mais on est prêt à échanger sans hésiter.

Hébergement – Restaurant

■ **RESIDENCIAL O FAROL © 291 880 010 – Fax : 291 880 019 – www.residencialofarol.pt.vu – residencialofarol@sapo.pt** – *Prix très raisonnables. Etablissement classé 4 étoiles.* Peut-être exagéré, mais l'environnement vous assure des nuits à dix mille étoiles. Dans un cadre suprêmement tranquille, 10 chambres doubles confortables (chauffage). Les prix sont vraiment doux. Il n'y aura que les vaches, les moutons ou les arcs-en-ciel pour vous accompagner dans votre retraite. Une adresse qui conviendra à tous ceux qui apprécient un certain confort mais préfèrent résider au vert. En hiver, il ne faut pas craindre de s'y sentir seul.

■ **O'FIO.** En suivant la pancarte « mirador » depuis le phare, on gagne cette casa très séduisante, perchée sur l'autre versant de la falaise (vue imprenable depuis la terrasse, moins spectaculaire cependant que depuis le phare). On peut y grignoter, y manger, se prélasser un moment au soleil, attendre que la nuit nous surprenne…

SANTA MARIA DE MADALENA (ou « SANTA »)

Sur les trois faces du clocher bruyant, il y a trois horloges. Chacune donne une heure de son choix, toutes différentes. Mais on se moque de l'heure, quand on parvient à ce petit village oublié entre côtes et marais. Il ne passe que des nuages blancs dans le ciel, des anges peut-être, gardiens de la tranquillité de ce coin qui respire la sérénité. Aucune curiosité touristique, pas de station balnéaire, mais un air d'un autre temps, et un endroit intéressant pour rayonner vers les levadas de la côte ou les gorges verdoyantes de Rabaçal.

Hébergement – Restaurants

■ **CABANA DO PICO © 291 748 222 – 962 906 146 – www.peakcottage.com – peakcottage@peakcottage.com** – *Prix : 55 € le cottage en été (juillet à septembre), 45 € le reste de l'année ; pour un ou deux normalement, mais enfants acceptés de 3 à 15 ans avec un supplément de 10 € par tête. On doit réserver pour deux nuits minimum.* Quelques kilomètres après Achadas da Cruz, suivre la pancarte indiquant « Campo de Fútbol » sur la droite (dans le sens inverse, la pancarte indique Lamaceiros, à la sortie de Santa). Peu après, une autre pancarte sur la gauche signalisant la maison invite à emprunter un petit chemin. Le cottage se trouve juste sur la gauche, en haut d'une courte pente très raide. Isolé au milieu des fleurs et des eucalyptus, c'est un endroit rêvé pour les amoureux, les familles, et tous ceux qui préfèrent séjourner quelque temps au même endroit. Il se compose de deux « étages », une salle de séjour avec une cheminée, une cuisine et des sanitaires en bas, une vaste chambre et une salle de bains au-dessus. TV câblée et hi-fi pour la modernité, et mobilier plus traditionnel, décoré avec beaucoup de goût. L'endroit ressemble en fait à un gîte de montagne douillet. L'accueil de Madalena ou d'Alberto est adorable. On s'y sent vraiment bien. Une adresse que nous recommandons chaleureusement.

■ **PENSÃO RESIDENCIAL FERNANDES © 291 853 136.** *Compter moins de 30 € la chambre double.* En face de l'église, M. et Mme Fernandes font hôtel, restaurant, supermarché, boucherie et taxi. L'adresse n'est pas chère, les propriétaires sont charmants, et l'ensemble est convenable. La décoration ne plaira peut-être pas à tout le monde.

■ **CHURRASCARIA DO NORTE. Sítio do Cabo Salao © 968 068 377 – 966 103 572.** *Près de l'église.* Si vous séjournez dans le coin, cette adresse vous dépannera sans prétention.

▸ **Il y a aussi une boulangerie** dans le village, pratique pour préparer ses sandwichs.

Dans les environs

Pour rejoindre la levada da Janela, recommandée pour ses superbes panoramas, il suffit de prendre la route de Porto Moniz et d'emprunter la bifurcation sur la droite quand on vous y invite. Paysage sauvage de toute beauté.

Azulejos

Côte Nord de Madère sous un ciel d'orage

Cultures en terrasse

Vue générale de Porto Moniz

Paysage de Madère

Vallée de São Vicente

La côte Nord

La route qui longe la mer en partant vers l'est depuis Porto Moniz était très impressionnante : on la surnommait « la route de l'or » parce qu'elle avait coûté très cher (on avait mis seize ans à la construire !). C'était probablement l'un des plus beaux parcours de l'île. Les récents travaux d'aménagement ont permis la construction d'une voie rapide (deux voies seulement) entre São Vicente et Porto Moniz. Cette dernière, station insulaire à la mode, est dorénavant joignable de l'aéroport en moins de 45 minutes. Fini les tunnels ruisselants éclairés par trois loupiotes tremblantes, les cascades qui se jettent du haut de la montagne en passant par-dessus la voiture… Toutefois, certains tronçons restent encore opérationnels, et les touristes pourront peut-être les emprunter afin de jouir du spectacle incomparable des falaises et des vagues. Mais le charme est brisé quand même : les commodités de notre temps s'accordent rarement avec la beauté sauvage des espaces d'autrefois. Une question de priorité, bien sûr. Est-ce un bien, un mal ? C'est ainsi.

PORTO MONIZ

Les dépliants le disent : c'est la ville la plus septentrionale de Madère. Pour ceux qui pensent « Pôle Nord » quand on dit septentrional, disons que c'est la ville la moins au sud de l'île. En haut sur la carte, quoi. Vous y trouverez quand même un restaurant s'appelant Polo Norte.

Autrefois paisible, ce petit village « typique » a profondément changé au cours des dernières années : c'est aujourd'hui le coin à la mode de Madère, jouissant de piscines naturelles convoitées. De nombreuses cultures séparées par leurs murets de basalte ont été remplacées par des hôtels qui se ressemblent tous plus ou moins. Mais restons honnêtes : pour ceux qui pensent « Ibiza » quand on dit station balnéaire, disons que c'est le lieu de réunion de la plupart des cars d'excursion. Le centre du village, sur les hauteurs, est préservé ; et le panorama délivré par le mirador, depuis la route de Santa, confirme que la frénésie de construction n'a pas complètement défiguré le site et les cultures.

Bref, soyons optimistes ! Derrière les hôtels… les potagers.

Pratique

■ **OFFICE DU TOURISME © 291 852 594.** Bon accueil en français également. Vous saurez tout ce qu'il faut faire ou ne pas faire dans les environs.

■ **MUNICIPALITÉ. PRAÇA DO LYRA VILA** © 291 850 180 – Fax : 291 852 998 – cm.portomoniz@mail.telepac.pt.

▸ Pas de pharmacie à Porto Moniz, mais un **poste de médicaments à Penedia** © 291 852 285.

Hébergement

Il n'est dorénavant plus possible de camper à Porto Moniz. Amis routards, courage ! il existe un « Centre de la jeunesse » pour les petits budgets !

■ **CENTRO DE JUVENTUDE DO PORTO MONIZ ©/Fax : 291 853 915.** *Compter 6 € par personne sans sanitaires privés, 8 € avec. Si vous avez plus de 25 ans, une taxe de 3 € en sus est imposée. Réservations au moins dix jours avant la date du séjour. Une bonne option pas chère. Renseignements possibles à la Chambre municipale ou à l'office du tourisme.* A dix minutes des piscines. Deux dortoirs de quatre lits et un dortoir de huit lits. Parking, poste Internet, cuisine évidemment.

■ **RESIDENCIAL RODRIGUES © 291 853 233.** *L'un des moins chers du coin. Compter 30 € avec petit-déjeuner.* Petite pension sur deux étages, avec son jardin de maison de campagne. Neuf petites chambres, dont quatre avec kitchenette blanche. Le tout, cent fois plus attirant que les hôtels en perpétuels travaux d'agrandissement qui ont annexé le front de mer.

■ **RESIDENCIAL PÉROLA DO NORTE ©/Fax : 291 853 000.** *Compter 20 € pour 1 personne et 30 € pour 2 personnes.* Un ensemble de 10 chambres un peu exiguës mais encore honnêtes pour le prix. Restaurant en bas, qui propose des plats pas chers.

■ **RESIDENCIAL ATLÂNTICO © 291 852 500 – Fax : 291 852 504.** *Prix : 25 € la simple, 30 € la double. Petit-déjeuner.* Un établissement récent, doté d'un restaurant, et plutôt confortable. Les six chambres et les deux suites ont toutes une vue sur la mer. Meilleure affaire que l'adresse précédente. L'ensemble souffre toutefois de la nouvelle situation du Moniz Sol, juste en face.

■ **RESIDENCIAL CALHAU. Sítio das Poças ✆ 291 853 104 – Fax : 291 853 443.** *Compter autour de 40 € pour 2 personnes.* Les quinze chambres donnant sur la mer sont simples et blanches. Les extincteurs sont magnifiques, on les dirait plaqués or. On ne choisit pas un hôtel pour ses extincteurs, mais là, c'est épatant.

■ **RESIDENCIAL SALGUEIROS. Lugar do Tenente ✆ 291 850 080 – Fax: 291 850 089 – hotelsalgueiros@hotmail.com** – *Simple à 32,50 €, double à 40 € en été (27,50 € et 35 € en hiver); suite à 60 € ou 65 €. Chambre 206 à 60 € également, petit appartement original, sous les combles, avec cuisine. Petit-déjeuner inclus.* Un total de 22 chambres confortables. Bon rapport qualité/prix. Le restaurant en bas est très correct. *Compter autour de 10 € par personne, vin compris.*

■ **HÔTEL EURO MONIZ ✆ 291 850 050 – Fax: 291 853 933 – www.euromoniz.com – reservas@euromoniz.com** – *Compter à partir de 40 € la double avec vue sur l'arrière, 46 € avec vue sur la mer (préférable), 51 € pour une chambre de catégorie « supérieure » (plus vaste), 70 € pour la suite (minibar). Si vous résidez sept jours à l'hôtel, on vous offre une nuit gratuite.* Tout nouveau. Ce sont 33 chambres, dont 2 suites équipées comme il se doit (double vitrage). Classique, fonctionnel et confortable. L'établissement n'est pas écrasé par le béton, et c'est tant mieux. Bar panoramique, sauna, piscine intérieure chauffée, jacuzzi, salle de gym...

■ **HÔTEL MONIZ SOL ✆ 291 850 150 – Fax: 291 850 155 – www.hotelmonizsol.com – reservas@hotelmonizsol.com** – *De mai à octobre, 50 € la simple, 65 € la double, 100 € la suite; le reste de l'année, compter respectivement 40 €, 52 € et 80 €. Petit-déjeuner inclus. Demi-pension à 14 €, pension complète à 26 €, par personne.* Toutes les chambres ont vue sur la mer. L'intérieur aux teintes pastel est plaisant. Cela change un peu des continuelles peintures blanches un peu livides. Sauna, jacuzzi, bains turcs, petit gymnase, etc. Bon accueil.

Restaurants

■ **POLO NORTE.** En terrasse, un grill pour manger à 10 € environ ou même un simple plat à partir de 5 €. En dessous, une salle plus classique et au même prix. Pourquoi se priver de la vue?

■ **MAR A VISTA. En face de l'hôtel Euro Moniz.** Grande salle informelle, mais bonne cuisine (steak à la banane). Le midi, un menu complet est proposé à prix doux. Jolie terrasse sur la mer.

■ **ORCA.** *Compter à partir de 10 € environ.* Il est difficile de gagner sur la mer sans enlaidir... Mais le restaurant et sa terrasse qui reçoit les embruns sont trop tentants. Tous les bus en excursion semblent avoir décidé de s'y arrêter. On évitera donc l'adresse prudemment à l'heure du déjeuner, à moins d'aimer le grand monde et le grand bruit. En soirée, c'est déjà mieux pour boire une bière. Le menu traditionnel est plutôt bon : soupe de poissons, filet d'espada servi à la Delicia (aux bananes), aux kiwis, au fruit de la passion ou nappé de crème fraîche et champignons (on aura compris qu'il s'agit de la spécialité de la maison).

Manifestations

▸ **Fin juin et début juillet,** si vous êtes dans les parages, allez faire un tour à la **semaine de la mer :** beaucoup d'animation, des jeux aquatiques, des régates de canoë, etc.

▸ **La « Feira do Gado » (Fête du Troupeau) se tient mi-juillet;** même si vous n'êtes pas un assidu de l'agriculture et de la pêche, c'est un événement très fameux et plutôt pittoresque.

Points d'intérêt

■ **PORTO MONIZ POSSÈDE DES PISCINES NATURELLES FAMEUSES.** On le comprend en arrivant par la route depuis Santa, qui surplombe la petite ville : des sécrétions de lave ont formé une petite avancée plate au pied de la falaise, et la frange de ce replat, en bordure de l'eau, crée des bassins que la mer a transformés en piscines. Quelques coups de truelle pour en permettre l'accès ont fait de Porto Moniz, jusqu'alors surtout connu pour sa foire aux bestiaux, une petite station balnéaire. Le site, bien que concédant un peu trop d'espace au béton, est charmant. Les piscines s'égrènent entre les roches noires. Elles restent ouvertes jusqu'à 19 heures (dommage! Pas de bain de minuit...) et l'entrée coûte 1 €. En été, inutile d'espérer vous y trouver seul, à moins de vous lever aux aurores.

■ **CENTRE CULTUREL ET SCIENTIFIQUE.** Tout nouveau. Ce centre interactif permet aux visiteurs de participer activement à leur découverte, de façon dynamique. Lors de notre passage, une exposition temporaire sur le sujet « science et sport » permettait d'aborder les sports traditionnels et certains sports extrêmes, le développement des technologies et la course à la performance afférente. Une zone « Ciência Viva » met en scène des expositions sur le domaine de la science. Le centre dispose aussi d'un auditorium où l'on peut réaliser des congrès et des symposiums.

■ **AQUARIUM. Pour tout renseignement : www.aquariodamadeira.com –** Une réplique du fort de São João Baptista a été édifiée en bord de mer. Celui-ci avait été levé en 1730 pour résister aux invasions des pirates. A l'époque, Porto Moniz était le site de débarquement le plus populaire du nord de l'île. Un siècle plus tard, le fort était à l'abandon ; à la fin du XIXe siècle, on le négocia sur la place publique et il n'en resta plus que des ruines. Celles-ci furent rachetées par la ville en 1998, qui le reproduisit à l'identique selon une iconographie existante. L'intérieur abrite aujourd'hui cet aquarium, une « nouveauté toute nouvelle » comme dirait l'autre, que nous invitons à découvrir pour partager vos impressions. On projetait d'exposer un requin du grand large, mais le malheureux ne se nourrissait plus à l'heure où nous écrivons ces lignes et nous ne savons pas ce qu'il en sera.

SEIXAL

On risque de passer à Seixal sans s'en apercevoir, ou presque. La route s'est écartée un peu de la mer, on croise quelques maisons… Apparemment, il n'y a pas grand-chose à faire. Mais on aurait bien tort de filer sans demander son reste : la ville s'enorgueillit depuis peu d'une jolie petite plage de sable noire, nichée au creux des roches. Une minuscule piscine naturelle faisait autrefois les délices des connaisseurs, mais la modernité a eu raison d'elle : en « restructuration » lors de notre passage, elle promet de bénéficier de toutes les commodités d'usage.

Hébergement – Restaurants

■ **SOLMAR. Perto da Ponte © 291 854 854 – Fax : 291 854 855.** *Autour de 25 € la simple et 35 € la double avec petit-déjeuner.* Dans le centre du village, en bord de route, voilà une pension à l'accueil très agréable. Les six chambres donnent sur la mer. Elles sont assez grandes, plaisantes et bon marché. Le restaurant est convenable. Petit-déjeuner copieux. La patronne parle un très bon français.

■ **BRISA MAR. Sitio do Caís © 291 854 476 – Fax : 291 854 477 – brisamar@clix.pt –** *25 € pour 1 personne, 40 € pour 2 personnes.* A deux pas de la piscine naturelle. Ce sont 12 chambres honnêtes. Petit-déjeuner inclus. Le restaurant est souvent recommandé, mais il n'a rien d'extraordinaire non plus (bons filets d'espada néanmoins).

■ **CASA DAS VIDEIRAS. Sítio da Serra d'Agua © 291 854 020 – Fax : 291 854 021 – www.casa-das-videiras.com – info@casa-das-videiras.com –** *Compter 50 € pour 1 ou 2 personnes, par chambre.* Près du « port » et des piscines naturelles. Depuis la route principale, suivre la direction « Caís » juste après l'église en venant de Porto Moniz, puis la pancarte de la propriété. On arrive à une espèce de parking, la maison est en face. Superbe demeure bourgeoise, richement décorée à l'intérieur, qui ravira les amoureux des vieilles pierres. Quatre chambres (dont l'une à part, en face de la maison principale, dispose d'une petite véranda exquise) très confortables avec salle de bains, vaste salle à manger, petit salon avec TV câblée, cuisine. On loue la maison en entier. Petit-déjeuner délicieux et copieux inclus. Une bonne adresse, très intéressante à plusieurs.

Porto Moniz, piscine naturelle

La spectaculaire route du nord

Pour vraiment apprécier la superbe route du nord entre la cascade de la Fiancée et São Vicente, il vaut en fait mieux la prendre dans le sens inverse, c'est-à-dire de São Vicente à Seixal. De récents travaux ont en effet ouvert des tunnels, qui facilitent certes le transit, mais ne livrent aucun panorama mémorable. Dans le « bon » sens, il est possible d'éviter les tunnels et d'emprunter la vieille route en corniche. Le trajet n'est pas long ; si vous venez de Porto Moniz, vous pouvez rejoindre São Vicente puis revenir sur vos pas pour prendre l'ancienne route (la piste qui s'engage à flanc de falaise !), jusqu'à la cascade – où il est possible de faire demi-tour sans problème.

Point d'intérêt

■ **PRAIA DA LAJE** est une belle petite plage de sable noir, à laquelle on accède par une sorte de « croisette », depuis l'entrée de la ville en provenance de Porto Moniz. Rien de spectaculaire, une petite crique attachante, un snack-bar (sanitaires), les falaises alentour, les remous incessants des vagues océaniques… Récemment aménagé (juin 2004), le coin n'était pas très populaire lors de notre dernier passage, et constituait une heureuse surprise, comme la meilleure alternative possible aux plages bondées de la côte sud de l'île.

De l'autre côté du village, les piscines naturelles étaient en construction lors de notre passage. Plus de béton, plus d'organisation… Mais il était bien difficile de se faire une idée précise du résultat.

Dans les environs

■ **CHÃO DA RIBEIRA.** On peut grimper tout là-haut depuis la route principale. En chemin, les panoramas sur Seixal sont très jolis. Puis on arrive dans une espèce de cirque sauvage. Dommage que de grands poteaux électriques gâchent l'impression d'ensemble. On verra de belles petites maisons traditionnelles en pierre de-ci, de-là. Il n'y a pas grand-chose, c'est vrai, mais on est à des années-lumière de l'agitation touristique de la côte. Un peu plus loin, la Casa de Pasto Justiniano est une option pour se restaurer à l'écart du bruit et de la foule. Plats traditionnels et prix tout à fait accessibles.

On peut continuer un peu plus loin encore, jusqu'au petit pont, et poursuivre une centaine de mètres jusqu'à la pancarte indiquant l'entrée du parc de la forêt Laurisilva. Les promenades dans les environs sont conseillées : on peut même grimper jusqu'au **Paúl da Serra** (ou en redescendre, évidemment) !

Partout les petites maisons ont l'air d'être abandonnées, de temps à autre une vieille femme se redresse tout à coup au milieu de ses laitues, image d'un autre temps, bien présent pourtant. Le visage de Madère avant « l'invasion », peut-être.

■ **LA CASCADE DU « VEÚ DA NOIVA ».** En reprenant la route vers São Vicente, peu après Seixal, il est judicieux de s'arrêter à gauche de la route, au lieudit « Veú da Noiva ». On peut contempler une cascade, une de plus direz-vous, mais celle-ci est vraiment somptueuse : elle se jette littéralement dans la mer, au-dessus de l'ancienne route fermée maintenant à la circulation. Un petit futé madérien a trouvé 6 m² libres en face, et a ouvert un petit bar et une échoppe de souvenirs, où se poser et où flâner devant le spectacle.

SÃO VICENTE

A la croisée de la route côtière et de la seule route traversant l'île du sud au nord, le petit centre propret de São Vicente est en retrait de la mer d'un bon kilomètre. Le village est dominé par la chapelle de São Roque, construite en 1692 sur un piton rocheux pour se protéger des pirates et de la marée. La vue y est jolie sur la vallée.

On trouve sur place tous les commerces.

Hébergement

Pas moins de quatre possibilités, à proximité de la mer, d'un côté ou de l'autre de l'ancienne route côtière, à l'écart du village.

■ **ESTALAGEM DO MAR. Sítio dos Juncos – Fajã da Areia © 291 840 010 – Fax : 291 840 019 – www.estalagemdomar.com – estalagemdomar@mail.telepac.pt –** *Compter autour de 60 € la double avec accès à tous les services sauf le sauna.* Le poids lourd de la côte nord. Un total de

91 chambres et 8 suites, 2 restaurants, piscines intérieure et extérieure, sauna, tennis. L'extérieur n'est pas des plus attractifs, mais une fois la porte franchie, on se réjouit du cadre et des nombreux services à disposition.

« Bon accueil et restaurant sympathique, et on ne voit pas l'extérieur du bâtiment quand on regarde le paysage depuis le jardin qui entoure la piscine. » Jacques Duval, Jurançon.

■ **PRAIA MAR. Sítio do Calhau ✆ 291 842 383 – Fax : 291 842 749.** *Prix : 40 € la double avec vue sur la falaise, 45 € avec vue sur la mer, petit-déjeuner inclus, 55 € la double en demi-pension.* Belle bâtisse rénovée, du moins à l'extérieur, certains reprochant un manque d'entretien global. Le bord de route n'est pas trop gênant. Accueil cordial. Restaurant honnête ou juste convenable, c'est selon.

■ **SOLAR DA BICA. Sitio dos Lameiros ✆ 291 842 018 – Fax : 291 842 023 – solardabica@solardabica.com – www.solardabica.pt –** Cette maison rurale particulièrement bien réaménagée (l'extérieur s'avère plus moderne que l'intérieur, qui a su garder un cachet traditionnel) dispose de six chambres spacieuses et confortables. Salle de bains privée, télévision, téléphone et chauffage central. Un atout, la petite piscine intérieure. Sauna payant. Petite salle de remise en forme. On est à la campagne.

« Ambiance familiale et accueil chaleureux. Excellente adresse. » Marie-Hélène Salvi, Bourg d'Oisans.

■ **ESTALAGEM DO VALE. Feiteiras de Baixo ✆ 291 840 160 – Fax : 291 840 169 – info@estalagemdovale.com – www.estalagemdovale.com –** Cette ancienne maison du XVIIIe siècle a été restaurée et agrandie pour proposer 41 chambres aujourd'hui (l'une est accessible aux personnes handicapées), dans un environnement rural vivifiant. Tout confort : TV câblée, téléphone, chauffage central, minibar, coffre-fort, balcon. Bibliothèque, cave, salle de jeux, accès Internet, restaurant, bar, parc pour enfants, piscine chauffée intérieure/extérieure, minigolf, court de tennis, croquet, bowling, sauna, bain turc, salle de musculation et jacuzzi : autant dire que vous ne vous y ennuierez pas ! Très beaux panoramas. Les transports sont assurés par l'hôtel ; le terminal de l'arrêt de bus se situe à 50 m à peine. Un choix à prendre en compte.

Restaurants

■ **Trois restaurants côte à côte en face du parking, au bord de la route : O VIRGILIO, CARAVELA et FRENTE MAR.** Regardez où se pressent les locaux ! En général, cela prouve soit que la cuisine est de bonne qualité, soit que les prix sont bas… soit les deux en même temps. Nous aimons bien **O'Virgilio** (✆ 291 842 467), qui porte le nom du patron. Cuisine locale et bon marché à base de poisson. On vous propose aussi cinq chambres récentes, avec une cuisine commune pour ceux qui veulent faire leur popote dans une ambiance familiale. Le meilleur rapport qualité/prix sans doute du coin.

■ **QUEBRA MAR.** Luxueux restaurant presque en face. Un autre style. Les cars de touristes le prennent d'assaut pour sa vue sur la mer. Depuis l'extérieur, notre vue sur la mer à nous semble précisément gâchée par cet édifice vraiment incongru.

▸ **« En ville »,** dans les deux ou trois petites ruelles piétonnes, on pourra essayer le **restaurant Ferro Velho,** agréable. Les gosiers secs pourront s'attarder un moment au **pub O Corvo**.

Point d'intérêt

■ **LES GROTTES DE SÃO VICENTE** *(Prix d'entrée de 5 € environ. Renseignements ✆ 291 842 404. Ouvert de 9h à 19h.)* constituent le principal point d'intérêt du village. On n'y admirera pas de fantastiques fistules comme à Choranche, de grandes salles voûtées comme à l'Aven d'Armand, mais on y croisera aussi beaucoup moins de touristes qu'au gouffre de Padirac. Le plus grand tunnel mesure 1 km de long, et atteint à certains endroits deux mètres de hauteur. Des chants monastiques viennent de temps en temps renforcer l'atmosphère mystérieuse de ces galeries d'une grande sobriété.

PONTA DELGADA

Point de passage plutôt que lieu de séjour obligatoire, Ponta Delgada ne ravira que les inconditionnels des coins paisibles.

Hébergement

- **ESTALAGEM CORTE DO NORTE. Sítio do Lugar © 291 862 070/071 – Fax : 291 862 072.** *Compter 40 € la simple et 55 € la double.* Au centre du village. Plaisant, mais rien d'original pour le prix. Histoire de changer d'air davantage que de dénicher la petite perle du nord de l'île.

- **CASA DE CAPELINHA ©/Fax : 291 812 127.** *Compter autour de 60 € environ.* En descendant vers la mer, quatre petits appartements. Le plus grand peut accueillir six personnes.

- **MONTE MAR PALACE HOTEL. Sítio do Montado © 291 860 030 – Fax : 291 860 031 – www.montemarpalace.com – info@montemarpalace.com** – Récent, cet hôtel de 106 chambres et 5 suites dans un environnement de grande classe. Piscine, etc. De la même veine que son cousin de São Vicente, en plus aménagé. Dispose de tous les services dont on peut rêver.

Point d'intérêt

- **MUSÉE DU DR HORÁCIO BENTO DE GOUVEIA. Sitio dos Terços © 291 862 332.** *Entrée gratuite.* Dans une demeure représentative de l'architecture madérienne des XVIIe et XVIIIe siècles, on présente des pièces anciennes et des objets ayant appartenu à l'écrivain-journaliste. Passionnant… pour les passionnés.

BOAVENTURA

Après Ponta Delgada, on plonge à nouveau sur une route étroite et vertigineuse, comme pour se rattraper d'avoir roulé presque droit quelques kilomètres auparavant. Mais pas de danger, le village suivant s'appelle Boaventura ; il ne peut rien arriver de grave avec un nom pareil.

Ce village, comme presque tous ceux de la côte nord, est noyé dans les vignobles et respire le calme. Il n'a aucune activité liée à la mer. D'ailleurs l'océan a disparu, ou presque, on circule dans des vallées encaissées, avec l'impression de rouler au fond d'un canyon.

De nombreuses maisons sont en ruine, alors que le stade de football semble flambant neuf. Une question de priorité, sans doute.

De très belles balades sont possibles à faire dans le coin. Reportez-vous aux guides évoqués plus haut. A ce propos, il n'est pas si facile de rejoindre la levada que décrit le guide *Underwood*, en partant depuis l'église. Peu importe, même si vous ne suivez pas exactement le chemin proposé, vous arriverez toujours quelque part, près d'une cascade riante, d'une rivière malicieuse et d'une dense végétation primitive, sauvage et apaisante à la fois.

Hébergement

- **SOLAR DE BOAVENTURA. Sitio do Serrão © 291 860 888 – Fax : 291 863 877 – www.solar-boaventura.com – office@solar-boaventura.com** – *Autour de 35 € la simple, 40 € la double et 60 € la triple en été. Demi-pension à 16 €.* Une belle demeure récemment agrandie et pleine de cachet, construite en 1776. Le jardin est charmant. L'ensemble a su s'adapter au confort moderne, même si les chambres sont loin d'être extraordinaires. Seule l'architecture de la terrasse (verre et métal) détonne un peu au milieu. Balades à pied en amont ou vers la mer. Tranquillité assurée.

Vue de Ilha depuis Porto Santo

SÃO JORGE

Quelques kilomètres avant São Jorge, vous éviterez le complexe touristique réservé aux autocars, mais le Miradouro vaut l'arrêt.

L'église du village mérite une visite. Edifiée au XVIIIe siècle, d'aspect plutôt dépouillé, on la remarque à peine, et pourtant l'intérieur renferme l'un des plus beaux exemples baroques de l'archipel : retable en bois sculpté et doré exubérant, notamment, et une icône en bois du Christ crucifié, du XVIIIe siècle.

Il est possible de se restaurer dans le coin : à l'angle de la rue qui descend vers l'église depuis la route principale, un petit snack-bar sans prétention sert de délicieux « pregos » (sandwichs à la viande), dont un « especial » (avec œufs, etc.) plutôt copieux, à prix très démocratiques (2 € environ). Mais l'une des très bonnes surprises reste la Casa da Palha, juste derrière l'église. La paille est en délicatesse sur les toitures, mais les maisonnettes rustiques dégagent un certain charme ; adresse simple et saine. Soupe de gambas (*camarons*) en entrée à conseiller, elle est servie dans un pain. Les plats, autour de 8 €, sont sans prétention et plutôt réussis. Une halte originale.

Après São Jorge, un petit pont passe sur un torrent à l'air frais. En descendant la route qui part juste avant, on gagne une plage faite de gros galets. Le torrent dévale jusqu'à la mer, le soleil découpe les terrasses bâties sur la montagne… mais une sorte de complexe touristique incongru a choisi cet endroit pour accueillir les clients insatiables de commodités et de plaisirs faciles. Suivez le chemin sur la gauche (un bar est ouvert par intermittence, dans un cadre alléchant), jusqu'à l'ancien débarcadère qui a été refait. C'est ici qu'étaient chargés les boisseaux de canne à sucre de São Jorge et de Santana, à l'époque où les routes n'existaient pas. On voit bien les lacets des sentiers empierrés qui montent vers ces villages. Au-dessus de la vasque, l'amarrage du câble qui permettait de descendre les charges de São Jorge existe encore. Les bâtiments qui servaient d'entrepôts ne se sont pas encore écroulés.

Hébergement (et point d'intérêt)

■ **QUINTA DO ARÇO. Sitio da Lagoa © 291 570 270 – Fax : 291 570 276 – info@quintadoarco.com – www.quintadoarco.com –** *Compter 70 € pour un, 80 € pour deux, lit supplémentaire à 20 €. Petit-déjeuner buffet inclus. Véhicule indispensable.* Un ensemble de petites maisons indépendantes, au milieu des bananiers, des figuiers, des pommiers et des rosiers. Toutes les maisons (qui mesurent entre 40 et 60 m²) disposent d'une chambre double avec possibilité de lits supplémentaires (un ou deux), une cuisine parfaitement équipée, un téléphone, une TV câblée, un petit jardin. Ménage quotidien. Petit-déjeuner complet servi devant la porte. Salle commune avec un bar self-service, une petite bibliothèque, une télévision avec vidéo, une chaîne hi-fi et un billard. Parking. Piscines couvertes. On peut visiter les caves de la quinta, autrefois réputées pour la fabrication du vin « Jaquéz ». D'ailleurs, la quinta propose un cellier de très bonne tenue !

► **Le jardin de la quinta abrite l'une des plus grandes collections de rosiers au Portugal.** On compte plus de mille espèces différentes, grimpantes ou non ; les espèces les plus rares sont classées et identifiées. La collection est ouverte au public tous les jours de 11h à 18h. *Droit d'entrée : 5 €.* A ne pas manquer pour les amateurs… et les autres. Le spectacle est joli !

ILHA

Au début de la côte qui remonte vers Santana, une route part à droite vers Ilha. Le village (quotidiennement desservi par plusieurs bus depuis Funchal, comme les 56, 103, 132, 138) porte bien son nom : la vie rurale est ici restée ce qu'elle était et, à 400 m d'altitude, les aperçus vers le haut ou vers le bas sont magnifiques.

Petit îlot montagnard au cœur d'une île à vocation balnéaire (malgré sa capricieuse géographie !), le coin est destiné aux randonneurs. Ne venez pas y chercher d'illusoires curiosités touristiques, vous serez déçu. Il est important de signaler qu'il n'y a pas de gîtes de montagne à Madère, ce qui est proprement incroyable, quand l'on songe qu'il n'y a que des montagnes ! La devise des entrepreneurs semble être : « Un service de qualité pour un tourisme de qualité. » C'est un choix. Mais il est tout de même dommage que les vrais amoureux de la nature et de la marche soient obligés de se replier vers les côtes, moins émouvantes, et où les tarifs pratiqués sont surtout beaucoup plus élevés ! En fait, vous verrez bien une ou deux bâtisses qui ressemblent à des gîtes (comme sur le plateau d'Achada do Texeira, par exemple), mais vous n'avez pas le droit d'y dormir. Souci scrupuleux de l'environnement ou… manœuvre habile pour mieux rassembler les touristes et contrôler la manne financière ?

Juste en face de l'église du village, une petite route conduit à un mirador (indication Miradouro Eiras), une centaine de mètres plus loin. En poursuivant un peu sur le chemin qui vire vers la gauche, on découvre un panorama absolument superbe sur un défilé de montagnes sauvages, dans le calme le plus total.

La réserve naturelle da Rocha do Navio

La réserve naturelle da Rocha do Navio a été créée en 1997 pour protéger la faune marine entre la Ponta do Clérigo et la Ponta de São Jorge. Il est toutefois toujours possible de pêcher à la ligne, de plonger avec tuba ou de pratiquer des activités nautiques non motorisées. L'espèce la plus remarquable dans cet écosystème marin est le loup de mer (Monachus monachus), que l'on peut voir à l'occasion. Deux îlots font partie de la Réserve : l'îlot da Rocha do Navio (ou da Viúva) et l'îlot da Rocha das Vinhas. Le premier fut nommé ainsi après le naufrage, la veille de Noël en 1860, d'un navire hollandais qui voyageait d'Angleterre à Haïti. Le second îlot est remarquable pour la quantité de sternes qui y nidifient.

Hébergement – Restaurant

■ **ILHA E MONTANHA ✆/Fax : 291 572 616 – 968 062 648 – 918 711 096.** *Compter environ 30 € la chambre (pour 2 personnes).* Manuel Assenção, qui a travaillé en France, ne s'y est pas trompé, et il vous accueillera avec plaisir dans son gîte-snack-bar. Il possède deux minibus-taxis, connaît tous les sentiers (il a guidé de nombreux groupes) et aime son pays. Pour se loger, se nourrir, s'adresser à lui directement en français par téléphone (le soir). Goûter son « poncha » vaut à lui seul le détour sur ces hauteurs ! Très bonne ambiance, différente de tous les hôtels de l'île, évoquant nos gîtes continentaux.

@ *« Je ne peux que confirmer l'exactitude des qualités de l'établissement de Manuel Assenção. Devant y séjourner au départ trois nuits, nous avons décidé d'y rester sept ! Sans commentaire. » Claude Colla, Les Hauts de Barthe.*

▶ **N'oubliez surtout pas de vous diriger jusqu'au petit plateau d'Achada do Marques,** derrière le tunnel. Ce petit hameau du bout du monde, dont les petites cahutes dressent leur toit doré vers le ciel, est installé sur ce qui fut probablement un fond de cratère, déclaré « paysage protégé » par les nouvelles lois de protection de l'environnement, les touristes y sont plus que rares. Au retour, un sentier vous ramène à Santana.

SANTANA

Des chaumières colorées au toit pointu… On dirait des maisons de poupées, mais elles sont vraiment habitées. Ces drôles de maisons de Santana, qui font la réputation de la ville, ne sont pas seulement une attraction pour touristes mais une façon de vivre. A part deux ou trois d'entre elles, pimpantes et vives, que l'on voit sur toutes les cartes postales, ces chaumières sont éparpillées sans façon, certaines un peu fatiguées, d'autres fleuries, souvenir d'un temps pas si lointain où cette forme de construction était le seul moyen de résister au vent du nord, parfois humide et froid.

Celles qui paraissent vraiment peu confortables sont en général des étables.

On trouve tous les commerces à Santana, tranquille et impassible, sauf quand les cars d'excursion débarquent en masse au niveau de l'office du tourisme (rapidement débordé… mais le personnel fait face à toutes les situations dans toutes les langues ou presque) pour photographier les deux maisonnettes les plus célèbres de la ville. C'est alors une foire d'empoigne digne d'une étude anthropologique approfondie. Si jamais vous êtes de la partie, ne gâchez pas l'ambiance. Un peu de tenue et de respect n'ont jamais fait de mal à personne, bien au contraire.

Enfin, nous vous conseillons de gagner le petit téléphérique qui descend jusqu'aux petits lopins de terre cultivés en bord de mer, pour la très jolie vue et éventuellement pour une descente (payante, possible le matin, à midi, et en soirée toute la semaine, mais les horaires sont plus lâches le week-end). En chemin, on croise de jolies maisons traditionnelles ; l'une d'entre elles a été restaurée et l'on peut y entrer.

■ **MUNICIPALITÉ.** Sitio do Serrado ✆ 291 570 203 – Fax : 291 570 201 – www.cm-santana.com

Hébergement

■ **QUINTA DO FURÃO. Achada do Gramacho ✆ 291 570 100/101/102 – Fax : 291 572 131 – 291 573 560 – www.quintadofurao.com – quintadofurao@mail.telepac.pt –** *Compter 90 € la simple, 100 € la double et 120 € la suite. Lit supplémentaire à 35 €. Petit-déjeuner inclus.*

Demi-pension à 22 €. Située au milieu des vignes, avec de très belles échappées sur la mer, cette vieille bâtisse restaurée cultive le luxe. Un total de 39 chambres doubles et 4 suites, très confortables. Grand salon avec quelques livres (la plupart en anglais), accès Internet, salle de jeux, piscine extérieure couverte en hiver, etc. Service irréprochable. Les alentours se prêtent à toutes sortes de balades, et sans même se déplacer, on peut admirer une belle cascade qui tombe directement dans la mer. La société exploite aussi les trois hectares de vignes qui entourent la propriété. Le vin est fait en plein air, en septembre et octobre, dans deux immenses pressoirs traditionnels. Le restaurant de la Quinta est recommandé par beaucoup de monde, et c'est vrai que la cuisine est très bonne. Compter moins de 20 € pour un repas dont la qualité est garantie. Il y a aussi un bar, pour terminer la soirée. Français compris. L'adresse un peu évidente de cette partie de l'île.

■ **MANUEL MARCELINO,** un particulier (il est chauffeur de taxi), propose quelques belles chambres à louer à deux pas du centre. Au bout de la petite rue qui part sur le côté de la pharmacie et de la poste. *Environ 30 € la double.* Vous pouvez téléphoner, directement en français © 291 574 125.

■ **O CURTADO. Sítio do Cortado © 291 572 240 – Fax : 291 574 338.** *Prix : 35 € la chambre simple, 50 € la double avec petit-déjeuner dans le bâtiment du haut ; 35 € pour 2 personnes dans le bâtiment principal. Entre Santana et Faial, pratiquement au col.* Cette petite pension propose diverses chambres bien équipées (surtout dans le second bâtiment, qui vaut le sacrifice financier, la structure principale étant un rien austère), à 40 minutes de Santana par les sentiers. Belles vues sur les massifs montagneux des Eiras, superbe lever du soleil. En face, les deux maisonnettes typiques de Santana ne sont pas prises d'assaut par les touristes comme à l'office du tourisme, et elles sont tout aussi belles.

Restaurants

■ **RESTAURANTE ESTRELA DO NORTE. Pico António Fernandes ©/Fax : 291 572 059.** Nourriture quelconque, mais copieuse et plutôt bon marché. Le genre d'endroit où l'on a aucun scrupule à commander des spaghettis à la bolognaise.

■ **SERRA E MAR. Rua Baixo de Igreja © 291 574 680.** *Compter autour de 12 € pour bien manger (vin compris).* Un peu plus bas que l'église. Spécialités du coin (ragoût de porc et chorizo au vin rouge nouveau).

@ *« Le patron Gabriel parle assez bien français et pour cause il a travaillé quelques années rue de la Pompe à Paris. Demandez-lui son poncha en apéro, ça décoiffe… » Didier Meye, Journiac.*

« Choix extraordinaire de plats délicieux, aussi bien locaux que "de chez nous" (la feijoada y côtoie le coq au vin). Et le patron adore discuter et vous donnera de bons conseils pour les balades et visites autour de Santana. » Xavier Nodet, Pont-de-Chéruy.

Brume sur les hauteurs de Santana

■ **CANTINHO DA SERRA. Estrada do Pico das Pedras © 291 573 727.** *Fermé le lundi.* Excellente adresse, recommandée par nos lecteurs et nous aussi. La meilleure table, croyons-nous, du nord de l'île, ou peu s'en faut. De nombreux détails font la différence avec les cantines classiques auxquelles on peut être habitué (à regret!).

« Un accueil remarquable, le service est attentionné dans un cadre très joli. La cuisine est typique, très bonne et copieuse. Mérite le détour à partir de 11 €. » Vincent Poirniez.

« Accueil discret et souriant, les locaux représentaient plus de la moitié de la clientèle! Une carte originale : entrée de petits plats locaux campagnards sur panier... Une présentation de très bon goût. Viande merveilleuse et si tendre (d'où qu'elle vienne, j'en rêve!). Carte des vins particulièrement riche et claire. Le lieu, y compris les toilettes, est d'une propreté parfaite. Cette nouvelle table vaut le détour. Allez-y! » Sylvie Gut, Peney-le-Jorat, Suisse.

■ **O COLMO. Sítio do Serrado © 291 572 478 – Fax : 291 574 312.** Le rendez-vous des touristes en car. Chambres, restaurant, magasin de souvenirs.

Dans les environs

■ **QUEIMADAS.** La route vers Queimadas est en parfait état, et constitue en elle-même une agréable promenade en voiture. Ne manquez pas cette visite. C'est l'une des plus belles randonnées de l'île, plutôt facile en outre. Elle part des belles maisons traditionnelles à l'entrée du parc (un canard y a aussi sa petite demeure) pour le Caldeirão Verde, le long d'une levada; puis c'est tout droit, si l'on peut dire, sans aucun dénivelé, mais il faut passer quatre tunnels, très courts ou à peine plus longs, qui nécessitent d'avoir une lampe de poche. Caldeirão Verde est un endroit magnifique, une grande cascade émincée au milieu des fougères et des mousses. On peut poursuivre la balade jusqu'au Caldeirão do Inferno; à part une petite montée (des escaliers grimpent à un moment sur la gauche, reportez-vous au guide *Underwood*), il n'y a pas de problème non plus. Le paysage est vraiment somptueux, d'une grâce fauve et primitive. On arrive dans une vallée étroite et profondément entaillée par les caprices créateurs de l'eau. Il suffit ensuite de revenir sur ses pas. Compter environ 5 heures pour faire l'aller-retour, moins si vous êtes un bon marcheur. N'hésitez pas à pique-niquer, et à passer une journée entière sur le site.

■ **ACHADA DO TEXEIRA.** On atteint le plateau d'Achada do Texeira, situé à 1 592 m d'altitude par une route asphaltée tout au long. Deux miradors en route offrent de superbes panoramas sur les côtes nord et est de Madère. Mais comme le brouillard est souvent présent, il est fort possible qu'il n'y ait rien à voir.

Sur le plateau même, il est possible de contempler d'étonnantes structures géologiques entourées de bruyères centenaires (Erica arborea) : « Homem-em-Pé », une sculpture naturelle de blocs de basalte entassés représentant un homme debout, ou la « Cara », autre sculpture évoquant un visage.

Il est possible de rejoindre en marchant le Pico Ruivo, ou alors d'en revenir si l'on est parti du Pico do Arieiro. Emotions garanties, mais prévoyez bien votre coup.

Le parc forestier au niveau de Pico das Pedras est un lieu idéal pour pique-niquer... et même camper (oui, vous avez bien lu! Amis routards, courage!). On regrettera néanmoins que certains oiseaux soient en cage, alors qu'il est possible de les admirer, avec un peu de patience, dans les forêts des environs.

■ **PARQUE TEMÁTICO DA MADEIRA. Pour toute information : www.parquetematicodamadeira.pt** – *Le parc est ouvert tous les jours, de 10h à 19h (sauf le 25 décembre). Le prix d'entrée est de 10 € par adulte, 8 € pour les plus de 65 ans les moins de 14 ans. Prix spéciaux pour les familles.* Ce parc d'attractions (il faut bien l'appeler ainsi) a ouvert ses portes près de Santana, sur une surface de 145 000 m². Au programme : expositions historiques, scientifiques et culturelles (les traditions de l'archipel sont mises à l'honneur). Les principales attractions sont les quatre pavillons multimédia : l'un s'appelle « Découverte des Iles » et le visiteur revit le voyage de découverte des îles de l'archipel (projections, jeux de lumières); un autre porte le nom de « Futur de la terre » et s'emploie à sensibiliser le spectateur à la conservation de l'écosystème naturel; un troisième, « Voyage fantastique à Madère », projette un spectacle évoquant les péripéties d'un couple en lune de miel, tout en présentant les paysages des îles; un dernier, « Un monde d'îles, les îles dans le monde », raconte l'histoire et la culture des îles (origine de la vie, l'homme et la nature, le sucre, le vin, le tourisme actuel...). Enfin, on a reproduit les traditionnelles charrettes en bois de Monte, une maison typique de Santana, un circuit pédestre... Les fleurs endémiques ont été plantées dans des espaces verts... On peut naviguer sur un étang avec des répliques de petits bateaux de pêche... Bref, la vie est belle au pays des paradis artificiels! On peut aussi se livrer à diverses activités ludiques comme le slide, le bungee-jumping, l'escalade...

Santana, panorama côtier

Brume recouvrant Santana

Camacha

Caniçal, panorama côtier

Santana, maisons triangulaires

Caniçal, sentier de randonnée

La côte Est

Une autoroute relie Funchal à Machico, en passant par Santa Cruz et l'aéroport ; elle se poursuit maintenant jusqu'à Santana, sur la côte nord via Porto da Cruz et Faial. Les chantiers étaient si nombreux les deux dernières années que certains voyageurs se plaignaient de faire du « tourisme d'entreprise en terrassement ». Promise à un développement touristique important, la côte est égrène de beaux petits villages qui s'affirment aujourd'hui comme de véritables petites stations balnéaires. A l'extrémité est de l'île, la pointe de São Lourenço est l'un des plus beaux sites naturels de l'île.

FAIAL

Le village doit son nom à la profusion de hêtres qui s'y élevaient (« faial » signifie « hêtre » en portugais). Le fortin du village était un simple point stratégique pour surveiller les environs. Les dix canons qui dominent la terrasse sont d'origine anglaise. L'esplanade procure de beaux panoramas alentour, sur les « lombos » et les « arcos », les croupes et les gorges des montagnes. Paysage pittoresque.

Si vous suivez la direction « Guindaste », vous gagnerez un mirador offrant une vue saisissante sur les dentelures de la côte est de Madère, jusqu'à la Pointe de São Lourenço. Cherchez l'éolienne !

Une nouvelle piscine naturelle a été aménagée en contrebas, au lieu-dit « Foz da Ribeira do Faial ». Moins attirante que celle de Porto da Cruz, mais son environnement est plus saisissant. On pourra essayer d'y dénicher un curieux phénomène géologique : des orgues basaltiques, prismes parfaitement réguliers formés à partir du refroidissement d'une coulée de lave. Ne vous attendez tout de même pas à un spectacle comme celui de la « Chaussée des Géants » en Irlande du Nord.

Pour se restaurer, direction A Chave (Sitio da Igreja © 291 573 262), au centre du village (fléchage « restaurant »). Terrasse ombragée, petite piscine. Le patron parle français. Prix très accessibles.

Dans les environs

- **CASA DE CHÁ. Lombo de Baixo © 291 572 223.** En amont du village, à quelques kilomètres, sur la ER 103 en direction de Ribeiro Frio, un restaurant/salon de thé est bien signalé. Parfaitement situé sur un éperon rocheux, l'établissement jouit d'une belle vue. Cuisine régionale. Ferme tôt le soir. Les cars de touristes ont la fâcheuse tendance de s'y rassembler et de s'y attarder, à une heure convenue.

- **FAJÃ DA NOGUEIRA.** Cette vallée encaissée, où se dresse une centrale hydroélectrique, est un endroit engageant pour se promener. C'est là, sur les hauteurs, le seul endroit au monde où le pétrel de madère (*Pterodroma madeira*) nidifie, même si c'est un oiseau marin. A noter aussi deux énormes tilleuls (*ocotea foetens*) plusieurs fois centenaires, peu après la centrale.

PORTO DA CRUZ

Dominé par son rocher emblématique, Penha de Aguia (590 m d'altitude), ce village, aux maisons très dispersées, occupe un vaste amphithéâtre. Le bord de mer a été aménagé récemment vers la petite plage de sable noir, au nord, et vers les nouvelles piscines naturelles, au centre, les plus séduisantes peut-être de Madère. Le village de pêcheurs d'autrefois s'est donc reconverti en petite station balnéaire sémillante, mais conserve un certain charme (vieilles maisons, petites ruelles pavées...). L'ambiance est agréable. Très calme aussi.

Hébergement – Restaurants

- **COSTA LINDA. Rua Dr João Abel de Freitas © 291 560 080 – Fax : 291 560 089 – www.costa-linda.net – costalinda@mail.net4b.pt** – *Compter entre 35 € et 38 € la simple sans balcon, entre 38 € et 40 € avec ; entre 45 € et 50 € la double sans balcon, 48 € et 55 € avec. Appartement à 60 € ou 65 €. Petit-déjeuner inclus.* Les chambres, plutôt exiguës, disposent de la TV câblée et du téléphone. L'appartement, d'une cuisine tout équipée et d'un salon. Nouvelle adresse, en face des piscines. Sobre, fonctionnelle, sans originalité, mais plutôt lumineuse.

- **PENHA D'AVE © 291 562 127. A côté de l'église.** Cuisine simple et bon marché.

- **SNACK-BAR A PIPA. Sur le bord de mer.** Pas cher.

Ponta de São Lourenço

■ **PRAÇA DO ENGENHO.** Juste en dessous de l'hôtel Costa Linda, une table un rien plus formelle, qui propose une carte classique à des prix qui ne le sont pas moins. Bonne cuisine en général.

Points d'intérêt

■ **Au printemps, L'USINE DE BROYAGE DE LA CANNE À SUCRE ET DE DISTILLERIE** fonctionne. De l'immense porte, vous pouvez détailler les énormes machines à vapeur qui évoquent l'univers de Dickens.

■ **Porto da Cruz a aussi maintenant sa « PISCINE NATURELLE »,** très à la mode sur la côte nord. Beaux sanitaires complets et gratuits.

CANIÇAL

Dernière ville à l'est de Madère avant la pointe déserte de São Lourenço, Caniçal est l'un des cinq ports de pêche de la côte sud. La venue régulière des baleines dans la baie d'Abra avait développé une pêche traditionnelle inspirée des techniques des Açoriens. À la signature du moratoire, l'activité a brutalement cessé, et les vieux pêcheurs se sont reconvertis dans la sculpture de dents de cachalot. Mais les stocks s'épuisent. La zone franche de Madère, où se sont installées des entreprises à la recherche de quelques avantages fiscaux, fait désormais partie du paysage, son énorme chantier n'est pas très plaisant à l'œil.

Hébergement – Restaurants

■ **Il est possible de séjourner au RESIDENCIAL PRAINHA SOL ou au RESIDENCIAL ABRA** par exemple, pour des prix raisonnables, mais à notre avis Machico est un lieu de séjour plus approprié. L'environnement n'est pas des plus attractifs.

■ **Plusieurs restaurants dans la petite ville, dont AMARELO** (✆ 291 961 798), près du port de pêche. Bon choix de poissons frais (essayez le poulet en sauce au madère). Les touristes y sont plus que rares. *Compter autour de 12 €.*

Point d'intérêt

■ **MUSEU DA BALEIA. Largo Manuel Alves ✆ 291 961 407 – Fax : 291 961 859.** *Ouvert du mardi au dimanche de 10h à 12h et de 13h à 18h. Entrée : 1,25 €.* Le musée, qui retrace l'épopée de la pêche à la baleine, est très intéressant (exposition + film vidéo).

Dans les environs

Caniçal doit sa réputation à « Prainha » (petite plage), l'une des rares plages de sable de Madère. Mais déception, la plage est aussi fameuse que minuscule, le sable y est rare, l'endroit n'a rien d'extraordinaire : on préférera les piscines, bien plus agréables, ou d'autres spots récemment aménagés.

PONTA DE SÃO LOURENÇO

Tandis qu'on poursuit vers la pointe São Lourenço, le vert de Madère disparaît, la roche sèche se couvre d'une herbe maigre et jaunie, les falaises tombent à pic dans l'océan.

A la sortie de Caniçal, peu après le lieu-dit « Prainha », congestionné en été, on gagne un rond-point; une route en très bon état mène sur la gauche à un parking, et, plus substantiellement, à un mirador superbe sur les échancrures des falaises. Un petit sentier conduit vers une pointe où les vents peuvent être extrêmement violents : l'état de quelques tables de pique-nique le confirme. Attention à ne pas trop approcher de la falaise, il n'y a pas de garde-fous. Pour une photo de la côte avec les éoliennes, il peut être plus intéressant de revenir vers le rond-point initial et de s'arrêter, avec beaucoup de prudence, sur le côté droit de la route, dans un virage évasé au niveau d'une barrière jaune et noire; on est plus proche des falaises et la vue est encore plus saisissante. Le vent est moins dérangeant, aussi.

Une fois revenu au rond-point, prenez à gauche (c'est-à-dire à droite si vous venez de Caniçal). Peu après, on remarque sur la droite une nouvelle marina; la route mène ensuite à un parking, plus vaste et plus touristique. Par un sentier vaguement balisé (pieux peints en blanc), on peut s'avancer sur la pointe pendant près de deux heures. Plusieurs très beaux points de vue sur la côte nord ponctuent la balade, le premier notamment après une heure de marche. Cela dit, il est probable que vous ne soyez pas seuls, et il sera difficile de vous perdre. Cette balade peut être éprouvante pour certains, car le sentier est très pierreux. Mais les panoramas récompensent l'effort consenti.

MACHICO

Machico fut la première ville fondée à Madère à l'arrivée de Zarco qui, dit-on, trouva les tombes de Robert « Machin » et Anne d'Arfet, et baptisa le lieu Machico. L'histoire est sans doute moins romantique, puisque l'un des capitaines du bateau de Zarco s'appelait apparemment Machico. La localité vit aujourd'hui de la pêche… et surtout du tourisme.

C'est un lieu de villégiature très plaisant, doté de bonnes infrastructures (résidences et restaurants), dans un joli environnement. Encore une fois, le bord de mer a été aménagé en plage; celle-ci n'est pas dénuée de charme, et Machico prétend à être un choix d'importance pour loger à Madère dans les années à venir. C'est aujourd'hui une petite station balnéaire… comme tous les anciens villages de la côte ou presque. La pointe de São Lourenço et le golf de Santo da Serra ne sont pas loin. Et puis, avec la nouvelle autoroute, Funchal non plus.

Pratique

■ **MUNICIPALITÉ.** Largo do Municipio © 291 969 990 – Fax : 291 965 515 – www.cm-machico.pt

■ **LOCATION DE VOITURES. Ilharent, Rent a Car.** Caminho Velho da Ajuda. Ed. Belo Sol, Loja 1 © 291 763 366/365.

Hébergement

■ **O FACHO (O Escondidinho). Praçeta 25 de Abril © 291 962 786 – 291 964 536 – Fax : 291 961 118.** Une possibilité à proximité de la plage. Grand restaurant, plutôt bon, au rez-de-chaussée.

■ **RESIDENCIAL MACHICO. Praceta 25 de Abril © 291 966 511 – 296 965 575.** *A côté, dans les mêmes prix environ.* Un ensemble de six chambres agréables, et un restaurant.

■ **PEROLA DE MACHICO. Sitio de Graça, Caminho Municipal do Larano © 291 969 300.** *A une quinzaine de minutes à pied du centre. Compter au moins 35 € pour 2 personnes.* Petite structure accueillante, qui dispose de chambres propres et spacieuses. Si vous avez de la chance, vous pourrez même jouir d'un balcon et d'une belle vue sur la ville.

« Il n'y a pas de restaurant, seulement un bar, mais en commandant la veille on peut déjeuner ou dîner très correctement pour un petit budget (15 € à 30 € selon l'appétit). L'accueil y est très cordial et les interlocuteurs serviables. » Jacques Duval, Jurançon.

■ **RESIDENCIAL AMPARO. Rua da Amargura © 291 968 120 – Fax : 291 966 050.** *Compter 27,50 € la simple, 40 € la double et 55 € la triple avec petit-déjeuner.* Une bâtisse rénovée, dans le centre-ville mais au calme, dans une rue piétonne, derrière le fort en venant de la mer. Chambres sans façon. Français compris. Restaurant en bas.

Restaurants

■ **MERCADO VELHO. Rua do Mercado ✆ 291 965 926.** *Compter de 10 € à 14 € pour un très bon poisson.* Que ce soit en plein air ou à l'intérieur, c'est le restaurant le plus charmant de Machico, situé entre l'église et le vieux fort. Le décor à l'ancienne de cette vieille maison est d'un goût exquis. De fait, c'est aussi l'adresse la plus touristique, ce qui peut se révéler pénible quand surgit un groupe de voyageurs (service alors débordé).

■ **SNACK-BAR GONÇALVES ✆ 291 966 606.** Au bout de la plage, à quelques pas de l'hôtel Dom Pedro. Le port de pêche de Machico se doit d'avoir son restaurant de poisson. Celui-ci propose une belle assiette de 4 poissons locaux grillés, pêchés dans la nuit (ne pas manquer l'espadon à la banane). Si les touristes lui permettent de pratiquer une autre langue que le portugais, le patron, très sympathique, offre un verre de liqueur de fruit de la passion. En salle ou en terrasse, l'ambiance est gaie et le service attentionné, ce qui n'est pas si fréquent sur l'île.

■ **LA BONNE BOUFFE. Rua do Mercado, 8.** *Pizzas cuites au feu de bois entre 5 € et 8 €.* Choix de salades, de poissons ou de viandes à prix doux. Pour changer du régime traditionnel.

■ **DOUBLE DUTCH PUB. Travessa do Mercado.** Dans la petite ruée piétonne, en face du Mercado Velho. Pour se rincer le gosier en soirée dans une ambiance de pub continental.

Manifestations

Machico célèbre au mois d'août sa « semaine de la gastronomie » et début septembre le « festival des pêcheurs ».

« Un exemple de village madérien en fête. Le soir de la fête, entre l'église et le vieux port, des stands vendent viandes, pâtisseries et spécialités de l'île. Un repas typique et très bon marché. Par exemple : brochettes de bœuf, à faire cuire soi-même sur un barbecue de fortune et à manger accompagnées de délicieuses galettes de pain fourrées au beurre battu, aillé et persillé. La nuit, pendant que les villageois se restaurent et qu'elle est vide, c'est le moment de visiter l'église et de photographier son somptueux décor de fleurs et sa façade parée de guirlandes lumineuses. » F. Castroverde, Bompas.

Points d'intérêt

■ **LA GRANDE ÉGLISE** sur sa place triangulaire n'est pas très riche en apparence, mais à l'intérieur, au lieu de traditionnelles peintures au plafond, on verra des prières à Marie destinées aux fidèles à la mémoire défaillante. Des posters du pape Jean-Paul II en superstar rappellent la visite du Saint-Père sur l'île en 1991.

Sur le côté de l'église sont rangés les camions de pompier tout neufs et, en face, juste avant le pont, s'étend un petit jardin bien agréable.

Baie de Machico

En descendant vers la mer, on longe la petite rivière qui a donné son nom à Machico, étonnamment calme lorsqu'on la compare aux torrents habituellement fougueux de Madère. Si calme que le cresson y pousse et que les grenouilles y coassent en paix.

Un petit chemin partant de la mer longe la rivière, pour remonter pratiquement jusqu'à l'église en laissant, à gauche, un joli jardin et la Câmara municipal (la mairie), une vieille et belle maison manuéline.

■ **LA CHAPELLE DES MIRACLES, de l'autre côté du petit pont, indique l'entrée du quartier des pêcheurs.** A l'ombre d'un arbre plusieurs fois centenaire et en face d'un kiosque qui fait office de bar-tabac, cette chapelle, reconstruite après une tornade qui détruisit l'ancienne chapelle du XVe siècle, abrite le fragment de la croix de Robert Machin. On y découvre aussi, enfermée dans une vitrine, une fabuleuse statue en plâtre polychrome d'un saint non identifié, et affublé d'une étrange perruque. on croirait voir une statue en plastique d'une boutique de bondieuseries et pourtant là, dans le calme de la petite chapelle, ce saint chevelu trouve sa place et sa beauté.

Dans les environs

■ **PICO DO FACHO.** Juste avant le tunnel vers Caniçal (tout en haut du village), un chemin vers la droite conduit au sommet du pic. L'occasion d'une promenade ou d'un pique-nique. Des tables aménagées livrent un point de vue magnifique sur la baie de Machico, l'aéroport, et les pointes de la côte sud de l'île ; ce versant est abrité du vent en général, qui tempête de l'autre côté.

SANTA CRUZ

Sur la route de Machico, Santa Cruz est une jolie petite ville, célèbre surtout pour son aéroport, récemment agrandi pour que les gros avions puissent y atterrir et que davantage de touristes viennent y vider leur porte-monnaie. La piste démarre littéralement sur la mer. En allant vers Machico, d'ailleurs, on passe sous cette nouvelle construction, entre les gigantesques poteaux de soutènement : un travail de titan à n'en pas douter, assez spectaculaire.

Le bord de mer a été aménagé, et la plage de galets est devenu un endroit populaire dans l'après-midi pour prendre le soleil. Quelques terrasses de café sauront vous retenir, à l'ombre des arbres et dans les rires des enfants.

▶ **Un centre aquatique** a été inauguré récemment. On peut y faire plouf dans deux piscines. Plusieurs toboggans arracheront quelques cris aux plus jeunes… et aux autres. Pour se distraire… pourquoi pas ?

Hébergement

■ **RESIDENCIAL PRISMA. Sítio da Bemposta. Agua de Pena ✆ 291 524 185 – Fax : 291 524 583.** *Au moins 40 € la double avec petit-déjeuner. Forfait « séjour une semaine » avec chambre double, petit-déjeuner et voiture à 450 € (400 € pour 1 personne). Forfait incluant demi-pension à 600 € pour 2 personnes (450 € pour 1 personne).* Sur la route qui monte derrière l'aéroport vers Santo da Serra. En balcon bien au-dessus du village, donc pas très loin de l'aéroport, une résidence plutôt récente, bien pratique si votre avion arrive tard (réserver). Près de 14 chambres, avec une belle terrasse orientée vers la mer. Bon accueil. Endroit intéressant pour rayonner.

■ **HÔTEL SANTA CATARINA. Rua do Bom Jesus, 7 ✆ 291 520 000 – Fax : 291 520 001.** *Prix : 50 € pour un, 60 € pour 2 personnes avec petit-déjeuner.* Officiellement un 4 étoiles, mais on ne va pas s'amuser à y regarder de plus près. Construit sur le site d'un ancien moulin à canne à sucre, mais, hélas, l'autoroute passe juste au-dessus de la piscine ! Pas vraiment engageant. Chambres convenables mais salons un peu sombres.

Points d'intérêt

A vocation céleste mais choisissant d'autres voies pour atteindre l'altitude, **l'église paroissiale** du XVIe siècle dédiée à São Salvador possède une belle entrée gothique et une rosace, et mérite un petit détour.

Le petit parc près de la mer est bien agréable. Un kiosque invite à s'asseoir et à boire un jus de fruit.

« Plus un village qu'une ville, mais c'est très beau, s'y promener en bord de mer est un régal. Village typique de pêcheurs. Nous y venions chaque fois que nous en avions marre du bruit de Funchal. Accès facile en car depuis Funchal. » Yves Broyer, La Seyne-sur-Mer.

L'intérieur de l'île

Les circuits à l'intérieur de Madère sont plus difficiles à organiser. Les routes sont parfois des culs-de-sac, des lieux proches sur la carte ne sont reliés que par des sentiers, et le temps a la fâcheuse habitude d'être exécrable… Mais la beauté des panoramas, quand il fait beau, est une raison largement suffisante pour s'y aventurer et y flâner pendant des heures. Quelques balades fascinantes permettent aux plus courageux ou aux rêveurs de s'imprégner pleinement de la magie de ce petit bout de caillou dressé au milieu de la mer.

CAMACHA

Le village est réputé pour ses artisans vanniers. La campagne est fort belle. Davantage encore si l'on arrive de Funchal, toute proche, plutôt que de l'est. Les maisons apparaissent alors accrochées à flanc de colline, dans des défilés vertigineux qui descendent jusqu'à la mer. Les cultures en terrasses occupent de minuscules bouts de terrain, consolidés de murets de pierres, accessibles par des escaliers acrobatiques : il ne paraît pas y avoir jamais plus de 100 m² d'un seul tenant. Il faut quitter la rue/route, s'engager à pied dans ces ruelles presque verticales, qui partent vers la montagne, pour découvrir que Camacha existe, qu'un bar a réussi à se cacher entre deux maisons, et que les artisans sont bien là, occupés à tresser l'osier. La vannerie, on l'achètera en fait plutôt à Funchal : les quelques magasins du centre, au terminal d'autocar, sont moins fournis que ceux de la capitale.

Récemment construite à partir des ruines de la chapelle d'un couvent de Funchal, l'église de Boa Nova de Camacha renferme un beau retable de bois doré.

En continuant la route, si l'on vient de Funchal, sur la droite, une grille dissimule **la Quinta do Camachal,** qui fait face à la poste. Cette grille fermée semble protéger une propriété presque abandonnée, qui forme un tel contraste avec les jardins si bien ordonnés de Madère qu'on la croirait hantée. Rafraîchissez-vous à la fontaine qui rappelle au passant que la Vierge est née libre de tout péché. L'inscription date de 1940 !

Restaurants

■ **CASA DE PASTO O BOLEO © 291 922 128.** *A côté de l'église.* Un petit restaurant tout simple, avec une terrasse, des rideaux en vichy bleu, des chaises rouges, aussi bien pour y grignoter que pour y faire un vrai repas. Poulet grillé le dimanche, sardines grillées tous les jours, c'est presque le bonheur autour de 10 € environ.

■ **RESTAURANTE O REGEDOR.** En face d'O Boleo, sans prétention dans son renfoncement, Nobrega préfère visiblement un groupe accompagné plutôt qu'un visiteur isolé. Dites trois mots de portugais au patron, et vous voilà le roi. Il y a même un billard.

SANTO DA SERRA

Amateurs de golf, Santo da Serra est pour vous. Le 18 trous de Madère a trouvé là, dans un cadre magnifique, le terrain plat qui lui convient, dans une petite ville qui est le lieu de repos de la bonne société de Funchal : luxe et discrétion pour des domaines qu'on devine magnifiques derrière des haies fleuries – www.santodaserragolf.com – reservas@santodaserragolf.com

Hébergement – Restaurants

Plusieurs snacks-bars dans le village, deux restaurants. Le tour est vite fait.

■ **ESTALAGEM A QUINTA. Casaís Próximos © 291 550 030 – Fax : 291 550 049.** *Prix : 60 € pour 2 personnes.* Grande demeure avec onze chambres avantageuses, une piscine, un billard, à quelques minutes à peine du golf. On peut louer des V. T. T.

■ **SERRA GOLF. Casaís Próximos © 291 550 500 – Fax : 291 550 505.** *Une structure de 18 chambres doubles à 41 € pour 2 personnes, suites à 52 €.* Possibilité également de louer un petit appartement avec deux chambres doubles, cheminée et kitchenette.

Sur le Pico de Arieiro

■ **QUINTA DAS COLMEIAS** © **291 741 515 – Fax : 291 741 514 – www.quinta-das-colmeias.com – maravilhas@mail.telepac.pt** – *Prix pour la maison complète : compter 1 420 € la semaine. Dans les parages, le propriétaire loue également un cottage coloré, tout équipé, pouvant accueillir 6 personnes, au prix de 535 € la semaine pour 2 personnes (80 € par adulte et 40 € par enfant supplémentaire, et par semaine). Des tarifs spéciaux sont envisageables pour de plus longs séjours. Rapport qualité/prix très séduisant.* Située à 5 minutes du village, cette maison familiale spacieuse et confortable, dans un cadre particulièrement reposant, est équipée de tout ce que l'on peut désirer (il y a même une piscine). On peut y loger jusqu'à 8 personnes (quatre chambres doubles), des lits supplémentaires étant disponibles pour les enfants.

Dans les environs

► **La route de Santo da Serra à Poiso (ER 202) est superbe.** Points de vue magnifiques peu avant Poiso (ou peu après si l'on vient du nord) sur les massifs de l'intérieur de l'île : aiguille solitaire du Pico do Gato, échancrures vertigineuses des Torres, Pico Ruivo et, tout à droite, le plateau d'Achada do Texeira. Tout au long, panoramas splendides sur la Pointe de São Lourenço, Porto da Cruz et Faial. N'hésitez pas à vous arrêter sur l'un des nombreux espaces dégagés sur le côté de la route. En marchant un peu, ils offrent des spectacles toujours changeants et fantasques, notamment sur la côte est de l'île. La randonnée décrite par le guide *Underwood* jusqu'au Pico da Suna est remarquable. Peu d'efforts pour des paysages à couper le souffle. Idéale par beau temps. Compter plus ou moins deux heures aller-retour, mais on songera peut-être à pique-niquer dans les parages ; le cadre délicieusement champêtre y invite en tout cas.

Passé 1 000 m d'altitude environ, le décor semble dû à un jardinier fou un brin mégalomane, qui aurait decidé de tout peindre en vert, mais de mille verts différents.

Les arbres laissent ensuite la place à un lichen ras, semblable à un gigantesque gazon où viennent brouter quelques chèvres à la démarche rendue bizarre dans le brouillard, qui peut être fréquent ; les rochers deviennent des ombres verdâtres, et des arbres effeuillés, rescapés d'un incendie, ajoutent une touche d'étrangeté au décor. Il commence à faire froid, surtout si l'on a gardé la tenue d'été en vigueur à Funchal. On rêve d'un grog, mais ce n'est pas sous ces latitudes qu'on trouvera un refuge de montagne… Eh bien si, justement, il apparaît :

■ **CASA ABRIGO DO POISO** © **291 782 269.** *Ouvert de 8h à 24h. Prix : 15 € minimum pour un repas complet.* A 1 400 m, la Casa Abrigo, une propriété du gouvernement régional, abrite un bar et un restaurant, plus quelques lits malheureusement réservés aux fonctionnaires locaux. L'aspect extérieur est celui d'une grosse maison de montagne, et si le bar est quelconque, le restaurant est vraiment celui d'un chalet. Il y a même un feu de bois dans la cheminée, ce qui est miraculeux. Le menu est traditionnel, et manger du poisson grillé à cette altitude, en compagnie de randonneurs en anorak, est un souvenir remarquable. La soupe de tomate aux oignons est réputée pour être la meilleure de l'île.

PICO DE ARIEIRO

Un sommet, c'est toujours symbolique. 1 810 m pour l'Arieiro, que l'on peut grimper en voiture, et on ne s'en privera pas. Pratiquement au centre de Madère, on embrasse d'un coup d'œil l'île entière, des falaises abruptes jusqu'au plus petit village de l'intérieur.

Après Poiso, la route continue de grimper, toujours dans le même décor. Les précipices se font plus raides et les parois plus abruptes jusqu'au sommet. La Pousada do Pico de Arieiro, qui faisait les délices des voyageurs pour les superbes aurores océaniques, n'est plus opérationnelle ; l'armée y a établi ses quartiers.

Une précision : le lieu n'est desservi par aucune ligne de car, il est donc impératif d'avoir une voiture ou un taxi si on souhaite faire autre chose que de la randonnée à pied.

PICO RUIVO

Vrai point culminant de Madère, à 1 861 m, le Pico Ruivo se conquiert à pied, en trois bonnes heures de marche depuis le Pico de Arieiro. Cette randonnée étant probablement la plus populaire de l'île, vous croiserez quantité de marcheurs. Il vaut mieux partir tôt, pour éviter les grands rassemblements et surtout profiter de la lumière du matin. Les nuages font souvent leur apparition vers 10h, et à midi il est parfois trop tard pour espérer rejoindre le sommet sous le soleil.

RIBEIRO FRIO (Mirador de Balcões)

En poussant jusqu'à Ribeiro Frio (truitières, jardins) depuis Faial ou Poiso, mieux vaut s'arrêter au petit snack-bar Faisca, et éviter ainsi les deux bars-restaurants-souvenirs qui se trouvent au-dessus, près des truitières. De là, on peut, par un escalier, rejoindre, en 20 minutes, le chemin qui mène à Balcões, un magnifique belvédère sur les montagnes au cœur de l'île (si les nuages ne sont pas au rendez-vous). Le promontoire d'où la vue se dégage sur ces merveilles naturelles, qui jaillissent parfois de la brume pour se voiler ensuite pendant des heures, invite à la méditation. Quelques vieilles femmes viennent y vendre leur artisanat avec de grands et beaux sourires.

Point d'intérêt

- **La levada vers Portela commence juste en face du chemin vers Balcões.** C'est l'une des randonnées les plus populaires de l'île, elle ne pose aucun problème et s'avère somptueuse. En outre, vous n'aurez aucun mal à observer quantité de petites truites dans la levada.

SERRA D'AGUA (ou D'AGUIA)

A mi-chemin sur la route qui mène de Ribeira Brava à São Vicente, Serra d'Agua est un petit village pittoresque accroché au flanc de pics aiguisés. On est alors à quelques kilomètres du col d'Encumeada, d'où l'on peut, par temps clair, voir les côtes nord et sud de Madère. Le paysage est remarquable.

Hébergement – Restaurants

- **POUSADA DOS VINHÁTICOS © 291 952 344 – Fax : 291 952 540 – www.dorisol.pt – info@dorisol.pt –** *Compter 53 € pour 1 personne, 70 € pour 2 personnes et 86 € pour 3 personnes. Demi-pension à 20 €, pension complète à 36 €. Réservation obligatoire.* Située à 900 m d'altitude, blottie dans ses gros murs de pierre basaltique qui évoquent si bien une grande maison familiale, l'auberge offre un confort remarquable, et les 10 chambres campagnardes ne font pas rustique-toc (beau mobilier en bois de « vinhático », espèce endémique). Une annexe en bois située à l'arrière offre de très belles vues sur le village et les terrasses cultivées à flancs de montagnes (le pic en face est communément surnommé « Rio de Janeiro » par les visiteurs en raison de sa ressemblance avec le célèbre pain de sucre de la mégalopole brésilienne). Une adresse de charme dans les montagnes.

- **RESIDENCIAL ENCUMEADA © 291 951 282 – Fax : 291 951 281 – www.residencialencumeada.com – recepcao@residencialencumeada.com –** Un kilomètre avant le col d'Encumeada, cet établissement bien situé propose des chambres à partir de 40 € en double, pas cher compte tenu de l'emplacement. Si l'agrandissement récent n'est pas forcément des plus heureux, les chambres sont très spacieuses et les services proposés abondants.

PAÚL DA SERRA ET RABAÇAL

La route transversale de Santa au col d'Encumeada (bar surchargé le week-end, tranquille en semaine, agréable) est sans doute la plus belle de l'île. On ne se lasse pas des panoramas grandioses, désolés sur le plateau du Paúl da Serra, verdoyants près de Rabaçal. Loin des rues congestionnées de la côte, cette route des crêtes offre une véritable bouffée d'air frais, et constitue une destination incontournable de tout séjour à Madère.

- **Le plateau de Paúl da Serra** est un terrain plat (une rareté sur l'île) situé à environ 1 400 m d'altitude, souvent plongé dans le brouillard, en été comme en hiver. Depuis peu, de grosses éoliennes brassent l'air. Les moutons, qui profitent d'une herbe rase, y paissent comme au paradis. Mais gare ! Les paisibles ovidés ne se promènent pas toujours en troupeaux organisés et certains ont parfois la fâcheuse envie de voir si l'herbe a meilleur goût un peu plus près de la route : un choc est vite arrivé.

Chemin de Pico Ruivo

Le Paúl da Serra est un terrain de promenade idéal, mais on s'y perd facilement : se faire accompagner d'un guide n'est pas une recommandation superflue pour ceux qui n'ont pas trop le sens de l'orientation. Ne passez tout de même pas plus de temps à déchiffrer les sentiers qu'à marcher !

Rabaçal présente un visage radicalement différent : ce petit éden naturel se situe peu après l'Estalagem du Pico da Urze (voir plus bas). Dorénavant, on ne peut plus descendre en voiture par la petite route étroite et l'on doit se garer sur le parking qui jouxte la route. Ainsi, comptez 2 km de plus pour votre randonnée : ça monte sur le retour, autant être prévenu.

De magnifiques sentiers gagnent d'abord la cascade de Risco, à moins de vingt minutes, qui se déverse au fond d'une gorge sauvage, puis au site dit de 25 Fontes (où il n'y a plus vingt-cinq fontaines depuis une belle lurette), où l'on songera à pique-niquer. Compter environ 3h aller-retour le long d'une levada riante. Pas de difficulté majeure, sauf à certains passages où la levada est étroite et parfois glissante, quand il a plu.

L'un des endroits les plus enchanteurs de l'île, plus populaire toutefois que bon nombre d'autres recoins délicieux (en été, vous ne serez pas tout seul à jouir du bruissement de la nature). Certains préfèrent d'autres levadas.

Pratique

Sur la route, prenez garde à ne pas rouler vite sous les tunnels, le mauvais temps (en hiver, surtout) pouvant arracher des pierres ici ou là et les jeter en barricades sur la route. On a déjà vu des roues crevées.

Attention, toutes les agences se suivent à la queue leu leu pour arriver à l'heure du déjeuner à Porto Moniz. Si vous êtes motorisé, essayez de prendre la route en sens inverse (à partir de Santa), ou alors évitez le grand rassemblement en partant tôt (ou tard, au choix, mais attention à ne pas vous perdre dans de tels parages !).

Hébergement – Restaurant

Il est possible de séjourner au milieu de ce paysage déroutant et fascinant, plus ou moins au milieu du parcours.

ESTALAGEM PICO DA URZE © **291 820 150 – Fax : 291 820 159 – www.picodaurze.com – picodaurze@picodaurze.com** – *Prix : 35 € la simple, 45 € la double avec petit-déjeuner. On peut vous donner un « pack déjeuner » pour 6 € environ.* Située à 1 400 m d'altitude, elle propose 27 chambres confortables et équipées du nécessaire (du chauffage, surtout !). Situation originale et pratique pour se promener dans le parc voisin de Rabaçal ou ailleurs sur les hauteurs.

Le restaurant répond au drôle de nom de Jungle Rain Cafe. Le décor est incroyablement kitsch : éléphant, singe, boa, lion… Tout à coup, hurlements, rugissements, bramements emplissent la salle, dans une atmosphère un peu surréaliste et carrément surfaite. Vu le nom de l'endroit, on a peur qu'il se mette à pleuvoir… mais non, pas de danger, on peut s'asseoir et se reposer après une bonne balade. Service inégal. Pratique pour se remplir la panse ou boire une bière fraîche.

Porto Santo

Située au nord-est de Madère, dont elle distante d'une quarantaine de kilomètres, l'île compte une seule ville : Vila Baleira. Porto Santo est un peu l'antithèse de sa grande sœur. Sèche, peu peuplée, elle se caractérise par une végétation clairsemée et surtout une longue plage de sable blond sur le rivage sud, insolite sur l'archipel. La plupart des visiteurs n'y passent qu'une journée (forfait complet d'une semaine sur Madère), mais depuis peu, une infrastructure hôtelière s'est mise en place. Cependant, malgré les efforts de l'office du tourisme, les centres d'intérêt sont réduits. L'île et sa plage restent donc très tranquilles. En fait, environ 80 % des visiteurs sont Portugais. La probabilité d'y rencontrer votre voisin de palier est donc plutôt faible.

L'histoire nous rappelle que Porto Santo fut découverte un an avant Madère, en 1418. Christophe Colomb y séjourna et y épousa la fille du premier gouverneur. Une église du XVIIe siècle et quelques moulins à vent sont les seuls témoins de ce « glorieux » passé.

TRANSPORTS

Avion

- **AÉROPORT ✆ 291 980 120 – Fax : 291 980 121 – www.anam.pt – anam@anam.pt –** On peut rejoindre Porto Santo en avion, mais la liaison est effectuée par de petits appareils qui sont toujours pleins à l'avance. Pensez à réserver au plus tôt ! Le trajet ne dure que 15 minutes.

Bateau

La traversée dure 2h10 et permet de découvrir l'extrémité est de la côte sud, rocheuse et colorée dans sa dernière partie. Plusieurs allers-retours par jour avec la **Porto Santo Line** (✆ 291 982 543, voir la rubrique « transports » à Funchal). Réserver (certains hôtels s'en chargent) pour être sûr de monter à bord.

Une navette vous amène à votre arrivée au centre-ville.

Bus

Les transports en commun sont presque inexistants. Il y a bien un car le matin depuis le port vers le centre-ville, lors de l'arrivée du bateau, et le soir dans l'autre sens, mais c'est tout. Compter 2 € par personne.

Location de voitures et deux-roues

Choisir plutôt le vélo ou le scooter est un moyen économique, permettant de parcourir les chemins de terre battue. **Une adresse : Auto Accessorio Colombo** (enseigne Yamaha) ✆ 291 984 438. A 400 m à l'ouest du terminal de bus (station-service). *Compter 20 € par jour pour un scooter.*

Taxis

On trouve des taxis au port et à l'aéroport. En ville, ils se trouvent devant la station Galp. Les tarifs sont fixes.

- **BORNE TAXIS** ✆ 291 982 334.

Caractéristiques

- **Longueur :** 12 km.
- **Largeur :** 6 km.
- **Superficie :** 42 km².
- **Population :** 4 700 hab. environ.
- **Densité :** 112 hab./km².

PRATIQUE

- **OFFICE DU TOURISME.** Avenida Henrique Vieira e Castro © 291 982 361 – Fax : 291 983 562.
- **MAIRIE.** Rua Dr Nuno S. Texeira © 291 980 640 – Fax : 291 982 860 – cmportosanto@mail.telepac.pt – www.cm-portosanto.pt
- **PHARMACIE.** Rua Gonçalves Zarco © 291 980 420.
- **SERVICES MÉDICAUX** © 291 980 060.
- **POLICE** © 291 982 423.
- **POMPIERS – AMBULANCE** © 291 982 115.

HÉBERGEMENT

- **PARQUE DE CAMPISMO © 291 983 111.** Hôtel « 1 000 étoiles », car si on veut un toit, il faut apporter sa tente. A deux pas de la mer... et du sable d'or! Par contre, son mauvais état justifie son prix.

- **CENTRE DE JUVENTUDE. Sitio das Matas © 291 982 607 – Fax : 291 984 555.** *Compter entre 6 et 8 € par personne, selon la saison. Encore une fois, une taxe de 3 € est imposée si vous avez plus de 25 ans, et la réservation doit s'effectuer dix jours avant en basse saison, un mois en haute saison.* A la différence des autres centres de jeunesse de Madère, il s'agit ici d'un établissement récent, à l'architecture résolument moderne. Dispose d'un dortoir avec W.-C. pour personnes handicapées, de onze dortoirs de trois lits et de huit dortoirs de quatre lits. Dans tous les cas, W.-C. privés. Pas de serviettes de bain. Idéal pour rencontrer d'autres vacanciers, et l'un des rares endroits où vous trouverez de l'animation en saison.

Bien et pas cher

PENSÃO THERESIA. Campo de Baixo © 291 983 683 – Fax : 291 983 300. Sept chambres seulement. Convenable.

RESIDENCIAL CENTRAL. Rua Coronel Abel Magno Vasconcelos © 291 982 226 – Fax : 291 983 460. *Environ 50 € la double suivant la durée du séjour.* A cinq minutes de l'église, une pension propre, confortable et agréable. Salle de bains dans chaque chambre. Le meilleur choix petit budget.

Confort, charme... ou luxe

PRAIA DOURADA. Rua Dr Estevão de Lancastre © 291 982 315 – Fax : 291 982 487 – www.torrepraia.pt – reservas@torrepraia.pt – *Compter entre 60 € et 76 € la simple, entre 67 € et 84 € la double, et entre 87 € et 120 € la triple, selon l'époque de l'année. Les enfants entre deux et onze ans paient entre 17 € et 21 €.* Hôtel 3 étoiles dans le centre. Une centaine de chambres sans grand cachet et plutôt bruyantes. Sûrement pas un premier choix.

LUA MAR. Sitio do Cabeço da Ponta © 291 984 121 – Fax : 291 983 100 – www.torrepraia.pt – reservas@torrepraia.pt – *Hôtel-appartements 4 étoiles de luxe, à 4 km du centre environ. Les prix varient en fonction de la vue. Compter entre 90 € et 114 € la double pour une vue sur la montagne, entre 114 € et 138 € pour une vue sur la mer de juillet à septembre. Lit supplémentaire entre 24 € et 29 €.* La piscine, qui surplombe la plage, invite à s'attarder boire un verre.

TORRE PRAIA. Rua Goulart Medeiros © 291 985 292 – Fax : 291 982 487 – www.torrepraia.pt – *Les prix s'envolent en été. Compter 140 € la simple et 156 € la double de mi-juillet à mi-septembre ; le reste de l'année (mai à juillet et fin septembre à fin octobre), comptez 89 € et 99 €.* Un total de 66 chambres dont 4 suites (en été, 243 € pour la plus grande), 3 restaurants, une pizzeria, une piscine, etc. L'ensemble n'est pas des plus enthousiasmants, de style classique, convenable mais sans charme particulier.

HÔTEL PORTO SANTO. Ribeiro Cochinho, Campo de Baixo © 291 980 140 – Fax : 291 980 149 – www.hotelportosanto.com – info@hotelportosanto.com – *Selon la saison, chambre simple de 89 € à 132 € avec petit-déjeuner, double de 126 € à 176 €, chambre simple de 73 € à 78 €. Demi-pension et pension complète possibles.* Hôtel 4 étoiles qui jouit de 96 chambres, d'un court de tennis, d'un minigolf, d'un centre de santé. Tout confort, un petit peu trop froid peut-être sur une île aussi lumineuse. La piscine et ses palmiers sont quand même plus réjouissants. Une adresse récente et agréable.

RESTAURANTS

O CALHETAS. A Calheta, au bout de la plage © 291 984 380. *Repas complet à environ 15 €.* La cuisine est excellente, le service efficace et la patronne sympathique. Anciennement le Por do Sol.

ESTRELA DO NORTE. Sitio da Camacha © 291 983 400. Cuisine locale de qualité, surtout les viandes.

PE NA AGUA. Sitio das Pedras Pretas © 291 983 114. *Pas loin du camping, en direction de Ponta.* Boiseries à l'intérieur, terrasse en bois sur la plage… et des bougies pour parfaire la touche romantique. L'une des tables les plus agréables de l'île.

« Ambiance cool-tropicale. Excellent service, très bonne cuisine (poisson à 10 €, vin rosé à 5 €), bref un moment romantique, le soir, bercé par la brise venue du grand large. » Christine et Cyrille, Le Havre.

LUA. Lapeira © 291 984 414. *Environ 15 €.* A 500 m du précédent, il appartient au même patron. Même qualité de cuisine mais spécialisée en produits de la mer. Délicieuses cataplanas servies dans des plats en cuivre.

« Les repas, copieux, sont préparés dans des plats en cuivre, et vous serez bien conseillés pour le vin. Nous vous recommandons les cataplanas. » Xavier Maudet, Nogent-sur-Marne.

LA ROCA. Au niveau du club naval, Estrada do Penedo © 291 982 353. Pas dans les premiers prix, mais la structure boisée est charmante. Les desserts y sont plutôt bons. Plats exotiques.

Porto Santo, vue générale de Vila Baleira

POINTS D'INTÉRÊT

On prendra plaisir à flâner dans le petit bourg, sur la place principale (« Largo do Pelourinho ») où se dressent deux superbes dragonniers, jusqu'au vieux quai qui date du début du XXe siècle. Il n'y a pas grand-chose à faire, mais l'impression de tranquillité est saisissante.

■ **Eventuellement, on pourra visiter le musée CASA COLOMBO. Rua Cristóvão Colombo, 12 ✆ 291 983 405 – Fax : 291 983 840.** *Ouvert du mardi au samedi de 10h à 12h30 et de 14 à 17h30, le dimanche de 10h à 13h. Entrée gratuite.* Consacré à Christophe Colomb. Sans blague ?

▸ **Quant à cette fameuse plage,** on dit souvent qu'elle rivalise avec celles de l'Algarve, qu'elle est même la plus belle du Portugal… Une chose est sûre : elle est très engageante, avec ses 7 km de long. Le sable doré est censé avoir des propriétés curatives pour les maladies de la peau. L'eau d'une source thermale est mise en bouteilles et exportée. Toutefois, prière de se tourner plus volontiers vers la mer que vers l'intérieur. Ici aussi on semble davantage s'être soucié d'empiler les touristes que de sauvegarder les côtes.

■ **Une agence locale, DUNAS,** propose des circuits en jeep d'environ 3h qui permettent une bonne approche de l'île si vous avez peu de temps. Vous aurez ainsi l'occasion de découvrir l'étonnant phénomène naturel « Pedreira do Piano ». **Pour tout renseignement :** Dunas. Rua Nino Silvestre Teixeira, 38 ✆ 291 983 088 – Fax : 291 983 091 – dunaspt@oninet.pt

▸ **Pour ceux qui aiment la marche, voici une balade choisie pour les petits futés.** *Prévoir une journée et suivre le guide.* Sur la plage, marcher jusqu'à hauteur de l'Aparthotel Lua Mar (1h30 environ), puis rejoindre la route et la prendre pendant quelques minutes en direction de Calheta. Tourner à droite sur la route non asphaltée qui mène au centre équestre, direction Morenos (1h30). A Morenos, pas de village, mais quelques tables et parasols. La vue de Ponta de Canaveira est splendide : au premier plan, l'Ilheú de Ferro. Par beau temps, on découvre Madère, les Desertas… L'endroit est très verdoyant, un gros effort ayant été consenti en plantations. De fait, c'est le plus beau site de l'île. Au retour, monter au point de vue (Miradouro), en direction du Pico das Flores. Belle vue sur l'île et la plage.

@ *« Une curiosité de l'île qui vaut le détour, en particulier pour les amateurs de géologie/volcanisme : les orgues basaltiques. Partir de Porto Santo vers l'ouest, tourner à droite aux tennis, continuer sur le chemin de terre qui contourne le golf puis s'élève un peu sur la colline (quelques centaines de mètres). Nous recommandons le tour de l'île en scooter qui permet de découvrir le versant nord-est de l'île, très sauvage, et de monter au belvédère du Pico. » Françoise Lapeyre, Grenoble.*

Organiser son séjour

Pense futé

ARGENT

La monnaie utilisée est l'euro, comme au Portugal continental.

Banques

A Madère, chaque gros bourg est généralement pourvu d'une banque. A Funchal, elles sont très nombreuses, et il est conseillé d'éviter les agences bondées des grandes avenues. Ouvert de 8h30 du matin à 15h du lundi au vendredi, et quelques-unes le samedi de 9h à 13h.

Moyens de paiement

Les cartes de crédit sont peu utilisées. Les hôtels importants les acceptent, mais pas nécessairement les pensions ou les restaurants. Il est fort possible qu'on vous demande expressément de payer en espèces en dehors des sentiers battus.

Coût de la vie

La vie est relativement bon marché par rapport à la France, mais les tarifs pratiqués dans les établissements touristiques ne sont pas spécialement attractifs. Les restaurants offrent par contre de bons prix par rapport à la qualité de la cuisine.

Pourboire

Toujours le bienvenu même si personne ne l'attend vraiment. Environ 5 % à 10 % sont la norme. Sans être pingre, évitez de donner de mauvaises habitudes.

Taxes

Comme en France, elles sont toujours comprises dans les prix annoncés.

ASSURANCE ET SÉCURITÉ

Assurance

La carte européenne d'assurance maladie ou le certificat provisoire de remplacement dispense de faire l'avance de frais (dans les conditions prévues par la législation en vigueur dans le pays) en cas de soins médicaux pendant votre séjour. Cette carte est individuelle et chaque membre de la famille participant au voyage doit se munir de ce document. Pour commander ce document, se rendre à votre Caisse d'Assurance Maladie. Il faut compter 15 jours avant de l'obtenir. Les compagnies d'assurance vous garantissent une couverture plus ample que la couverture offerte par la Sécurité sociale, comprenant parfois la prise en charge totale des frais médicaux et d'hospitalisation. A vous de choisir la compagnie offrant le plus d'avantages.

Pico de Arieiro, cyclisme

Bien souvent, les sociétés de cartes de crédit (Visa...) et les mutuelles incluent dans leurs contrats un service d'assurance pour l'étranger, quand le séjour ne dépasse pas une certaine durée (vous êtes généralement assuré à l'étranger jusqu'au troisième mois de votre voyage). Renseignez-vous. Lisez toujours attentivement les conditions de prise en charge et encore plus attentivement les clauses d'exclusion ; certains sports, par exemple les sports dits à risques, comme la plongée sous-marine, ne sont pas toujours pris en charge. N'oubliez pas, bien sûr, de prendre les coordonnées et numéros de téléphone d'urgence de votre assureur. Un conseil : inscrivez les coordonnées de vos assurances en plusieurs endroits différents, en cas de vol ou de perte de vos papiers.

Assurances liées aux cartes bancaires

Si vous possédez une **carte Visa ou EuroCard MasterCard,** vous bénéficiez automatiquement d'une assurance médicale et d'une assistance rapatriement valable pour tout déplacement à l'étranger de moins de 90 jours.

- **Pour les deux,** un plafond de 11 000 € est prévu.
- **Franchise** de 75 € pour EuroCard MasterCard ✆ 01 45 16 65 65.
- **Prise en charge des frais d'hospitalisation** pour Visa ✆ 01 42 99 08 08.

Avant de partir, n'oubliez surtout pas de souscrire à une assistance qui, en cas de pépin, vous assurera le remboursement des frais de rapatriement, les frais médicaux, etc. Encore une fois, inscrivez les coordonnées de vos assurances en plusieurs endroits, en cas d'un vol éventuel.

Sécurité

La criminalité n'existe pratiquement pas à Madère, à part quelques phénomènes marginaux, très éparpillés, liés à l'alcool ou à la drogue. De nombreuses personnes parlent français, l'ayant appris à l'école ou ayant travaillé en France pour un temps ; ils seront ravis de pouvoir converser avec vous. On peut partir tranquille. Les étrangers y sont très bien acceptés, l'île jouissant d'une longue tradition touristique, notamment à Funchal (même si, comme dans tout pays habitué à un genre de tourisme plutôt prospère, l'accueil peut parfois sembler complaisant ou simplement apathique).

SANTÉ

- **Par Eric Caumes.**

Madère est en train de se développer rapidement, et les soins sont de meilleure qualité qu'il y a quelques années encore. Cela dit, ne vous attendez pas forcément aux mêmes services qu'en France. S'ils sont tout à fait suffisants pour les petits pépins, en cas d'incident grave, les hôpitaux et centres de santé peuvent sembler rudimentaires. Inutile de s'inquiéter, donc, mais il vaut mieux être prévoyant et remplir toutes les formalités liées à l'assurance avant de partir. Une assurance rapatriement peut être envisagée.

Quant aux pharmacies, une croix verte permet de les repérer. Les pharmacies de garde sont indiquées sur la porte de leurs consœurs fermées, mais il faut parfois faire quelques kilomètres pour y arriver. La plupart des petites villes sont équipées de « Centro de Saúde » qui peuvent vous dépanner... (gros coup de soleil ou épines d'oursin dans le pied !).

Santo da Serra, golf

Demande d'adhésion

A nous retourner dûment remplie, ainsi que votre chèque de règlement à l'adresse suivante :

AXA ASSISTANCE FRANCE
12 bis boulevard des Frères Voisin
92798 Issy-Les-Moulineaux Cedex 9

Convention
n° 5000177*99

Adresse du souscripteur en France ....

....

....

Nom et prénom des bénéficiaires

1re personne ....

2e personne ....

3e personne ....

4e personne ....

5e personne ....

Durée ❍ 16 jours ❍ 32 jours ❍ 61 jours ❍ 90 jours

Date de départ ....

Date de retour ....

Destination ❍ Zones 1 et 2 ❍ Zones 3

Prime .... x nb de personnes = ... € TTC

Fait le .... **à** .... **Signature**

Nous pouvons également vous proposer des contrats d'assistance à l'année ainsi que des garanties d'annulation, responsabilité civile, individuelle accidents et bagages.

Contactez nous !

Pour toute information et souscription

Téléphonez au 01 55 92 19 04
du lundi au vendredi de 9h à 18h

SA au capital de 26 840 000 euros - 311 338 339 RCS Nanterre
Siret 311 338 339 000 55 - N° Intracommunautaire FR 89 311 338 339 - Code APE 660 E

Route de Pico de Arieiro

Funchal dispose de trois hôpitaux, mais seul **l'hôpital Cruz de Carvalho** propose un service d'urgence ouvert 24h/24 ✆ 291 705 600. Autre établissement de qualité, la **clinique Santa Lucia,** rua de Torrinha, 5, à Funchal ✆ 291 200 000 – Fax : 291 200 005.

Le reste de l'île est desservi par un réseau dense de « Centros de Saude », avec ou sans médecin de permanence. Les soins y sont très bon marché et pratiquement tous les médecins parlent français. Les étrangers sont souvent soignés en priorité. **Service dentaire d'urgence :** rua Ivens, 13 (derrière le jardin municipal).

- **Pour appeler la police, les pompiers ou une ambulance,** composez le ✆ 115.

AVANT DE PARTIR

Quand partir ?

A Madère, le climat est doux toute l'année, mais il peut faire (très) frais sur les hauteurs, et pleuvoir abondamment, notamment sur la côte nord. Emportez des vêtements d'été, et un bon pull en cas de besoin. Un imperméable est le bienvenu si vous comptez marcher, qui puisse aussi faire coupe-vent : ça souffle fort de temps à autre (sur la Pointe de São Lourenço par exemple). N'oubliez pas une petite trousse de premiers soins en cas de randonnée, même si l'île dispose de nombreux centres de santé éparpillés çà et là. Vous pouvez aussi emporter des pastilles purifiantes (type Micropur), mais sachez que l'eau est potable partout. En cas de gros besoin le long des levadas.

En fait, même si vous partez à Madère où il fait normalement chaud, ne surestimez pas la bonté du climat, qui peut changer à tout moment.

Que mettre dans sa valise ?

Inutile d'emporter une collection de gros pulls, même en hiver. Une petite laine fera l'affaire. En revanche, un vêtement de pluie léger, de bonnes chaussures et un petit sac de promenade sont conseillés : Madère est une invitation permanente à la marche.

Matériel de voyage

y trouverez cartes, livres, sacs à dos, chaussures, vêtements, filtres à eau, produits anti-insectes, matériel de plongée… Et pour tout le reste, n'hésitez pas à leur demander conseil !

■ **BAGAGES DU MONDE. 102, rue du Chemin Vert 75011 Paris © 01 43 57 30 90 – Fax 01 43 67 36 64 – www.bagagesdumonde.com – info@bagagesdumonde.com –** Une véritable agence de voyage pour vos bagages : elle assure le transport aérien de vos effets personnels depuis Orly ou Roissy-Charles de Gaulle à destination de tout aéroport international douanier, et vous offre une gamme complète de services complémentaires : enlèvement, emballage, palettisation, stockage (à l'aéroport), assurance, garantie… Vous pouvez déposer vos effets au bureau de l'agence à Paris. Une idée futée pour voyager l'esprit serein et échapper aux mauvaises surprises que réservent les taxes sur les excédents de bagages.

■ **DECATHLON. Informations par téléphone au © 0 810 08 08 08.** Liste des adresses de points de vente consultable sur Internet : wwww.decathlon.com – Le grand spécialiste du matériel de sport (plongée, équitation, pêche, randonnée…) offre également une palette de livres, cartes et CD-rom pour tout connaître des différentes régions du monde.

■ **www.inuka.com –** Ce site vous permet de commander en ligne tous les produits nécessaires à votre voyage : vous recevrez ensuite vos achats chez vous, en quelques jours. Matériel d'observation (jumelles, télémètre, lunettes terrestres...), instruments outdoor (alimentation lyophilisée, éclairage, gourde, montres...) ou matériel de survie (anti-démangeaison, hygiène). Tout ce qu'il vous faut pour préparer votre séjour que vous partiez dans les montagnes ou dans le désert.

■ **LOWE ALPINE. Inovallee. 285, rue Lavoisier 38330 Montbonnot Saint Martin © 04 56 38 28 29 – Fax 04 56 38 28 39 – www.lowealpine.com – infoconso@lowealpine.fr –** En plus de ses sacs à dos techniques de qualité, Lowe Alpine étoffe chaque année et innove avec ses collections de vêtements haut de gamme consacrés à la randonnée et au raid, mais aussi à l'alpinisme et à la détente.

■ **NATURE & DECOUVERTES. Pour obtenir la liste des 45 magasins © 01 39 56 70 12 – Fax 01 39 56 91 66 – www.natureetdecouvertes.com – serviceclient@nature-et-decouvertes.com –** Retrouvez dans ces magasins une ambiance unique dédiée à l'ouverture sur le monde et à la nature. Du matériel de voyage, mais aussi des livres et de la musique raviront celles et ceux qui hésitent encore à parcourir le monde…. Egalement vente par correspondance.

■ **TREKKING. BP 41, 13410 Lambesc © 04 42 57 05 90 – Fax 04 42 92 77 54 – www.trekking.fr –** Partenaire incontournable, Trekking propose dans son catalogue tout ce dont le voyageur a besoin : trousse de voyage, ceinture multipoche, sac à dos, sacoches, étuis… Une mine d'objets de qualité pour voyager futé et dans les meilleures conditions.

Formalités

Pour les ressortissants de l'Union européenne, la carte d'identité suffit ou le passeport même périmé. Pour les mineurs non accompagnés, une autorisation de sortie du territoire est exigée (formulaire dans les mairies ou les commissariats de police). Se munir d'un visa pour les séjours de plus de 3 mois.

Pour les animaux, un certificat de bonne santé et de vaccination antirabique est requis. Prenez garde, les animaux domestiques sont rarement admis dans les établissements hôteliers. Renseignez-vous avant de partir.

Décalage horaire

Quand il est 12h à Paris, il est 11h à Funchal (comme à Lisbonne), et ce, toute l'année.

■ PHOTOS ■

A Madère, c'est sensiblement pareil qu'en France dans les magasins Kodak, par exemple. Prix un peu plus attrayants au demeurant. Mais comme aux Açores, en dehors de Ponta Delgada, vous aurez parfois du mal à trouver votre pellicule favorite, il vaut donc mieux faire vos provisions avant de partir en excursion.

Population locale

Aucun problème pour photographier les gens, quand on demande la permission avant, bien entendu.

MÉDIAS

Journaux

▸ **Le quotidien, *Jornal da Madeira,*** publie dans chaque édition, en dernière page, une belle carte météo en couleurs (valable toute la journée...), les horaires des vols aériens du jour, les horaires des bus pour l'aéroport, les horaires des musées, expositions, cinémas...

▸ **Le principal quotidien de Madère est le *Diáro de Notícias do Funchal.*** Il comprend un supplément de quatre pages en anglais, où toutes les informations pratiques évoquées ci-dessus, y compris les noms des principaux bateaux actuellement ancrés dans le port de Funchal, y sont recensées. Dans le centre de Funchal et dans les kiosques des grands hôtels, les principaux titres de la presse internationale sont disponibles avec, en général, un jour de retard.

▸ **Certains journaux gratuits comme *Madeira Island Bulletin, Madeira Life* ou *Hello Madeira,*** distribués dans les hôtels, paraissent tous les mois ou tous les deux mois, et donnent des informations en anglais et parfois en allemand.

Radio

▸ **Quand on ne parle pas un traître mot de portugais, il reste les émissions en ondes courtes de RFI :** la « radio mondiale » est la compagne de bien des voyageurs, et pas seulement des navigateurs qui guettent les bulletins de la météo marine.

▸ **A Madère, sur 96 FM ou 1485 OM (Rádio Turista),** vous trouverez des informations en français. Entre 18h30 et 19h, tous les jours, infos sur les animations et festivités à venir sur l'île.

Télévisions

▸ **En plus des chaînes portugaises, Madère possède son propre canal : RTP.** Elle retransmet un programme composé pour partie d'émissions nationales et pour partie de productions locales. Sans oublier les « télénovelas » brésiliennes... Du *Dallas* en portugais.

Cartes

Outre celle, assez succincte, gratuitement distribuée dans les hôtels, l'office du tourisme et de nombreuses boutiques proposent deux cartes plus précises et plus informatives, en particulier la carte touristique de Madère, version française. Mais franchement, la carte gratuite distribuée par l'office du tourisme nous semble suffisante pour se promener autour de l'île. Les amoureux des belles cartes pourront se procurer celle au 150 000e en deux feuilles (récemment remise à jour, mais peu utilisable pour les randonneurs et les automobilistes), à l'**Institut portugais de cartographie**, 38 rua da Sé, à côté de la cathédrale. *Ouvert de 9h à 12h et de 14h à 16h30.*

SUR PLACE

Poste et télécommunications

▸ **Poste.** Le courrier express, type Chronopost, fonctionne bien, officiellement. On a cependant déjà vu un paquet mettre 10 jours avant d'arriver en France. Pour une raison mystérieuse, le courrier reste 24 heures à l'aéroport avant de rejoindre sa destination finale, et cela de façon systématique. Selon les îles, un pli express Paris-Funchal met donc en principe 48 heures pour atteindre son destinataire, mais 72 heures dans l'autre sens. Quant au courrier ordinaire, comptez une dizaine de jours pour que vos belles cartes postales traversent l'Atlantique.

▸ **Pour savoir comment téléphoner,** reportez-vous à la « Fiche technique », dans les premières pages de ce guide.

▸ **Le prix des télécommunications** varie en fonction de la destination, de l'heure et du jour de la semaine. Les appels locaux sont cantonnés à une même ville ou une ville adjacente distante de moins de 10 km ; les appels régionaux sont inférieurs à 50 km ; ensuite commencent les appels nationaux. Les tarifs sont effectués à la seconde ; tous les jours de 20h à 8h du matin (une heure de moins qu'à Funchal, deux heures de moins qu'à Lisbonne), vos appels sont moins chers, comme les samedis, dimanches et jours fériés toute la journée. Les appels internationaux ont aussi des tarifs spéciaux le week-end.

▸ **Les cabines téléphoniques à carte** sont bien répandues. On peut aussi téléphoner d'un bar, restaurant ou hôtel, mais l'unité coûte beaucoup plus cher ! Le nombre de gens équipés d'un téléphone portable, en particulier les jeunes, est impressionnant. Les logements sont petits et surtout rares, et les jeunes restent très longtemps chez leurs parents, c'est pourquoi ils téléphonent tous dans la rue ! Très pratique, la carte France Telecom (pour en savoir plus © 0800 202 202 ou www.cartefrance-telecom.com) permet de téléphoner de n'importe quel poste dans le monde entier. Autres choix : la carte portugaise Telecom Card PT (50, 100 ou 150 unités), ou la carte Onicard par exemple.

▸ **Internet.** Sur l'île de Madère, certains hôtels sont équipés de bornes Internet (très peu, à notre connaissance, mais de plus en plus), et il existe au moins trois endroits où l'on peut se connecter à Funchal, mentionnées en bonne place, dans la rubrique « Pratique » de la capitale.

Langues parlées

Le portugais bien sûr, avec des prononciations différentes, et très souvent l'anglais, avec un fort accent américain de temps à autre. Le français, obligatoire au lycée jusqu'en 1980, est parlé par la génération au-dessus de 40 ans de la classe moyenne. De nombreuses personnes comprennent aussi l'allemand, l'espagnol et l'italien.

Électricité

220 volts comme en France. Inutile d'emporter des adaptateurs.

Eau

L'eau du robinet est potable partout, mais pas forcément bonne, et les estomacs (vraiment) fragiles préféreront consommer de l'eau en bouteille.

Jours fériés

1er janvier, 29 mars (vendredi saint), **31 mars** (Pâques), **25 avril** (fête de la Révolution des Œillets de 1974), **1er mai** (fête du Travail), **20 mai** (jour de l'autonomie des Açores), **30 mai** (Fête-Dieu), **10 juin** (Fête nationale), **15 août** (Assomption), **5 octobre** (jour de la République), **1er novembre** (Toussaint), **8 décembre** (jour de l'Immaculée Conception) et **25 décembre.**

Il y a aussi certains jours fériés variant d'une année à l'autre, et d'une municipalité à l'autre également. Le carnaval (mardi gras) n'est pas officiellement férié, mais dans la pratique on ne travaille pas.

Horaires d'ouverture des commerces

La plupart des magasins ouvrent de 9h à 12h30 et de 14h à 18h30, du lundi au vendredi, et le samedi de 9h à 13h. Les centres commerciaux (qui ferment plus tard, vers 22h, et minuit pour l'un d'entre eux à Funchal), certains supermarchés et les boutiques d'artisanat sont ouverts en principe tout le week-end.

Il s'agit souvent de boutiques obscures, où l'on trouve à peu près tout, entre le filet de pêche et la disquette d'ordinateur, en passant par la crème solaire, le cahier d'écolier et l'huile de vidange, dans un désordre efficace, et respectueux de la fermeture du week-end. Gentillesse assurée.

Alimentation

Les magasins sont plutôt bien achalandés, les centres commerciaux ont proliféré récemment et vous n'aurez aucun problème à trouver ce dont vous avez besoin.

Eglise de Monte

Vin de Madère

Câmara de Lobos

Caniço, jardin de l'Hôtel Quinta Splendida, Protée

Marina de Funchal

Carnet d'adresses

À MADÈRE

Offices du tourisme

- **UN SEUL BUREAU SUR L'ÎLE DE MADÈRE, À FUNCHAL. Avenida Arriaga, 18, 9400-519 Funchal © 291 211 900 – Fax : 291 232 151 – www.madeiratourism.com – info@madeiratourism.org** – *Ouvert de 9h à 20h, samedi de 9h à 18h, fermé le dimanche.* Ce sera le pivot principal (après le *Petit Futé*, bien entendu !) de l'organisation de votre séjour. En dehors des heures de grande affluence, le personnel tâchera toujours de vous renseigner au mieux. Une carte est distribuée gratuitement aux visiteurs avec, au dos, un plan de Funchal et de Porto Santo.

- **Vous trouverez aussi des offices du tourisme** à Porto Moniz, à Ribeira Brava, à Câmara de Lobos, à Machico, à Santana, à l'aéroport et à Porto Santo (Avenida Henrique Vieira e Castro © 291 982 361).

- **A Paris,** l'office du tourisme du Portugal fournit par courrier une documentation et une carte sur simple demande : 135, boulevard Haussmann, 75008 Paris © 01 56 88 30 80 – Fax : 01 56 88 30 89 – www.portugal-icep.fr – icepar@worldnet.fr

Ambassades et consulats

Pour votre culture générale, sachez que consulat se dit « consulado ». Les « consulados » indiqués ci-dessous se trouvent à Funchal. Ils sont ouverts généralement du lundi au vendredi.

- **FRANCE.** Rua do Infante, 58 © 291 225 514.

Et voilà la petite phrase qui aidera à les trouver : « onde fica o consulado belga/canadense/francês » (« où se trouve le consulat belge/canadien/français ? »).

L'ambassade de France se trouve à Lisbonne. Pour information :

- **AMBASSADE DE FRANCE.** Rua Santos o Velho n° 5, Lisbonne © 21 393 91 00 – Fax 21 393 91 51 – www.ambafrance-pt.org

- **BELGIQUE.** Praça Marques de Pombal, 14 © 291 549 263.

- **CANADA.** Avenida Liberdade, 144 © 291 347 489.

Objets trouvés

A Funchal, le bureau des « objectos perdidos » se trouve au poste de police de la rue João de Deus. Sur le reste de l'île, se rendre aussi au bureau de poste le plus proche. Surtout pour y remplir un formulaire officiel à adresser à sa compagnie d'assurance si la perte est avérée.

Numéros utiles

- **SECOURS** © 112 (gratuit).
- **TÉLÉPHONE D'URGENCE** © 291 700 112.
- **INTOXICATION** © 217 950 143.
- **SAUVETAGE EN MER** © 291 230 112.
- **POLICE DE SÉCURITÉ PUBLIQUE** © 291 208 200.
- **POMPIERS** © 291 200 930 – 291 229 115.
- **LIGNE GRATUITE D'AIDE AU TOURISTE** © 800 296 296.

■ **ITINERAIRES, LA LIBRAIRIE DU VOYAGE. 60, rue Saint-Honoré (1er) ✆ 01 42 36 12 63 – Fax 01 42 33 92 00 – www.itineraires.com – itineraires@itineraires.com – M° Les Halles.** *Ouvert le lundi à 11h et du mardi au samedi de 10h à 19h.* Cette charmante librairie vous réserve bien des surprises. Logée dans un bâtiment classé des Halles, elle dispose d'un ravissant patio et de caves dans lesquelles sont organisées de multiples rencontres. Le catalogue de 15 000 titres est disponible sur le site Internet. Dédié à « la connaissance des pays étrangers et des voyages », cette librairie offre un choix pluridisciplinaire d'ouvrages classés par pays. Si vous désirez connaître un pays, quelques titres essentiels de la littérature vous sont proposés, tous les guides de voyage existants, des livres de recettes, des précis de conversation, des études historiques… Dans la mesure du possible, les libraires mettent à votre disposition une sélection exhaustive, un panorama complet d'un pays, de sa culture et de son histoire. La librairie organise régulièrement des expositions de photos. On peut toujours passer commande, grâce à des délais de livraison très courts (1 à 3 jours pour des livres qui ont été édités aux quatre coins du globe, et 3 semaines pour ceux qui arrivent de chez nos amis britanniques…).

■ **LA BOUTIQUE MICHELIN. 14, avenue de l'Opéra (1er) ✆ 01 42 68 05 20 – www.michelin.com – M° Opéra.** *Ouvert le lundi de 13h à 19h, du mardi au samedi de 10h à 19h.* Avis à tous les sillonneurs des routes de France, de Navarre et même d'ailleurs, puisque les guides et les cartes Michelin couvrent le monde entier. Dans cette boutique, ils trouveront de nombreux documents pour préparer leur voyage d'un point de vue touristique mais aussi logistique. Un espace Internet les invite à établir (gratuitement) leur itinéraire et à le calculer (en euros, en kilomètres, en temps…). A part cela, toute la production Michelin est en rayon, des guides verts (en français, en anglais, en allemand) aux guides rouges en passant par les collections Escapade, Néos et les cartes France et étranger. Et ce n'est pas tout, une bibliothèque propose aussi les ouvrages des éditeurs concurrents : Lonely Planet, Gallimard, Petit Futé… Notez que des beaux livres et des essais sur la saga Michelin sont en vente ainsi que de vieilles affiches publicitaires. En plus de tout cela, les amateurs du Bibendum pourront acheter un grand nombre de produits dérivés comme des serviettes, vêtements, jouets…

■ **AU VIEUX CAMPEUR. 2, rue de Latran (5e) ✆ 01 53 10 48 48 – www.au-vieux-campeur.fr – M° Maubert-Mutualité ou Cardinal-Lemoine. A Paris, Quartier Latin : 23 boutiques autour du 48, rue des Ecoles, Paris Ve – A Lyon, Préfecture-université : 7 boutiques autour du 43, cours de la Liberté, Lyon IIIe – A Thonon-les-Bains, entre lac et montagne : 48, avenue de Genève – A Sallanches, au pied du Mont Blanc : 925, route du Fayet – A Toulouse Labège : 23, rue de Sienne, Labège Innopole – A Strasbourg, une boutique sur 3 étages : 32, rue du 22 novembre – infos@auvieuxcampeur.fr – www.auvieuxcampeur.fr –** *Ouvert du lundi au vendredi de 10h30 à 19h30, le mercredi jusqu'à 21h, le samedi de 9h30 à 19h30.* Les magasins du Vieux Campeur disposent d'une librairie dédiée au tourisme sportif en France. Vous y trouverez de nombreux guides mais aussi des cartes, des beaux livres, des revues et un petit choix de vidéo. Quelques pays d'Europe et d'autres contrées plus lointaines (comme l'Himalaya) sont également évoqués, mais ce sont surtout les régions de France qui sont ici représentées. Le premier étage met à l'honneur le sport, les exploits, les découvertes. Vous pourrez vous y documenter sur l'escalade, le VTT, la plongée sous-marine, la randonnée, la voile, le ski… Commande possible par Internet.

Funchal, praça do Municipio - Igrega do Colegio

■ **LIBRAIRIE ULYSSE. 26, rue Saint-Louis-en-l'île (4e) ✆ 01 43 25 17 35 – www.ulysse.fr – ulysse@ulysse.fr – M° Pont-Marie.** *Ouvert du mardi au samedi de 14h à 20h.* Comme Ulysse, Catherine Domain a fait un beau voyage. Un jour de 1971, elle a posé ses valises sur l'île Saint-Louis où elle a ouvert une petite librairie. Depuis, c'est elle qui incite les autres au départ. Ne soyez pas rebutés par l'apparent fouillis des bibliothèques : les bouquins s'y entassent jusqu'au plafond, mais la maîtresse des lieux sait exactement où trouver ce qu'on lui demande. Car ici, il faut demander, le panneau accroché devant la porte de l'entrée vous y encourage franchement : « Vous êtes dans une librairie spécialisée à l'ancienne, au contraire du self-service, de la grande surface ou du bouquiniste. Ce n'est pas non plus une bibliothèque, vous ne trouverez pas tout seul. Vous pouvez avoir des rapports humains avec la libraire qui elle aussi a ses humeurs. » Vous voilà prévenus ! La boutique recèle plus de 20 000 ouvrages (romans, beaux livres, guides, récits de voyage, cartes, revues) neufs et anciens sur tous les pays. Un service de recherche de titres épuisés est à la disposition des clients. Laissez-vous donc conter fleurette par cette globe-trotteuse insatiable : l'écouter, c'est déjà partir un peu.

■ **LA BOUTIQUE DU PETIT FUTÉ. 1, rue de l'Arbalète (5e) ✆ 01 45 35 46 45 – www.lepetitfute.com – M° Censier-Daubenton.** *Ouvert du mercredi au samedi de 10h30 à 13h30 et de 14h30 à 19h30, et le dimanche de 10h à 13h30.* Le Petit Futé fait dans le guide de voyage, vous l'ignoriez ? Et saviez-vous qu'il possédait sa propre librairie ? S'il porte bien son nom, celui-là ! A deux pas de la pittoresque rue Mouffetard, la Boutique du Petit Futé accueille depuis 1998 une large clientèle de Parisiens en partance, ou rêvant de l'être. Outre tous les Petits Futés de France, de Navarre et d'ailleurs (Country Guides, City Guides, Guides Régions, Guides Départements, Guides thématiques, en tout près de 350 titres) disponibles en français et en russe, vous trouverez ici des recueils de recettes exotiques, des récits de voyages ou romans ayant trait à cette saine activité (parus chez Actes Sud ou Payot), des beaux livres sur l'art de vivre en Papouasie ou à Canet-Plage, de nombreux ouvrages pratiques commis par les confrères (cartes routières IGN, guides Michelin, Arthaud, Lonely Planet en français et en anglais, Berlitz, Rough Guides), et, pour vous mettre encore plus dans l'ambiance de votre prochaine destination, des CD de musiques du monde Harmonia Mundi.

■ **LIBRAIRIE DE VOYAGEURS DU MONDE. A Paris : 55, rue Sainte-Anne (2e) ✆ 01 42 86 17 37 – Fax 01 42 86 17 89. M° Pyramides ou Quatre Septembre – www.vdm.com – librairie@vdm.com –** *Ouvert du lundi au samedi de 9h30 à 19h sans interruption.* Située au sous-sol de l'agence de voyages Voyageurs du Monde, cette librairie est logiquement dédiée aux voyages et aux voyageurs. Vous y trouverez tous les guides en langue française existants actuellement sur le marché, y compris les collections relativement confidentielles. Un large choix de cartes routières, de plans de villes, de régions vous est également proposé ainsi que des méthodes de langue, des ouvrages truffés de conseils pratiques pour le camping, trekking et autres réjouissances estivales. Rayon littérature et témoignages, récits d'éminents voyageurs et quelques romans étrangers.

■ **LIBRAIRIE MARITIME OUTREMER. 55, avenue de la Grande-Armée (16e) ✆ 01 45 00 17 99 – www.librairie-outremer.com – M° Argentine.** *Ouvert du lundi au samedi de 10h à 19h.* La librairie de la rue Jacob dans le 6e a rallié les locaux de la boutique avenue de la Grande-Armée. Des ouvrages sur l'architecture navale, des manuels de navigation, des ouvrages de droit marin, les codes Vagnon, les cartes du service hydrographique et océanique de la marine, des précis de mécanique pour les bateaux, des récits et romans sur la mer, des livres d'histoire de la marine… tout est là. Cette librairie constitue la référence dans ce domaine. Son catalogue est disponible sur Internet et en format papier à la boutique.

■ **L'ASTROLABE. 46, rue de Provence (9e) ✆ 01 42 85 42 95. M° Chaussée-d'Antin.** *Ouvert du lundi au samedi de 9h30 à 19h.* Une des plus importantes librairies de Paris consacrées exclusivement au voyage. On trouve ici sur deux niveaux un choix énorme d'ouvrages : 40 000 références ! A l'étage, les guides, les beaux livres et les cartes d'Europe, et au rez-de-chaussée le reste du monde avec guides touristiques, récits de voyage, les plans des grandes villes… Car la grande spécialité de l'Astrolabe, c'est la cartographie : 35 000 cartes toutes échelles et tous pays, mais aussi des cartes maritimes et aéronautiques, routières, administratives, de randonnées… On peut même les choisir pliées ou roulées ; ce n'est pas du luxe, ça ? En outre, on peut aussi y acheter des guides et des livres en langue étrangère (anglais et espagnol), des atlas et des globes, des cartes murales, des boussoles et plein d'objets concernant le sujet. Disposant de services de qualité (commandes à l'étranger, recherches bibliographiques…), L'Astrolabe est l'endroit rêvé pour organiser ses voyages.

■ **L'HARMATTAN. 16, rue des Ecoles, 75005 Paris** ✆ 01 40 46 79 11 – Fax : 01 43 29 86 20 – www.editions-harmattan.fr

Pico do Arieiro

Bordeaux

■ **LA ROSE DES VENTS. 40, rue Sainte-Colombe ✆/Fax : 05 56 79 73 27 – rdvents@hotmail.com** – *Ouvert du lundi au samedi de 10h à 12h30 et de 14h à 19h.* Dans cette librairie, le livre fait voyager au sens propre comme au figuré. Les cinq continents y sont représentés à travers des guides et des cartes qu'il sera possible de déplier sur une table prévue à cet effet, et décorée… d'une rose des vents. Des ouvrages littéraires ainsi que des guides de nature garnissent également les étagères. Le futur aventurier pourra consulter gratuitement des revues spécialisées. Lieu convivial, La Rose des vents propose tous les jeudis soir des rencontres et conférences autour du voyage. Cette librairie fait maintenant partie du groupe géothèque (également à Tours et Nantes).

Brest

■ **MERIDIENNE. 31, rue Traverse ✆ 02 98 46 59 15.** *Ouvert de 9h30 à 12h30 et de 14h à 19h du mardi et le samedi de 9h30 à 12h et de 14h à 19h.* Spécialisée dans les domaines maritimes et naturalistes, cette librairie est aussi une boutique d'objets de marins, de décoration et de jeux où il fait bon faire escale. Les curieux y trouveront des ouvrages de navigation, d'astronomie, des récits, des témoignages, des livres sur les sports nautiques, les grands voyages, l'ethnologie marine, la plongée, l'océanographie, les régions maritimes…

Caen

■ **HEMISPHERES. 15, rue des Croisiers ✆ 02 31 86 67 26 – Fax 02 31 38 72 70 – www.aligastore.com – hemispherescaen@aol.com** – *Ouvert du mardi au samedi de 9h à 19h sans interruption.* Dans cette librairie dédiée au voyage, les livres sont classés par pays : guides, plans de villes, littérature étrangère, ethnologie, cartes et topo-guides pour la randonnée. Les rayons portent aussi un beau choix de livres illustrés et un rayon musique. Le premier étage allie littérature et nourriture, et des expositions photos y sont régulièrement proposées.

Lille

■ **LIBRAIRIE DE VOYAGEURS DU MONDE. 147, bd de la Liberté ✆ 03 20 06 76 30 – Fax 03 20 06 76 31 – www.vdm.com** – *Ouvert du lundi au samedi de 10 h à 19 h.* La librairie des voyageurs du monde lilloise est située dans le centre-ville. Elle compte pas moins de 14 000 références, livres et cartes, uniquement consacrées à la découverte de tous les pays du monde, de l'Albanie au Zimbabwe en passant par la Chine.

Lyon

■ **RACONTE-MOI LA TERRE. Angle des rues Thomassin et Grolée (2e) ✆ 04 78 92 60 20 – Fax : 04 78 92 60 21 -www.raconte-moi.com – bienvenue@raconte-moi.com** – *Ouvert du lundi au samedi de 10h à 19h30.* La librairie des explorateurs de notre siècle. Connexion Internet, restaurant « exotique », cette libraire s'ouvre sur le monde des voyages. Des guides aimables nous emmènent trouver l'ouvrage qu'il nous faut pour connaître tous les pays du globe. Ethnographes, juniors, baroudeurs, tous les genres gravitent autour de cette Terre-là.

■ **LIBRAIRIE DE VOYAGEURS DU MONDE. 5, quai Jules Courmont (2e) ✆ 04 72 56 94 50 – Fax 04 72 56 94 55 – www.vdm.com –** *Ouvert du mardi au samedi de 10h à 12h et de 13h à 19h.* Tout comme ses homologues de Paris, Marseille ou Toulouse, la librairie propose un vaste choix de guides en français et anglais, de cartes géographiques et atlas, de récits de voyage et d'ouvrages thématiques... Egalement pour les voyageurs en herbe : des atlas, des albums et des romans d'aventures.

Marseille

■ **LIBRAIRIE DE VOYAGEURS DU MONDE. 25, rue Fort Notre Dame (1er) ✆ 04 96 17 89 26 – Fax 04 96 17 89 18 – www.vdm.com –** *Ouvert le lundi de 12h à 19h et du mardi au samedi de 10h à 19h sans interruption.* Sur le même site sont regroupés les bureaux des conseillers Voyageurs du monde et ceux de Terre d'aventures. La librairie détient plus de 5 000 références : romans, ouvrages thématiques sur l'histoire, spiritualité, cuisine, reportages, cartes géographiques, atlas, guides (en français et en anglais). L'espace propose également une sélection d'accessoires incontournables : moustiquaires, bagages…

■ **LIBRAIRIE MARITIME OUTREMER. 26, quai Rive Neuve (1er) ✆ 04 91 54 79 26 – Fax 04 91 54 79 49 – www.librairie-maritime.com –** *Ouvert du mardi au vendredi de 9h à 12h30 et de 14h à 18h30, le samedi de 10h à 12h30 et de 15h à 18h30.* Que vous ayez le pied marin ou non, cette librairie vous ravira tant elle regorge d'ouvrages sur la mer. Ici, les histoires sont envoûtantes, les images incroyables... De quoi se mettre à rêver sans même avoir jeté l'encre !

Montpellier

■ **LES CINQ CONTINENTS. 20, rue Jacques-Cœur ✆ 04 67 66 46 70 – Fax 04 67 66 46 73.** *Ouvert de 13h à 19h15 le lundi et de 10h à 19h15 du mardi au samedi.* Cette librairie fait voyager par les mots et les images, elle est le passage obligé avant chaque départ vers… l'ailleurs. Les libraires sont des voyageurs infatigables qui submergent leurs rayons de récits de voyages, de guides touristiques, de livres d'art, de cartes géographiques et même de livres de cuisine et de musique. Régions de France, pays du monde surtout, rien ne leur échappe et ils sont capables de fournir nombre de renseignements. A fréquenter avant de partir ou pour le plaisir du voyage immobile. Régulièrement, la librairie organise des rencontres et animations (programme trimestriel disponible sur place).

Nantes

■ **LA GEOTHEQUE. 10, place du Pilori ✆ 02 40 47 40 68 – Fax 02 40 47 66 70 – geotheque-nantes@geotheque.com –** *Ouvert le lundi de 14h à 19h et du mardi au samedi de 10h à 19h.* Vous trouverez des centaines de guides spécialisés et plus de 2 000 cartes IGN. Pour savoir où l'on va et, en voyageur averti, faire le point avant que de s'y rendre… une bonne adresse. Cartes, guides et magazines sur tous les pays du monde.

Nice

■ **MAGELLAN. 3, rue d'Italie ✆ 04 93 82 31 81 – Fax 04 93 82 07 46.** *Ouvert de 14h à 19h le lundi et de 9h30 à 13h et 14h à 19h du mardi au samedi.* Avant de partir, pour vous procurer un guide ou une carte, pour organiser une expédition, aussi bien au Sri Lanka que tout simplement dans l'arrière-pays, mais aussi pour rêver, pour vous évader le temps d'un livre. Bienvenue dans la librairie du Sud-Est.

■ **LIBRAIRIE DE VOYAGEURS DU MONDE. 4, rue du Maréchal Joffre. ✆ 04 97 03 64 65 – Fax 04 97 03 64 60 – www.vdm.com –** *Ouvert de 10h à 19h du lundi au samedi.* Elle propose tous les ouvrages utiles pour devenir un voyageur averti ! Il faut d'ailleurs savoir que les librairies des Voyageurs du monde travaillent en partenariat avec plusieurs instituts géographiques à travers le monde, et également quelques éditeurs privés.

Rennes

■ **ARIANE. 20, rue du Capitaine-Alfred-Dreyfus ✆ 02 99 79 68 47 – Fax : 02 99 78 27 59 – www.librairie-voyage.com – librairie-voyage@club-internet.fr –** Le voyage commence dès le pas de la porte franchi. En France, en Europe, à l'autre bout du monde. Plutôt montagne ou résolument mer, forêts luxuriantes ou déserts arides… quelle que soit votre envie, vous trouverez de quoi vous documenter en attendant de partir. Cartes routières et marines, guides de voyages, plans… vous aideront à préparer votre voyage et vous accompagneront sur les chemins que vous aurez choisis. Articles de trekking, cartes et boussoles sont également vendus chez Ariane.

■ **LIBRAIRIE DE VOYAGEURS DU MONDE. 31, rue de la Parcheminerie ✆ 02 99 79 30 72 – Fax : 02 99 79 10 00 – www.vdm.com –** *Ouvert de 10h à 19h du lundi au samedi.* Comme toutes les librairies des voyageurs du monde, celle de Rennes possède tout ce qu'il faut pour faire de vous un professionnel du voyage ! Guides en français et en anglais, cartes géographiques, atlas, récits de voyage, littérature étrangère, ouvrages thématiques, livres d'art et de photos, et pour les voyageurs en herbe : atlas, albums et romans d'aventures… Les librairies de Voyageurs du monde vendent également des photos anciennes, retirées à partir des négatifs originaux.

Strasbourg

■ **GEORAMA. 20, rue du Fossé-des-Tanneurs ✆ 03 88 75 01 95 – Fax 03 88 75 01 26 –** *Ouvert le lundi de 14h à 19h et du mardi au samedi de 9h30 à 19h.* Le lieu est dédié au voyage et les guides touristiques voisinent avec les cartes routières et les plans de ville. Vous voulez partir en Chine ? Pas de problème : voici les Petits Futés Chine et Pékin, le plan des principales infrastructures routières du pays ainsi qu'un plan de Pékin en bilingue anglais/mandarin. Des accessoires indispensables au voyage (sac à dos, boussole) peuplent aussi les rayons de cette singulière boutique. Notez également la présence (et la vente) de fascinants globes lumineux et de cartes en relief.

Toulouse

■ **LIBRAIRIE PRESSE DE BAYARD – LA LIBRAIRIE DU VOYAGE. 60, rue Bayard ✆ 05 61 62 82 10 – Fax 05 61 62 85 54.** *Ouvert du lundi au samedi de 7h30 à 19h.* Pour passer de bons moments en voyage sans tourner trente-six heures dans une région inconnue, cette librairie offre toutes sortes de cartes IGN (disponibles aussi en CD ROM), Topos Guides, Guides touristiques, cartes du monde entier et plans de villes (notamment de villes étrangères)… Cette surface de vente – la plus importante de Toulouse consacrée au voyage – possède également un rayon consacré à l'aéronautique (navigation aérienne), à la navigation maritime et aux cartes marines. Pour ne pas se perdre dans cette promenade littéraire, suivez les bons conseils de l'équipe de Toulouse presse. Dès qu'on pousse les portes de cette indispensable librairie, le voyage commence… Pour les futés qui n'ont pas envie de se paumer, une des librairies où vous trouverez le plus grand choix de Petit Futé.

■ **OMBRES BLANCHES. 50, rue Gambetta ✆ 05 34 45 53 33 – Fax 05 61 23 03 08 – www.ombres-blanches.com – voyage@ombres-blanches.com –** *Ouvert du lundi au samedi de 10h à 19h.* On entre et on tombe sur une tente de camping. Pas de panique, ceci est bien une librairie, la petite sœur de la grande Ombres Blanches d'à côté. Mais une librairie spécialisée dans les voyages et le tourisme, donc dans le camping également ! Beaux livres, récits de voyage, cartes de rando et de montagnes, livres photos… La marchandise est dépaysante et merveilleuse tandis que l'accueil est aussi agréable que dans la librairie jumelle. Comment ne pas y aller, ne serait-ce que pour voyager virtuellement ?

■ **LA LIBRAIRIE DE VOYAGEURS DU MONDE. 26, rue des Marchands ✆ 05 34 31 72 72/55 – Fax 05 35 31 72 73 – www.vdm.com –** *Ouvert le lundi de 13h à 19h et du mardi au samedi de 10h à 19h sans interruption.* Cette librairie propose l'ensemble des guides touristiques en français et en anglais, un choix exceptionnel de cartes géographiques et d'atlas, des manuels de langue et des guides de conversation. Mais on trouve également des récits de voyage, de la littérature étrangère, des ouvrages thématiques sur l'histoire, la spiritualité, la société, la cuisine, des reportages, des livres d'art et de photos… Pour les voyageurs en herbe, des atlas, des albums et des romans d'aventures.

Tours

■ **LA GEOTHEQUE, LE MASQUE ET LA PLUME. 14, rue Néricault-Destouches ✆ 02 47 05 23 56 – Fax : 02 47 20 01 31.** Totalement destinée aux globe-trotters, cette librairie possède une très large gamme de guides et de cartes pour parcourir le monde. Et que les navigateurs des airs ou des mers sautent sur l'occasion : la librairie leur propose aussi des cartes, manuels, CD-Roms et GPS…

Librairies spécialisées

■ **CENTRE DE DIFFUSION DE PRESSE PORTUGAISE. 25, cours de la Marne, 33000 Bordeaux ✆ 05 56 92 53 07.** Livres, vidéo, K7, CD concernant le Portugal, le Brésil.

■ **LIBRAIRIE PORTUGAISE MICHEL CHANDEIGNE. 10, rue Tournefort, 75005 Paris ✆ 01 43 36 34 37.** Un choix de dictionnaires, manuels scolaires, romans sur le Portugal, le Brésil.

■ **LIBRAIRIE PORTUGAL. 146, rue du Chevaleret, 75013 Paris ✆ 01 45 85 07 82.** Manuels, dictionnaires, livres, K7, CD, autour du Portugal et du Brésil, vidéo et journaux.

■ **LIBRAIRIE LUSOPHONE. 22, rue Du-Sommerard, 75005 Paris ✆ 01 46 33 59 39 – Fax : 01 43 54 66 15.** Librairie d'ouvrages en langue portugaise : Portugal, Brésil, Angola, Mozambique, Cap-Vert, Guinée Bissao, Macao, Timor. Littérature, manuels, guides, méthodes d'apprentissage.

Restaurants

■ **CHEZ ALBERT. 43, rue Mazarine, 75006 Paris ✆ 01 46 33 22 57.** Haut lieu de la gastronomie portugaise à Paris. Il propose un *arroz de mariscos* (riz à base de coques), *cataplana* (spécialité de lotte aux palourdes), daurade grillée au gros sel…

■ **LA CASA PORTUGUESA. 10, cours Victor-Hugo, 33000 Bordeaux ✆ 05 57 95 74 74.** Grand spécialiste de la morue, ce restaurant prépare 356 plats différents à la morue. A tenter, si ce n'est pas déjà fait !

■ **LE PARC. 172, rue Cardinet, 75017 Paris ✆ 01 46 27 58 77.** Au menu : *cataplana* de morue aux fruits de mer, variétés de viandes…

■ **LE RIBATEJO. 6, rue Planchat, 75020 Paris ✆ 01 43 70 41 03 – 01 43 73 55 53.** Un incontournable de la gastronomie portugaise à Paris. Au menu : beignets de morue, rissoles de crevettes, morue grillée servie avec ses pommes de terre en robe de chambre. Le tout, arrosé d'un vino verde et d'une liqueur d'amande amère en digestif.

■ **LE VASCO DE GAMA. 39, rue Vasco-de-Gama, 75015 Paris ✆ 01 45 57 20 01.** Ouvert tous les jours, ce restaurant concocte de très bons plats portugais : *cataplana* de calamars (mijoté de fruits de mer), « Nortada » morue façon Vasco de Gama, riz au safran, chorizo flambé à la portugaise, beignets de toutes sortes (calamars, gambas, etc.).

■ **SAUDADE. 34, rue des Bourdonnais, 75001 Paris ✆ 01 42 36 03 65.** Spécialiste de la morue.

Boutiques

■ **DELICIAS DE PORTUGAL. 12, rue Desaix, 75015 Paris ✆ 01 40 61 06 89.** Pâtisserie fine.

■ **PÂTISSERIE BELÉM. 47, rue Boursault, 75017 Paris ✆ 01 45 22 38 95.** Spécialités portugaises.

■ **LA MAISON DU PORTUGAL. 34, rue Vernier, 06000 Nice ✆ 04 93 87 66 52 – Fax : 04 93 16 15 99.** Magasin d'alimentation, spécialités culinaires portugaises.

Vanniers

Vue de la baie de Câmara de Lobos

Les droits du voyageur

Par Maître Cyril GORY, Avocat au Barreau de Paris

Pour voyager sans souci, mieux vaut connaître ses droits. Le législateur encadre la relation contractuelle entre les professionnels du voyage et les voyageurs à tous les stades du voyage : de l'achat du voyage jusqu'au retour au point de départ.

ACHAT DU VOYAGE EN AGENCE OU EN LIGNE

Forfait touristique et vente en ligne

Le voyageur bénéficie de droits renforcés car il peut dorénavant engager la responsabilité du vendeur sans devoir établir sa faute.

- **Définition.** Le législateur définit le forfait touristique comme une prestation comprenant classiquement le transport et l'hébergement, vendue à un prix tout compris et incluant une nuitée (article 2 de la loi n°92-645 du 13 juillet 1992, codifié article L.211-2 du Code du tourisme instauré par ordonnance n°2004-1391 du 20 décembre 2004) et la vente en ligne comme l'activité économique par laquelle une personne propose ou assure à distance et par voie électronique la fourniture de biens ou de services (article 14 de la loi n°2004-575 du 21 juin 2004).

- **Quels droits ?** En effet en cas de vente de forfaits touristiques en agence (article 23 de la loi n°92-645 du 13 juillet 1992, codifié article L.211-17 du Code du tourisme) ou de toutes prestations commercialisées en ligne (article 15 I de la loi n°2004-575 du 21 juin 2004), celui-ci est automatiquement responsable de tout manquement, de son fait ou de celui de ses prestataires, aux prestations contractuelles promises.

- **A qui s'adresser ?** Adressez-vous à votre vendeur, en ligne ou en agence.

Prestations hors forfait vendues en agence

En revanche, en cas de commercialisation de prestations individuelles, vols secs ou nuits d'hôtels, en agence, les droits du voyageur sont moins étendus.

- **Quels droits ?** Vous devez établir une faute de la part de votre cocontractant, agent de voyages, transporteur, hôtelier...

- **A qui s'adresser ?** Votre vendeur n'est pas responsable des autres prestataires, vous devez donc vous adresser au prestataire fautif.

Exemple

L'avion que vous devez prendre est annulé et reporté de 24 heures.

En cas de forfait touristique ou d'achat en ligne, le vendeur est automatiquement responsable, sans avoir à démontrer sa faute, et il doit vous indemniser dans la mesure de votre préjudice.

En cas de vol sec vendu en agence, l'agent de voyages n'est responsable que des informations mentionnées sur le titre de transport émis par ses soins, mais nullement de la non exécution du transport, dont il n'a pas la charge... aucune indemnité ne vous est due par l'agent de voyages ! Vous devez vous adresser au transporteur.

Consultez pour plus d'informations le *Guide pratique des droits du voyageur*, Cyril GORY, Avocat au Barreau de Paris, Editions CHIRON, 240 pages.

Paiement en ligne

Afin d'éviter toute fraude, assurez-vous que votre paiement en ligne est sécurisé et recourrez à l'E-Carte Bleue qui vous permet d'obtenir un numéro de carte pour chaque transaction.

En tout état de cause, votre responsabilité n'est pas engagée en cas de paiement avec votre numéro de carte effectué frauduleusement, à distance, sans utilisation physique de la carte.

Vous disposez alors d'un délai de 70 jours pour contester par écrit toute opération de paiement ou de retrait et votre banque est dans l'obligation de recréditer votre compte des sommes contestées sans frais, au plus tard dans le délai d'un mois à compter de la réception de la contestation (articles L.132-1 à L.132-6 du Code monétaire et financier).

MODIFICATION DU VOYAGE ORGANISÉ : AVANT LE DÉPART

Modification imposée des éléments essentiels du voyage

Avant le départ, les éléments essentiels du voyage - destination, hébergement, moyen de transport... - ne sont pas modifiables, ni par le voyageur ni par l'agence de voyages, exception faite en cas d'élément extérieur qui s'impose au vendeur et dont il doit justifier (article 2 de la loi n°92-645 du 13 juillet 1992, codifié article L.211-14 du Code du tourisme et article 101 du décret n°94-490 du 15 juin 1994), telle qu'une tempête ou des inondations obligeant à un changement d'hôtel.

Choix du voyageur

En cas de non-respect d'une obligation essentielle du contrat, l'agent de voyages doit vous en informer par lettre recommandée avec avis de réception, tout en vous indiquant votre choix entre :

- obtenir l'annulation du voyage et le remboursement immédiat des sommes versées sans frais ni pénalité, outre une indemnité complémentaire en cas de préjudice (vacances annulées, frais annexes engagés pour l'occasion, etc...),
- accepter la modification proposée.

Si la prestation modifiée n'est pas remplacée ou si elle est d'un niveau inférieur, son remboursement total ou partiel vous est dû avant le départ.

En retour, vous devez informer votre agence au plus tôt.

Exemple

Si une croisière au tarif de 1.500 € en bateau 5* est remplacée par une croisière identique mais sur un bateau 3* au prix de 1.300 €, l'agence de voyages doit vous rembourser avant le départ la différence de prix, soit la somme de 200 €, si vous avez accepté la modification du voyage.

ANNULATION DU VOYAGE ORGANISÉ

Conditions d'annulation

Le voyage peut être annulé tant par le voyageur, moyennant le paiement de l'indemnité mentionnée au contrat, fonction du nombre de jours restant avant le départ, que par l'agence de voyages moyennant le remboursement de la totalité des sommes versées ainsi que le montant de la pénalité que le voyageur aurait dû acquitter s'il avait annulé son voyage (article 21 de la loi n°92-645 du 13 juillet 1992, codifié article L.211-15 du Code du tourisme et article 102 du décret n°94-490 du 15 juin 1994).

Exemple

Supposons que la pénalité contractuelle soit de 50% du prix du voyage d'un montant de 1 000 €, en cas d'annulation par l'agence de voyages, celle-ci doit rembourser le montant du voyage de 1 000 € et verser au voyageur la pénalité de 500 €.

A titre indicatif, la pénalité n'est généralement due qu'en cas d'annulation plus de 30 jours avant le départ. Vous êtes remboursé du prix du voyage et vous ne supporterez alors que les frais de dossiers.

En revanche, si vous annulez votre voyage moins de 30 jours avant le départ la pénalité est due et plus tard vous annulez votre voyage, plus importante sera la pénalité. Vous n'êtes alors remboursé que partiellement du prix du voyage, déduction faite du montant de la pénalité, soit dans notre exemple un remboursement du voyage d'un montant de 500 €.

Les assurances annulations vous permettent d'être indemnisé du montant de la pénalité d'annulation, si l'annulation est due à une cause prévue au contrat, comme le décès d'un proche, une convocation administrative, les complications de grossesse, un licenciement économique, une mutation professionnelle...

Exonération

Toutefois, la pénalité n'est pas due si l'annulation est imposée par un cas de force majeure - attentat, tempête, grève surprise... paralysant l'ensemble du trafic - (article 23 de la loi n°92-645 du 13 juillet 1992, codifié article L.211-17 du Code du tourisme) ou en cas d'insuffisance de voyageurs, si cette faculté est expressément prévue par le contrat (articles 96 et 98 du décret n°94-490 du 15 juin 1994).

TRANSPORT AÉRIEN

Le transport aérien est régi par la convention de Montréal du 28 mai 1999 entrée en vigueur depuis le 28 juin 2004 ainsi que par le règlement européen n°261/2004 du 11 février 2004, applicable à compter du 17 février 2005.

Les droits des passagers sont renforcés, en cas de surbooking, d'annulation de vol et de retard d'avion, dès lors que le vol, régulier ou charter, est :

- au départ d'un aéroport situé sur le territoire d'un État membre de l'Union européenne,
- à destination d'un aéroport situé sur le territoire d'un État membre de l'Union européenne, s'il est assuré par un transporteur aérien communautaire.

Surbooking : une pratique légale encadrée

Le transporteur aérien, qui émet plus de titres qu'il n'y a de places disponibles, se trouve dans l'impossibilité d'embarquer tous les passagers pour cause de surbooking.

C'est une pratique admise par le droit communautaire, qui prévoit cependant le droit à une indemnisation pour les voyageurs munis d'une réservation confirmée et présents à l'enregistrement avant l'heure limite d'enregistrement.

Vous bénéficiez d'une indemnité financière ainsi que de l'assistance et d'une prise en charge par le transporteur.

Quelle Indemnisation financière ?

L'indemnisation, qui doit vous être offerte immédiatement par le transporteur et payée en espèces, par virement bancaire ou par chèque, ou, avec l'accord signé du passager, sous forme de bons de voyage, est fonction de la distance du vol :

- 250 € pour les vols de moins de 1 500 kilomètres,
- 400 € pour les vols intracommunautaires de plus de 1 500 kilomètres et pour tous les autres vols de 1 500 à 3 500 kilomètres,
- 600 € pour tous les autres vols.

Funchal, statue de João Goncalves Zarco

Madère, azulejos

Eglise de Madalena do Mar

Madère, fête des fleurs, défilé

Jardin de l'Hôtel Quinta Splendida, Aloès cou-de-cygne

Cathédrale de Funchal

FORMALITÉS DOUANIÈRES

Voyage dans l'UE

La libre circulation des biens vous autorise à acheter pour vos besoins personnels des biens dans un autre Etat membre de l'UE sans limitation de quantité ou de valeur, sauf tabacs et alcools pour l'achat desquels, au-delà des franchises, vous devez acquitter les droits de douane.

Voyage hors l'UE

Dans un souci de protection de l'économie européenne, vous ne pouvez importer tous objets licites que pour un montant total de 175 € maximum par personne et 90 € par mineur de moins de 15 ans (sous réserve de modification, vous renseigner).

Taxes et droits de douane. Si vous rapportez des biens en valeur ou en quantité supérieurs aux franchises indiquées, vous devez alors les déclarer à la douane et acquitter la TVA (en principe 19,6%) sur la valeur des marchandises, majorée du montant du droit de douane.

Franchises par personne âgée de plus de 15 ans

Informations indicatives, hors Andorre et DOM-TOM (vous renseigner)

Provenance ➔ / Produits ⬇		Depuis l'UE	Depuis un Etat tiers
Tabac	Cigarettes (unités)	800	200
	Tabac à fumer (g)	1 000	250
	Cigares (unités)	200	50
Alcools	Vins (litres)	90	2
	- 22°C (litres)	20	2
	+ 22°C (litres)	10	1
Parfums (g)		-	50
Eaux de toilettes (litre)		-	0,25
Café ou extraits et essences de café (g)		-	500 / 200
Thé ou extraits et essences de thé (g)		-	100 / 40
Carburant		-	Réservoir du véhicule plus un bidon de 10 litres

Biens prohibés et réglementés

En raison de leur dangerosité et du monopole de l'Etat, la détention et la commercialisation de certains biens sont prohibées (animaux et végétaux protégés, armes, biens culturels, drogues et médicaments, sauf usage personnel justifié par une ordonnance) ou strictement réglementées (tabac, alcools...). Les espèces et devises font l'objet d'une déclaration de douane, si leur montant est au moins égal à 7 600 €.

Contrefaçon

La contrefaçon se définit comme l'utilisation sans droit d'un élément de la propriété intellectuelle protégée par le Code de la propriété intellectuelle, notamment en cas d'atteinte aux droits des marques.

Vous vous exposez à la confiscation du bien (article L.716-8 du Code de la propriété intellectuelle) et à une peine d'amende de 300 000 € et jusqu'à deux fois la valeur de l'objet de fraude et à une peine d'emprisonnement de trois ans (articles 414 du Code des douanes et L.716-10 du Code de la propriété intellectuelle). Toutefois, si vous n'êtes pas le contrefacteur, l'utilisation et la détention en vue de l'utilisation ne sont sanctionnées que si vous avez eu connaissance de la contrefaçon. Celle-ci est généralement déduite du prix d'achat que vous avez acquitté.

SÉCURITÉ & RÈGLES DE VIE À L'ÉTRANGER

Tout voyageur se rendant à l'étranger est tenu de se renseigner et de se conformer à la législation, aux uses et coutumes du pays, notamment en ce qui concerne la conduite automobile, la consommation d'alcool, les relations sexuelles...

Infractions & Incarcération

Pour tout litige à l'étranger, sollicitez des autorités locales votre mise en relation avec le consulat ou l'ambassade de France et mettez en œuvre votre assurance protection juridique, si vous en disposez, afin de bénéficier d'un avocat et de joindre vos proches.

Soins médicaux

Vous bénéficierez du remboursement des soins médicaux grâce au paiement de ceux-ci dans les Etats de l'UE avec la carte européenne d'assurance maladie (qui remplace le formulaire E111), que vous devez solliciter avant le départ auprès de votre Caisse Primaire d'Assurance Maladie. Dans les Etats tiers, vous devez effectuer à votre retour une demande de prise en charge à votre caisse d'assurance maladie accompagnée de vos factures.

Droits du ressortissant communautaire

En cas de perte de vos papiers d'identité et des titres de transport à l'étranger, à défaut de représentation de la France, en qualité de citoyen européen adressez-vous au corps diplomatique d'un Etat membre de l'UE. Il doit demander aux autorités françaises de vérifier votre nationalité et vous remettre un titre de voyage provisoire afin de regagner la France.

TRAVAUX PHOTOS

De retour de voyage, le scénario tourne au cauchemar quand le laboratoire, auquel vous avez confié le développement de vos pellicules, les égare... ou les endommage.

Quelle indemnisation ?

Réparation intégrale ou forfaitaire ? En principe, le montant de l'indemnisation allouée est égal au préjudice subi, qui prend en compte certes la perte financière du coût de la pellicule et de son développement, mais encore le préjudice moral que constitue l'absence de souvenirs de vacances.

Les clauses écartant toute responsabilité du laboratoire sont sans effet à l'égard des consommateurs, en revanche les clauses limitant sa responsabilité « au coût de la pellicule et leur développement » sont valables.

Le professionnel doit alors vous offrir la faculté d'opter (Recommandation 82-04 du 24 septembre 1982 de la Commission des clauses abusives) :

- soit pour une réparation intégrale, en cas de preuve par vos soins de la faute du laboratoire,
- soit pour une indemnisation forfaitaire fonction de la valeur déclarée des travaux photos selon leur importance.

En pratique, la déclaration de valeur de votre part a pour effet de majorer le prix du développement et du tirage afin d'intégrer le coût des assurances.

Partir en voyage organisé

Les agences proposent souvent de découvrir Madère à l'occasion de randonnées. Pour les moins courageux, pas d'inquiétude ! Les séjours farniente sont aussi au programme, et vous avez également la possibilité de composer votre séjour à la carte.

Les spécialistes

- **ARTS & VIE. 251, rue de Vaugirard 75015 Paris ✆ 01 40 43 20 21 – Fax 01 40 43 20 29 – info@artsetvie.com – www.artsvie.com –** Pour « voyager sur les routes du savoir », l'association culturelle de voyage Arts et Vie, administrée par les grandes organisations du monde enseignant, propose « Balade à Madère ». Ce séjour découverte de 8 jours allie visites et randonnées. Vous serez accompagné d'un guide Arts et Vie et de guides locaux francophones.

- **ATALANTE. 5, rue Du-Sommerard 75005 Paris ✆ 01 55 42 81 00 – Fax 01 55 42 81 01 – paris@atalante.fr – www.atalante.fr –** Ce tour-opérateur propose des randonnées de niveau modéré à difficile, des expéditions, des trekkings et des voyages d'observation dans plus de 65 destinations dans le monde. Dans l'archipel de Madère, « Madère – Ile de Cocagne », un circuit de 15 jours ravira les amateurs de randonnées bucoliques. L'autre parcours, « Un jardin sur la mer », part à la découverte des 130 plantes endémiques auxquelles viennent s'ajouter une variété infinie de plantes d'horizons divers, ici rassemblées.

- **CHAMINA VOYAGES. 7, avenue d'Italie 63058 Clermont-Ferrand Cedex 1 ✆ 04 73 900 500 – Fax 04 73 90 12 99 – contact@chamina-voyages.com – www.chamina-voyages.com –** Rien de tel que de découvrir un pays à pied : voilà pourquoi Chamina Voyages a choisi la randonnée pour vous faire goûter à des horizons lointains. Ainsi vous pourrez choisir parmi des circuits comme « Madère, un jardin extraordinaire » pendant 8 jours ou la « Randonnée forme à Madère » qui allie excursions et détente à l'hôtel le soir. A moins de préférer le circuit de 15 jours, avec baignades en mer et piscines naturelles. Voici un aperçu des nombreux séjours proposés pour cette destination.

- **DONATELLO. 20, rue de la Paix 75002 Paris ✆ 01 44 58 30 60 – Fax 01 44 58 30 86/87 – donatello@donatello-to.com – www.donatello.tm.fr –** Spécialiste du voyage individuel sur mesure, Donatello vous propose d'être l'architecte de votre voyage : une sélection d'hôtels et de villas de charme, des circuits en autocar, des combinés découverte, des randonnées et excursions, des forfaits week-end, des locations de voitures. Madère est à l'honneur avec un grand choix de séjours à Funchal.

- **ESTRELA. 104, rue de Saussure 75017 Paris ✆ 01 47 63 49 30 – Fax 01 47 63 49 70 – infos-voyage@estrela.fr – www.estrela.fr –** Estrela propose des voyages « à la carte » en fonction des désirs de chacun de leurs clients. Ainsi le tour-opérateur compose avec vous le circuit ou le séjour qui vous convient, pour découvrir Madère comme bon vous semble.

- **EXPLORATOR. 16, rue de la Banque 75002 Paris ✆ 01 53 45 85 85 – Fax 01 42 60 80 00 – explorator@explo.com – www.explo.com –** Privilégiant l'authenticité et les rapports humains, Explorator propose de nombreux voyages en dehors des sentiers battus dans plus de 60 destinations (groupes de 6 à 12 personnes encadrées par un accompagnateur francophone). Au programme : « Promenade au Cœur de l'Ile-Jardin », 8 jours pour vous imprégner des parfums de Madère. Des dates pour les départs en famille sont également prévues.

- **GRAND ANGLE. Zone Artisanale 38112 Méaudre ✆ 04 76 95 23 00 – Fax 04 76 95 24 78 – info@grandangle.fr – www.grandangle.fr –** Grand Angle propose une randonnée de 8 jours, « Madère, un jardin extraordinaire ». Logé en hôtel 2 et 3 étoiles, vous traverserez les plateaux de Paul da Serra, les forêts d'eucalyptus, vous vous baladerez le long des sentiers côtiers... Voici un aperçu de ce programme qui peut être décliné en randonnée liberté (8 ou 15 jours).

■ **HMS VOYAGES. 81, rue de Miromesnil 75008 Paris ✆ 01 44 69 97 40 – Fax 01 53 04 04 09 – reservations@hms-voyages.com – www.hms-voyages.com –** HMS Voyages propose un « séjour Nature à Madère » de 8 jours, mais également d'autres formules de voyages : circuits, combinés Madère/Porto Santo ou séjours à l'hôtel. Choisissez les vacances qui vous ressemblent.

■ **HOMMES ET MONTAGNES. 10, boulevard Gambetta BP 122 38001 Grenoble Cedex 1 ✆ 04 38 86 69 19 – Fax 04 76 19 07 11 – contact@hommes-et-montagnes.fr – www.hommes-et-montagnes.fr –** Hommes et montagnes propose plusieurs séjours pour connaître Madère : 8 jours (dont 5 jours de marche) pour le circuit « Découverte de Madère » et 15 jours (dont 11 de marche) pour la « Traversée de Madère » (l'été). Le niveau du premier itinéraire est facile et permet d'observer plusieurs paysages, des montagnes aux villages, de la mer aux forêts de lauriers. La « Traversée » est d'un niveau modéré et propose une découverte plus approfondie de l'île, agrémentée de bains de mer.

■ **LA BALAGUERE. Route du Val d'Azun – BP 3 65403 Arrens-Marsous Cedex ✆ 0 820 022 021 (0,118 € /min) – Fax 05 62 97 43 01 – labalaguere@labalaguere.com – www.balaguere.com –** La Balaguère propose plusieurs séjours à Madère. Le tour-opérateur vous emmène à la découverte de la côte Sud, sur les « levadas du soleil ». Au programme de cet itinéraire de 8 jours : 4 à 6 heures de marche par jour, un séjour citadin au début (Funchal), puis un séjour détente à Jardin Do Mar, petit village côtier.

■ **LUSITANIA. 48 bis, rue Saint-Maur 75011 Paris ✆ 0 820 000 090 – Fax 01 48 06 28 94 – to@lusitania.fr – www.lusitania.fr –** Lusitania Voyages est le voyagiste spécialiste des destinations lusophones. Vols, hôtels, combinés, séjours balnéaires, circuits, voyages sur mesure... toutes les formules possibles sont proposées. La parfaite connaissance de la destination et la complicité avec les prestataires locaux permettent à cette équipe de vous conseiller efficacement, toujours dans un état d'esprit de souci du détail et d'une approche personnalisée selon vos envies. Plusieurs agences à Paris.

■ **MERILIA. 11, rue Denis-Poisson 75017 Paris ✆ 01 56 68 12 00 – Fax 01 56 68 02 34 – info@merilia.com – www.merilia.com –** Merilia, le spécialiste de îles de l'Atlantique et de la Méditerranée propose une large gamme de prestations pour organiser vos vacances à Madère. Transport aérien, circuits, autotours, combinés îles, hôtels de charme et de prestige, spa & thalasso, golf, week-ends, séjours, voyages de noces, anniversaire de mariage... Brochure gratuite sur simple demande écrite et devis gratuit.

■ **NOMADE AVENTURE / ARGANE. 40, rue de la Montagne-Sainte-Geneviève 75005 Paris ✆ 0 826 100 326 – Fax 0 826 100 366 – infos@nomade-aventure.com – www.nomade-aventure.com –** Outre un grand choix de prestations à la carte, Nomade Aventure vous emmène à la découverte de Madère lors de plusieurs randonnées « tranquilles ». L'occasion de connaître « l'île jardin », idéale pour les randonnées, d'arpenter les rues de Funchal ou les petits sentiers en balcon sur l'océan...

■ **TAMERA. 26, rue du Bœuf 69005 Lyon ✆ 04 78 37 88 88 – Fax 04 78 92 99 70 – tamera@tamera.fr – www.tamera.fr –** 8 ou 15 jours de randonnée pédestre, à la découverte de Paul Do Mar et Funchal, la côte Sud et ses sentiers côtiers : voici un aperçu du circuit proposé par Tamera à Madère.

■ **TERRE DE CHARME & ILES DU MONDE. 19, avenue Franklin-Roosevelt 75008 Paris ✆ 01 55 42 74 10 – Fax 01 56 24 49 77 – info@ilesdumonde.com/infos@terresdecharme.com – www.ilesdumonde.com/www.terresdecharme.com –** Plusieurs types d'hébergements sont sélectionnés à Madère. Un forfait comprenant les vols, l'hébergement et les petits-déjeuners est proposé.

■ **VISAGES. Le Campana 05600 Mont-Dauphin © 04 92 45 18 05 – Fax 04 92 45 19 73 – info@visages-voyages.com – www.visages-voyages.com –** Plusieurs séjours à Madère sont proposés par Visages. « Le jardin extraordinaire » est un itinéraire de 15 jours (dont 12 de marche) ou de 8 jours (dont 6 de marche). Ces randonnées, accompagnées d'un guide spécialisé francophone, demandent une bonne forme. Vous serez hébergés en hôtels et chambres d'hôtes. Egalement une autre possibilité pour découvrir Madère : « Flamboyante Madère », un voyage liberté de 8 jours, comprenant 5 jours de marche, avec logement dans des hôtels confortables.

■ **VOYAGES MAR SOL. 27, rue Matabiau 31000 Toulouse © 05 62 73 59 20 – Fax 05 61 62 42 80 – marsol@wanadoo.fr – www.mar-sol.com –** Cette agence spécialisée dans le voyage et les vacances au Portugal et dans les pays lusophones vous propose des séjours et des circuits sur mesure, des vols secs, des locations de villas, pousadas (sorte de ferme-auberge), solares et appartements, ainsi que des locations de voitures et des autotours.

Les généralistes

■ **BUDGET VOYAGES. 13, rue Fernand-Léger 75020 Paris © 0 825 701 701 – Fax 01 40 09 72 86 – www.budget-voyages.com –** De nombreuses formules à destination de Madère : séjours en hôtels, itinéraires liberté en voiture, combiné jeep-safari, randonnées...

■ **DIRECTOURS. 90, avenue des Champs-Elysées 75008 Paris © 0 811 90 62 62/01 45 62 62 62 – www.directours.com –** Directours est un tour-opérateur qui vend en direct au public, sans passer par les agences de voyages. De plus sa brochure est uniquement sur Internet, ce qui présente l'avantage de coller à l'actualité des promotions. De nos jours, la réactivité est essentielle. Autotours, séjours à la carte, combiné « nature et découverte » : voici un aperçu de l'offre de Directours à destination de Madère.

■ **EXPEDIA FRANCE. 58-60, rue de Prony 75017 Paris © 0892 301 300 – serviceclient@support.expedia.fr – www.expedia.fr –** Composez votre voyage à Madère de A à Z, grâce aux produits et services mis à votre disposition par Expedia France. Ou profitez de l'un des nombreux séjours clé en main concoctés par le tour-opérateur.

■ **FORUM VOYAGES. 11, avenue de l'Opéra 75001 Paris © 01 42 61 20 20 – Fax 01 42 61 39 12 – paris-opera@forumvoyages.com – www.forumvoyages.com –** Du billet d'avion aux hôtels toutes catégories, Forum voyages vous permet de composer vous-même votre séjour à Madère. Plusieurs agences à Paris et dans toute la France, adresses consultables sur le site.

■ **SALAUN EVASION. 38, rue de Quimper 29590 Pont-de-Buis © 02 98 73 05 77 – Fax 02 98 73 16 16 – salaun@salaun-holidays.com – www.salaun-holidays.com –** « Séjour découverte », 8 jours en pension complète en hôtel 3 ou 4 étoiles. Voilà ce que vous propose Salaun Evasion à destination de Madère.

Porto Moniz

Partir seul

Au départ de Paris, vous trouverez des vols pour Funchal via Lisbonne. A titre indicatif, vous pouvez trouver un aller-retour à moins de 300 €.

Compagnies aériennes

- **AIR FRANCE ✆ 0 820 820 820 – www.airfrance.fr –** Air France dessert Funchal quotidiennement via Lisbonne en partage de codes avec la compagnie Air Portugalia au départ de l'aéroport de Roissy-Charles de Gaulle, terminal 2D.

Air France propose une gamme de tarifs attractifs accessibles à tous :

- **« Evasion » :** en France et vers l'Europe, Air France propose des réductions. « Plus vous achetez tôt, moins c'est cher. »
- **« Semaine » :** pour un voyage aller-retour pendant la semaine.
- **« Evasion week-end » :** pour des voyages autour du week-end avec des réservations jusqu'à la veille du départ.

Air France propose également, sur la France, des réductions jeunes, seniors, couples ou familles. Pour les moins de 25 ans, Air France propose une carte de fidélité gratuite et nominative « Fréquence Jeune » qui leur permet de cumuler des miles sur Air France ou sur les compagnies membres de Styteam et de bénéficier de billets gratuits et d'avantages chez de nombreux partenaires. Tous les mercredis dès minuit, sur www.airfrance.fr, Air France propose les tarifs « Coups de cœur », une sélection de destinations en France pour des départs de dernière minute. Sur Internet, possibilité de consulter les meilleurs tarifs du moment, rubrique « offres spéciales », « promotions »…

- **PORTUGALIA AIRLINES. ✆ 0 825 08 38 18 – www.flypga.com –** La compagnie propose plusieurs vols par jour entre Paris et Madère, via Lisbonne. En été, par exemple, vous trouverez 3 vols quotidiens. Les départs de province sont également possibles (Lyon, Marseille, Nice, Bordeaux, etc.)

- **TAP AIR PORTUGAL. 23, boulevard Poissonnière 75002 Paris ✆ 0 810 801 340/ 082 031 93 20 – Fax 0810 883 251 – www.tap.fr –** Avec cette compagnie, vous trouverez 3 vols quotidiens entre Paris et Madère, via Lisbonne.

Location de voitures

- **AUTO ESCAPE ✆ 0 800 920 940 ou 04 90 09 28 28 – www.autoescape.com –** En ville, à la gare ou dès votre descente d'avion. Les meilleures solutions et les meilleurs prix de location de voitures sont sur www.autoescape.com – Cette compagnie qui réserve de gros volumes auprès des grandes compagnies de location de voitures vous fait bénéficier de ses tarifs négociés. Grande flexibilité. Pas de frais de dossier, pas de frais d'annulation, même à la dernière minute. Des conseils et des informations précieuses, en particulier sur les assurances.

Roissybus – Orlybus

- **RENSEIGNEMENTS ✆ 0 892 68 77 14 ou sur www.ratp.fr –** La RATP permet de rejoindre facilement les deux grands aéroports parisiens grâce à des navettes ou des lignes régulières.
- **Pour Roissy CDG,** départs de la place de l'Opéra entre 6h et 23h toutes les 15 ou 20 minutes. Compter 8,30 € l'aller simple et entre 45 et 60 minutes de trajet. Possibilité également de prendre le RER B.
- **Pour Orly,** départs de la place Denfert-Rochereau de 5h30 à 23h toutes les 15 à 20 minutes. Compter 5,80 € l'aller simple et 30 minutes de trajet. Possibilité également de prendre le RER C ou l'Orlyval (connexion avec Antony sur la ligne du RER B).

Cars Air France

■ **RENSEIGNEMENTS ✆ 0 892 350 820.** Pour vous rendre aux aéroports de Charles-de-Gaulle et d'Orly dans les meilleures conditions, utilisez les services des cars Air France, qui vous offrent confort, rapidité, vidéo, climatisation à bord ainsi qu'un bagagiste qui prend en charge vos valises à chaque arrêt !

Quatre lignes sont à votre disposition :

- **Ligne 1 :** Orly – Montparnasse – Invalides : 7,50 € pour un aller simple et 12,75 € pour un aller/retour.
- **Ligne 2 :** CDG – Porte Maillot – Etoile : 10 € pour un aller simple et 17 € pour un aller/retour.
- **Ligne 3 :** Orly – CDG : 15,5 € pour un aller simple.
- **Ligne 4 :** CDG – Gare de Lyon – Montparnasse : 11,50 € pour un aller simple et 19,55 € pour un aller/retour.

■ **AVIS ✆ 0 820 05 05 05 – www.avis.fr –** Décidé à faire « mille fois plus », Avis a installé ses équipes dans plus de 5 000 agences réparties dans 163 pays. Un large choix de véhicules de location, du cabriolet à l'utilitaire, et un système de réservation rapide et efficace.

■ **BUDGET FRANCE. Senia 125 94517 Thiais cedex ✆ 0 825 00 35 64 – Fax 01 46 86 22 17 – www.budget.fr –** Budget France est le troisième loueur mondial, avec 3 200 points de vente dans 120 pays. Le site www.budget.fr propose également des promotions temporaires. Si vous êtes jeune conducteur et que vous avez moins de 25 ans, vous devrez obligatoirement payer une surcharge.

■ **EUROPCAR FRANCE. 3, avenue du Centre – Immeuble Les Quadrants 78881 Saint-Quentin-en-Yvelines cedex ✆ 0 825 358 358 – Fax 01 30 44 12 79 – www.europcar.fr –** A retenir pour vos virées en Europe, vous aurez un large choix de tarifs et de véhicules (économiques, utilitaires, camping-cars, prestige, et même rétro). Vous pouvez réserver votre voiture via le site Internet, et voir les catégories disponibles à l'aéroport (il faut se baser sur une catégorie B, les A étant souvent indisponibles).

■ **HERTZ. Renseignements au ✆ 0 803 853 853 – www.hertz.com –** Dans cette agence de location, vous pouvez obtenir différentes réductions si vous possédez la carte Hertz ou celle d'un partenaire Hertz. Le prix de la location comprend un kilométrage illimité, des assurances en option, ainsi que des frais si vous êtes jeune conducteur. Toutes les gammes de voitures sont représentées.

■ **HOLIDAY AUTOS FRANCE. 54/56, bd Victor-Hugo 93585 Saint-Ouen Cedex ✆ 0 892 39 02 02 (0,34 €/min) – reservation@holidayautos.fr – www.holidayautos.fr –** Avec 4 000 stations dans 70 pays, Holiday Autos vous offre une large gamme de véhicules allant de la petite voiture économique au grand break. Holiday Autos dispose également de voitures plus ludiques telles que les 4X4 et les décapotables. Un moteur de recherche à ne pas manquer !

Funchal, vue d'ensemble

faire du ciel le plus bel endroit de la terre
SKYTEAM
Les Vacances selon Air France.
Les Vacances plus accessibles que jamais avec les tarifs Tempo.
Les Vacances dans le monde entier vers plus de 650 destinations, les Vacances où l'on devient le centre de toutes les attentions, les Vacances en toute sérénité, les Vacances selon Air France.
www.airfrance.fr
A petit prix
sur airfrance.fr
★ BETC EURO RSCG 552 043 002 RCS Bobigny

Santana, maison triangulaire

Camacha, tissage de meuble en osier, artisanat local

Port de Funchal, ponton

Porto Moniz

Côte dans les alentours de Funchal

Primeur au marché de Funchal

Sites Internet futés

www.abm.fr – Site de l'association Au bout du Monde, des renseignements pratiques et de bonnes adresses. Un site pour les voyageurs.

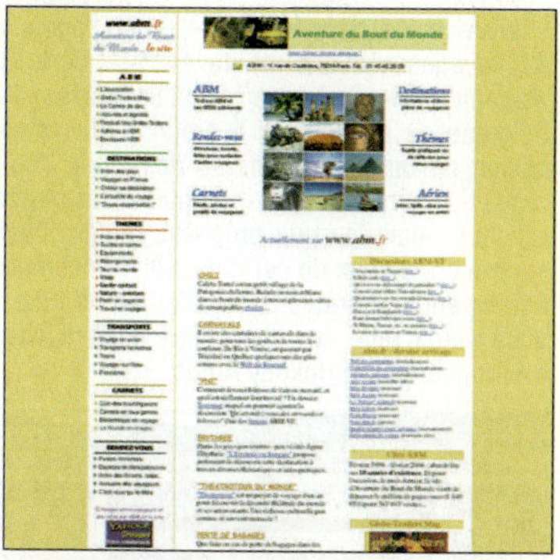

www.bdv.fr – La Bourse des Vacances propose plus de 1 000 voyages à tarifs dégriffés et promotions de dernière minute. Si le vol que vous vouliez est complet, l'agence s'engage à vous faire une contre-proposition.

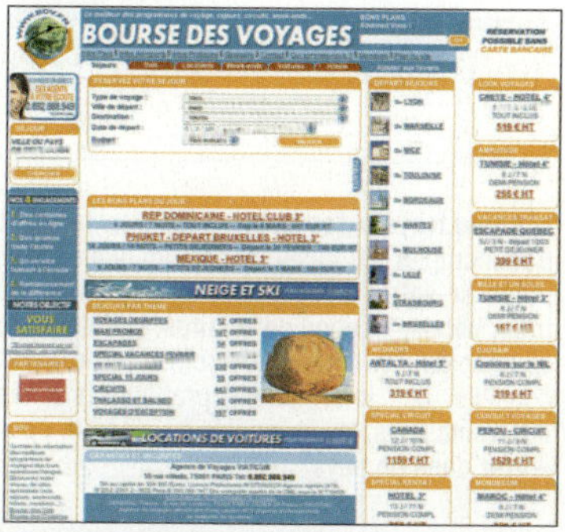

www.diplomatie.fr – Un site pratique et sûr pour tout connaître de votre destination avant de partir : informations de dernière minute, sécurité, formalités de séjour, transports et infos santé.

www.degriftour.fr – Vols secs, hôtels, locations de voitures, séjours clé en main ou sur mesure... Degriftour s'occupe de vos vacances de A à Z, à des prix très compétitifs.

www.easyvoyage.com – Le concept de Easyvoyage.com peut se résumer en trois mots : s'informer, comparer et réserver. Gros plan sur cette triple fonction. Des infos pratiques sur quelque 255 destinations en ligne (saisonnalité, visa, agenda...) vous permettent de penser plus efficacement votre voyage. Après avoir choisi votre destination de départ selon votre profil (famille, budget...), easyvoyage.com vous offre la possibilité d'interroger plusieurs sites à la fois concernant les vols, les séjours ou les circuits. Enfin grâce à ce méta-moteur performant, vous pouvez réserver directement sur plusieurs bases de réservation (Lastminute, Go Voyages, Directours, Anyway... et bien d'autres).

www.lastminute.com – Vols secs à prix négociés, dégriffés ou publics.

www.meteo-consult.com – Pratique, ce site Internet vous donne des prévisions météorologiques pour le monde entier.

www.opodo.fr – Pour préparer votre voyage, Opodo vous permet de réserver au meilleur prix des vols de plus de 500 compagnies aériennes, des chambres d'hôtels parmi plus de 45 000 établissements et des locations de voitures partout dans le monde. Vous pouvez également y trouver des locations saisonnières ou des milliers de séjours tout prêts ou sur mesure ! Opodo a été classé meilleur site de voyages par le banc d'essai Challenge Qualité – l'Echo touristique 2004. Des conseillers voyage sont à votre écoute 7 jours/7 au ✆ 0 892 23 06 82 (0,34 €/min).

www.promovacances.com – Promovacances propose de nombreux séjours touristiques, des week-ends, ainsi qu'un très large choix de billets d'avion à tarifs négociés sur des vols charters et réguliers, des locations, des hôtels à prix réduits. Egalement, des promotions de dernière minute, les bons plans du jour. Informations pratiques pour préparer son voyage : pays, santé, formalités, aéroports, voyagistes, compagnies aériennes.

www.travelonweb.com – C'est l'agence de voyages virtuelle de la société Carlson Wagonlit. Site à scruter si vous partez de Belgique ou de Suisse : il propose plus d'un million de tarifs négociés au départ de l'Europe. La recherche est bien guidée et plutôt efficace, mais les prix proposés restent bien supérieurs à ceux de certains sites. Consultez également la rubrique de location de voitures : vous serez relié, au choix, aux sites d'Avis, d'Europcar ou de Holiday Autos.

www.travelprice.com – Un site Internet très complet de réservations en ligne pour préparer votre voyage : billets d'avion et de train, hôtels, location de voitures, billetterie de spectacles. En ligne également : de précieux conseils, des informations pratiques sur les différents pays, les formalités à respecter pour entrer dans un pays.

www.travelsante.com – Un site intelligent qui vous donne des conseils santé selon votre destination : vaccinations, trousse de secours, précautions à prendre sur place.

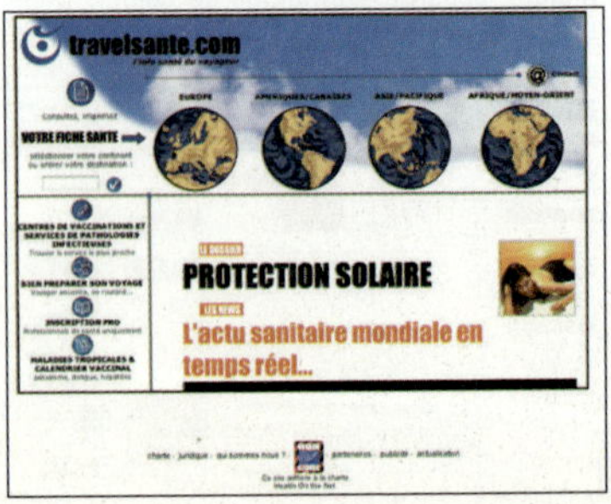

Funchal, mercado dos Lavradores

Séjourner

SE LOGER

Vous trouverez à Madère une large gamme d'hôtels et modes d'hébergement.

Les modes d'hébergement

- **Un centro de juventude** est comme une auberge de jeunesse. Plusieurs ont ouvert leurs portes assez récemment à Madère, permettant aux plus jeunes, aux budgets serrés ou aux randonneurs de loger à bas prix, dans une ambiance conviviale. Le mieux est encore d'apporter son duvet.
- **Une pensão** est un petit logement familial et simple : c'est une pension ou une résidence.
- **Une albergaria** est conçue pour qu'on y reste un certain temps.
- **Un estalagem** était à l'origine un lieu où l'on changeait les chevaux et où l'on ne s'arrêtait par conséquent qu'un jour ou deux. Aujourd'hui plutôt cossue et confortable, elle possède toujours un restaurant.
- **Un hôtel classique.**
- **Une pousada** est un hôtel situé dans un bâtiment ancien, un édifice historique par exemple.
- **Le Turismo em Espaço Rural (TER),** dans un cadre prestigieux et familial, est actuellement en fort développement. Il existe cinq catégories de TER : le Turismo de Habitacion (TH) est généralement assez chic (anciens manoirs...); le Turismo Rural (TR) ressemble davantage au gîte; l'Agro Turismo (AG) est situé dans une exploitation agricole, et les clients peuvent éventuellement participer aux activités de la ferme; la Casa do Campo (CC) est une maison typique à louer; enfin, le Turismo de Aldeia (TA) regroupe au minimum cinq maisons dans une sorte de petit village.

Le TER implique (sauf CC) une présence constante du propriétaire qui, par sa bonne connaissance du pays, doit pouvoir répondre à toutes les attentes de ses hôtes (en matière de renseignements). En général, le petit-déjeuner est inclus dans le prix, mais il n'y a pas forcément de restaurant, et il convient parfois de signaler avant si l'on désire dîner.

À savoir

La longue tradition touristique qui a marqué Madère s'est cantonnée jusqu'à ces dernières années à Funchal où, fidèles au cliché, de vieux Anglais fortunés et des Allemands bedonnants viennent séjourner en hiver dans de vastes et somptueux hôtels. Mais depuis qu'une nouvelle clientèle, plus jeune, moins riche, un peu plus curieuse se rend à Madère plutôt en été, on trouve à Funchal une large gamme d'hôtels, du plus désuet au plus conforme aux standards européens. En outre, la présence du port n'entraîne pas le risque de débarquer dans un « bouge ». Propreté et courtoisie (pas forcément chaleureuse) sont partout la règle.

- **La réservation est fortement conseillée,** par téléphone, fax, courrier, ou email, mais sans attendre forcément une confirmation, même de la part d'un hôtel de bon standing. Il est aussi possible de discuter les prix dans pratiquement tous les établissements, si vous restez plusieurs nuits, surtout en basse saison.
- **Le logement chez l'habitant ne se pratique pas beaucoup à Madère.** Par contre, ici et là, sur le pourtour de l'île, des particuliers entrevoient l'intérêt qu'ils peuvent tirer de ces nouveaux touristes qui ne veulent pas dormir chaque soir à Funchal. On voit ainsi éclore, chaque année, quelques pensions ou appartements à louer, souvent tenus par des travailleurs émigrés rentrés au pays. Il n'existe pas de tradition architecturale particulière à l'île, et le propriétaire a construit et décoré comme il l'aurait souhaité pour lui-même : vous n'échapperez pas au kitsch ! Mais c'est toujours confortable, voire luxueux.
- **L'administration oblige les particuliers à fournir des prestations très élevées,** et le luxe sans cachet qui tend à se standardiser est souvent déplacé dans un cadre montagnard ou rural. Par contre, on y sent une chaleur qui peine terriblement dans les grands complexes de la côte sud ! Il existe des auberges de jeunesse à Funchal, Calheta, Porto Moniz et Porto Santo, une bonne alternative si vous voyagez sans le sou, mais pensez à réserver le plus tôt possible.

Vue de l'île de Porto Santo depuis un voilier

Camping

▸ **Il n'existe pas de camping organisé,** ce qui est incroyable, mais c'est ainsi. Le seul endroit un peu aménagé se situe sur la route de Santana à Achada do Texeira, en direction du Pico Ruivo : amis routards songez-y ! Le camping sauvage est peu pratiqué, les endroits plats étant rares. Quelques coins conseillés : Porto da Cruz, sur le sommet de la presqu'île ou au-dessus du stade ; Arco de Calheta, dans le bosquet de pins d'Achada do S. Antão, propriété d'un restaurant ; Ribeira da São Jorge, sur la plage, près des bâtiments anciens (eau au bar et dans les sanitaires, s'ils sont ouverts) ; Boca do Risco, à l'endroit où le chemin qui part de Machico vers Porto da Cruz atteint le balcon côtier, belle terrasse en hauteur, mais pas d'eau.

▸ **Le camping en montagne est soumis à autorisation préalable,** fournie par les services forestiers à Funchal. Cependant, le risque est plus grand d'avoir des difficultés à trouver un terrain plat que d'avoir des ennuis avec la maréchaussée si vous plantez votre tente pour la nuit. Pour votre culture : « podemos acampar aqui ? » (« pouvons-nous camper ici ? »).

SE DÉPLACER

Se rendre à Madère

Avion

■ **AIR LUXOR** propose un vol direct depuis Paris, avec une escale technique à Porto. La TAP ou la SATA ont également des liaisons, à partir de Lisbonne en général. **Informations :** TAP. Rua Dr António José de Almeida, 17 ✆ 291 239 210 – Fax : 291 239 211 – www.tap.pt

■ **SATA.** A l'aéroport – www.sata.pt

■ **AÉROPORT ✆ 291 520 700 – Fax : 291 524 322.** L'aéroport international de Madère se trouve à Santa Catarina, à 24 km à l'est de Funchal. A cause du relief de l'île, sa piste était l'une des plus courtes d'Europe. Ceci obligeait les avions les plus chargés à ne remplir que partiellement leurs réservoirs pour gagner en légèreté, et empêchait aussi d'accueillir les plus gros appareils : le transit aérien était donc forcément limité… Mais les travaux d'agrandissement ont abouti à l'inauguration d'un nouvel aéroport international, le 15 septembre 2000. Il peut accueillir jusqu'à 3,5 millions de passagers par an : vous ne serez sûrement pas les seuls à visiter Madère cette année ! La construction est impressionnante, et se laisse admirer comme une nouvelle curiosité touristique.

▸ **Le bus entre l'aéroport et Funchal** coûte 4 €. Dernier départ de l'aéroport à 22h55. En taxi, compter environ 20 minutes et 20 € (plus cher la nuit et le week-end). Porto Santo dispose d'un aéroport moderne où peuvent atterrir tous types d'avions.

▸ **Pour les amateurs d'hélicoptère,** sachez qu'il existe un service permettant notamment de rallier Porto Santo : Heliatlantis. Estrada da Pontinha ✆ 291 232 882 – Fax : 291 232 804.

Funchal, cathédrale Sé, intérieur

Funchal, jardin botanique, paon

Pico de Arieiro

Madère, strelitzia Reginae

Phare de Porto Moniz

Bateau

Le transport maritime jusqu'à Madère, d'un véhicule au départ de Lisbonne coûte plus de 1 000 € et doit se prévoir longtemps à l'avance...

- **Entre Madère et Porto Santo,** il existe une ligne régulière : Porto Santo Line. Rua da Praia ✆ 291 210 300 – Fax : 291 226 434 – www.portosantoline.pt – info@portosantoline.pt – Horaires et tarifs disponibles.

Sur place

Bus

L'île de Madère a beau être petite et son réseau routier réduit, il n'existe pas moins de cinq compagnies. Tous les terminaux ne sont pas situés au même endroit. A l'office du tourisme, une photocopie des différents horaires rassemblés est distribuée. Surtout, ne vous privez pas du plaisir de circuler à bord de ces bus sur des routes qu'on croit parfois plus étroites que les essieux des véhicules. Les chauffeurs conduisent avec maestria, et vous mènent tambour battant à l'autre bout de l'île... à la moyenne d'environ 25 km/h : non seulement les arrêts sont fréquents, mais les routes ne sont jamais à la fois droites et horizontales. Particularité qui cause parfois des frayeurs mais livre aussi de fabuleux points de vue sur la nature environnante.

Le bus est un lieu privilégié pour rencontrer les gens de la campagne, et il se trouve toujours quelqu'un parlant un peu de français pour engager la conversation. Avantage : les touristes sont encore peu nombreux dans ces bus. Pour attendre le passage d'un véhicule en pleine campagne, mieux vaut se poster aux arrêts (*Paragem*), nombreux et bien signalés.

Le billet se prend indifféremment dans les bus ou au terminal.

Attention : louer une voiture est beaucoup plus pratique pour rayonner autour de l'île. Le bus est surtout efficace autour de Funchal. Pour gagner des coins perdus, oubliez-le.

Taxis

A Madère, ils sont faciles à repérer, ils sont prêts à vous prendre en charge dès votre descente d'avion. Les voitures sont jaunes avec une bande bleue. Certaines courses ont un prix fixé, par exemple entre l'aéroport et Funchal (environ 20 €, affiché à l'aérogare sur un panneau en hauteur). Sinon, c'est le compteur qui fait foi.

Il est courant de louer un taxi pour une excursion d'une demi-journée ou d'une journée entière. Le prix sera déterminé selon le kilométrage parcouru. Le chauffeur vous amènera probablement sur un circuit classique avec les mêmes pauses photos que les grands cars climatisés des agences de voyages. Il est indispensable d'avoir une langue commune avec le chauffeur. De plus, chaque véhicule possède un document (*tabela*) fourni par l'administration. Y figurent les prix des courses standard du taxi et les différents tarifs que l'on peut consulter sur demande. Tarifs nuit (22h à 7h) et week-end majorés de 20 %.

Train

Pas de train à Madère. Les petits Madériens ont l'immense privilège de connaître toutes les lignes de chemin de fer du Portugal par cœur (système d'éducation centralisé oblige), alors qu'ils n'ont jamais vu le moindre train de leur vie.

Auto-stop

Plutôt efficace, l'auto-stop génère des rencontres étonnantes. Il n'est pas rare d'être emmené par un habitant si fier de son île qu'il vous fera visiter tout ce qui mérite d'être vu, c'est-à-dire tout. C'est un bon moyen pour rencontrer la population locale, surtout si vous parlez portugais, mais il est toujours possible de croiser quelqu'un ayant appris le français, même au milieu de nulle part (expérience vécue !).

Les aventuriers sur l'île de Madère doivent songer qu'autour de Funchal, jusqu'à Ribeira Brava sur la côte ouest et l'aéroport sur la côte est, il s'agit presque d'une seule conurbation ; sortir de la capitale n'est pas donc qu'une partie de plaisir. Il ne faut pas oublier non plus que la plupart des automobilistes empruntent la nouvelle autoroute qui a percé les flancs des montagnes, voie rapide qui, certes, fait gagner du temps mais nous prive de panoramas superbes le long de la côte...

Baie de Funchal au coucher du soleil

Location de voitures

Cette activité a pris depuis quelques années à Madère un essor étonnant et l'on trouve des agences à tous les coins de rues de Funchal. Les problèmes liés à la location semblent rares, et les différences de services pas toujours faciles à discerner. Pour comparer les prix, il faut toujours inclure les taxes et l'assurance tous risques (et se méfier des exclusions). Les agences affiliées à une chaîne internationale sont en général un peu plus chères, mais on est en droit d'attendre un service impeccable. Le kilométrage est toujours illimité (parce que vous ne pouvez pas aller bien loin). Pratiquement toutes les agences acceptent la réception de la voiture à l'aéroport. Stations-service dans tous les gros bourgs.

En réservant à l'avance, le véhicule vous est remis à la descente d'avion. Cela dit, chercher son hôtel de nuit dans le centre d'une petite ville qui en compte un nombre invraisemblable, et où il est presque impossible de se garer, incite plutôt à prendre un taxi.

S'il est conseillé de louer une voiture pour sortir de Funchal, en ville, elle serait inutile et inutilisable. Le stationnement dans le centre de Funchal étant particulièrement difficile, mieux vaut laisser la voiture dans l'un des parkings situés à la périphérie de la ville. Une fois que l'on a réussi à quitter l'urbanisation, les routes madériennes sont souvent le théâtre de toutes sortes d'événements ou de rencontres inopinées : rouler doucement et s'arrêter souvent, en lieu sûr, permet de profiter pleinement des paysages. De très nombreuses aires de pique-nique ont été aménagées, et il est bien agréable de s'y attarder en contemplant les merveilles de cette nature capricieuse.

■ **AUTO ESCAPE ✆ 0800 920 940, appel gratuit en France ou 00 33 4 90 09 28 28 depuis l'étranger : www.autoescape.com** – Une centrale de réservation qui ne propose que de la location de voiture. Spécialiste dans ce domaine, Auto Escape offre les meilleurs tarifs parmi les plus grands loueurs. Les agences gèrent les tarifs, la réservation et le service relation-client. Vous pouvez modifier ou annuler à tout moment sans frais. Ils ont des solutions très compétitives dans 92 pays. Solution de location de voiture prépayée depuis la France. Avantage : disponibilité et élimination des surprises de dernière minute.

■ RESTER ■

Si, d'aventure, vous tombez amoureux de Madère et décidez d'y acheter une maison, rien d'impossible. Il existe un vaste potentiel pour devenir propriétaire. Les prix ont un peu flambé ces dernières années et il ne faut pas vous attendre à des tarifs très attractifs, particulièrement sur la côte sud. Cela dit, il est toujours possible de faire de bonnes affaires. Actuellement, la mode est d'acheter à la campagne, d'autant que les nouvelles infrastructures routières permettent de rallier Funchal rapidement. Vous verrez certainement des panneaux « A vendre » un peu partout ; il semble d'ailleurs parfois que l'idée soit de construire à la hâte un gros bloc de ciment, de le peindre en jaune pour le démarquer de ses voisins, et d'épingler une annonce pour le mettre en vente : certaines demeures jurent vraiment avec les alentours.

Vous pouvez contacter un agent autorisé, membre par exemple de l'APEMI, l'Association nationale d'agents autorisés, ou consulter les journaux. Le magazine gratuit, *Madeira Island Bulletin*, qui paraît tous les deux mois, recense par exemple quelques annonces de villas à vendre.

Il faut savoir que l'intervention d'un avocat n'est pas nécessaire pour acheter une propriété. Mieux vaut donc être certain de son choix.

Funchal, fleurs tropicales au marché Lavradores

Paysage de Levada do Curral

Jardin de l'Hôtel Quinta Splendida, Scille ou Jacinthe de Madère

Madère, fête des fleurs, char

Funchal, panorama depuis le jardin botanique

Vin de Madère, cave

Funchal de nuit

Index

Côte de Câmara de Lobos

Pico de Arieiro

N

O

P

Q

Caniço, jardin de l'Hôtel Quinta Splendida, Faux aloès (Kniphofia)

R

S

T

U

V

X

Collaborez à la prochaine édition

Madère

édition n° 7

Pour compléter la prochaine édition du Petit Futé de Madère, améliorer les guides du Petit Futé qui seront utilisés par de futurs voyageurs et touristes, nous serions heureux de vous compter parmi notre équipe afin d'augmenter le nombre et la qualités des enquêtes.

Pour cela, nous devons mieux vous connaître et savoir ce que vous pensez, très objectivement, des guides du Petit Futé en général et de celui que vous avez entre les mains en particulier. Nous répondrons à tous les courriers qui nous seront envoyés dès qu'ils seront accompagnés d'au moins une adresse inédite ou futée qui mérite d'être publiée.-

Dès lors que vous nous adressez des informations, bonnes adresses... vous nous autorisez par le fait même à les publier gracieusement en courrier des lecteurs dans les guides correspondants.

Qui êtes-vous ?

Nom et prénom ....

Adresse ....

....

E-mail .... Quel âge avez-vous ? ....

Avez-vous des enfants ? ❑ Oui (combien ?)......... ❑ Non

Comment voyagez-vous ? ❑ Seul ❑ En voyage organisé

Profession : ❑ Etudiant ❑ Sans profession ❑ Retraité
❑ Profession libérale ❑ Fonctionnaire ❑ Commerçant
❑ Autres ....

Comment avez-vous connu les guides du Petit Futé ?

❑ Par un ami ou une relation ❑ Par un article de presse
❑ Par une émission à la radio ❑ A la TV
❑ Dans une librairie ❑ Dans une grande surface
❑ Par une publicité, laquelle ? ....

Durant votre voyage,

Vous consultez le Petit Futé environ .... fois

Combien de personnes le lisent ? ....

Vous utilisez ce guide surtout :

❑ Pour vos déplacements professionnels ❑ Pour vos loisirs et vacances

Comment avez-vous acheté le Petit Futé ?

❑ Vous étiez décidé à l'acheter ❑ Vous n'aviez pas prévu de l'acheter
❑ Il vous a été offert

Utilisez-vous d'autres guides pour voyager ?

❑ Oui Si oui, lesquels ? ....
❑ Non

Le prix du Petit Futé vous paraît-il ?

❑ Cher ❑ Pas cher ❑ Raisonnable

■ **Comptez-vous acheter d'autres guides du Petit Futé ?**

❑ Oui, lesquels :

❑ City Guides ❑ Guides Département ❑ Guides Région ❑ Country Guides

❑ Non Si non, pourquoi ? ....

■ **Quels sont, à votre avis, ses qualités et ses défauts ?**

Qualités ....

Défauts ....

■ **Date et lieu d'achat** ....

Testez vos talents de critique

Faites-nous part de vos expériences et découvertes. N'oubliez pas, plus particulièrement pour les hôtels, restaurants et commerces, de préciser avant votre commentaire détaillé (5 à 15 lignes) l'adresse complète, le téléphone et les moyens de transport pour s'y rendre ainsi qu'une indication de prix.

Nom de l'établissement ....

Adresse exacte et complète ....

....

Téléphone .... Fax ....

■ **Votre avis en fonction de l'établissement :**

	Très bon	Bon	Moyen	Mauvais
Accueil :	❑	❑	❑	❑
Cuisine :	❑	❑	❑	❑
Rapport qualité/prix :	❑	❑	❑	❑
Confort :	❑	❑	❑	❑
Service :	❑	❑	❑	❑
Calme :	❑	❑	❑	❑
Cadre :	❑	❑	❑	❑
Ambiance :	❑	❑	❑	❑

■ **Remarques et observations personnelles, proposition de commentaire :**

....

....

....

....

....

....

....

Afin d'accuser réception de votre courrier, merci de retourner ce document avec vos coordonnées

LE PETIT FUTE COUNTRY GUIDE

18, rue des Volontaires • 75015 Paris • FRANCE

soit par fax : 01 53 69 70 62 ou par E-mail : infopays@petitfute.com

- 101 idées de voyages insolites ..... 15,00€
- Açores Madère ..... 15,00€
- Afrique du Sud ..... 15,00€
- Alaska ..... 16,00€
- Algérie ..... 18,00€
- Allemagne ..... 13,00€
- Amsterdam ..... 11,00€
- Andalousie ..... 12,00€
- Andore ..... 13,00€
- Argentine ..... 15,00€
- Arménie ..... 18,00€
- Asie centrale ..... 15,00€
- Australie ..... 16,00€
- Autriche ..... 13,00€
- Bahamas ..... 15,00€
- Baléares ..... 12,00€
- Barcelone/Catalogne ..... 12,00€
- Bavière ..... 13,00€
- Belgique ..... 14,00€
- Bénin ..... 16,00€
- Berlin ..... 12,00€
- Birmanie ..... 14,00€
- Bolivie ..... 15,00€
- Bosnie ..... 16,00€
- Botswana ..... 17,00€
- Brésil ..... 15,00€
- Budapest/Hongrie ..... 14,00€
- Bulgarie ..... 14,00€
- Burkina Faso ..... 15,00€
- Californie ..... 14,00€
- Cambodge ..... 15,00€
- Cameroun ..... 16,00€
- Canada ..... 15,00€
- Cap Vert ..... 15,00€
- Chili/Ile de Pâques ..... 15,00€
- Chine ..... 15,00€
- Chypre ..... 13,00€
- Colombie ..... 16,00€
- Comores Mayotte ..... 15,00€
- Corée ..... 16,00€
- Costa Rica ..... 16,00€
- Crète ..... 12,00€
- Croatie ..... 12,00€
- Cuba ..... 14,00€
- Danemark/Iles Féroé ..... 12,00€
- Dublin ..... 10,00€
- Ecosse ..... 12,00€
- Egypte ..... 13,00€
- Equateur ..... 15,00€
- Espagne ..... 14,00€
- Ethiopie ..... 17,00€
- Finlande ..... 14,00€
- Florence/Toscane ..... 13,00€
- Floride ..... 13,00€
- Géorgie ..... 17,00€
- Ghana ..... 16,00€
- Grand-Sud-Marocain ..... 15,00€
- Grande-Bretagne ..... 14,00€
- Grèce/Iles Grecques ..... 13,00€
- Guadeloupe ..... 13,00€
- Guatémala ..... 15,00€
- Guide du voyageur ..... 15,00€
- Guinée/Guinée-Bissao ..... 16,00€
- Guyane ..... 15,00€
- Haïti ..... 14,99€
- Himalaya ..... 16,00€
- Honduras/Nicaragua ..... 16,00€
- Hong Kong/Canton ..... 14,00€
- Iles anglo-normandes ..... 14,00€
- Iles Canaries ..... 13,00€
- Iles Grecques ..... 13,00€
- Inde du Nord/Rajasthan ..... 15,00€
- Inde du Sud ..... 15,00€
- Indonésie ..... 11,99€
- Iran ..... 20,00€
- Irlande ..... 12,00€
- Islande ..... 15,00€
- Istanbul ..... 11,00€
- Italie ..... 15,00€
- Jamaïque ..... 16,00€
- Japon ..... 20,00€
- Jordanie ..... 16,00€
- Kenya ..... 13,99€
- Laos ..... 15,00€
- Laponie ..... 16,00€
- Liban ..... 15,00€
- Lisbonne ..... 11,00€
- Londres ..... 11,00€
- Louisiane ..... 15,00€
- Madagascar ..... 13,00€
- Madrid ..... 12,00€
- Malaisie Singapour ..... 13,00€
- Maldives ..... 16,00€
- Mali ..... 16,00€
- Malte ..... 13,00€
- Maroc ..... 13,00€
- Marrakech ..... 12,00€
- Martinique ..... 13,00€
- Maurice Rodrigues ..... 14,00€
- Mauritanie ..... 16,00€
- Mexique ..... 15,00€
- Milan/Lombardie ..... 13,00€
- Mongolie ..... 18,00€
- Moscou/Volga/St-Pet ..... 16,00€
- Mozambique ..... 15,00€
- Namibie ..... 16,00€
- Naples/C. Amalfitaine ..... 13,00€
- Népal ..... 15,09€
- New York ..... 14,00€
- Niger ..... 16,00€
- Norvège ..... 14,00€
- Nouvelle-Calédonie ..... 16,00€
- Nouvelle-Zélande ..... 17,00€
- Oman ..... 16,00€
- Ouzbékistan ..... 17,00€
- Panama ..... 15,00€
- Patagonie ..... 19,00€
- Pays Baltes ..... 16,00€
- Pays Basque Espagnol ..... 14,00€
- Pays de Galles ..... 12,04€
- Pékin ..... 15,00€
- Pérou ..... 15,00€
- Philippines ..... 15,00€
- Pologne ..... 15,00€
- Portugal ..... 12,00€
- Prague ..... 13,00€
- Québec ..... 13,00€
- Rép. Dominicaine ..... 13,00€
- Réunion ..... 13,00€
- Rome ..... 12,00€
- Roumanie ..... 15,00€
- St-Martin/St-Barth. ..... 14,00€
- Saint-Pétersbourg ..... 15,00€
- Sardaigne ..... 14,00€
- Sénégal ..... 13,00€
- Serbie/Monténégro ..... 16,00€
- Seychelles ..... 17,00€
- Sicile ..... 12,00€
- Slovaquie ..... 16,00€
- Slovénie ..... 16,00€
- Sri Lanka ..... 14,00€
- Suède ..... 13,00€
- Suisse ..... 13,00€
- Syrie 14,00
- Tahiti/Polynésie 16,00
- Taiwan 16,00
- Tanzanie Zanzibar 17,00
- Tchad 15,09
- Thaïlande 14,00
- Togo 16,00
- Trinidad et Tobago 15,00
- Tunisie 12,00
- Turquie 12,00
- Ukraine 17,00
- Uruguay 16,00
- Venezuela 15,00
- Venise et sa région 13,00
- Vienne 12,00
- Vietnam 14,00
- Wallonie 11,00
- Yémen 16,00
- Zimbabwe 15,09

et retrouvez toutes nos nouveautés au jour le jour sur internet !

www.petitfute.fr